© 2013 Ricci Pier Paolo. Tutti i diritti sono riservati.
© 2013 Ricci Pier Paolo. All rights reserved.

In copertina eclisse lunare
On the cover lunar eclipse

INTRODUZIONE

Questo libro, il quarto di una serie di dieci, rappresenta una estesa trattazione di quanto presente sul mio sito riguardo le eclissi di luna. Vengono qui esaminate tutte le tipologie di eclissi, totali, parziali e penombrali su di un arco temporale molto esteso, dall'anno 0 al 3000.
Ovviamente dato che l'era contemporanea è il ventunesimo secolo viene dato il più ampio spazio a questo periodo, riservando il resto delle tabelle agli storici, agli studiosi di statistica astronomica o ai più curiosi.
Si trovano anche nozioni sulle ciclicità, sulle eclissi più lunghe, più corte, più o meno estese, le multiple e tanto tanto altro in più.
Inoltre sono anche presenti simulazioni grafiche rappresentative di eventi particolarmente notevoli, e capitoli di "stranezze astronomiche" che tanto piacciono ai media per esaltare spettacoli che comunque si ripetono su scale temporali più o meno lunghe.
Questo non è un manuale tecnico e di difficile lettura, ma una descrizione completa e molto dettagliata su quello che il cielo ci offre durante la nostra vita, quindi ogni tabella è pronta all'uso ed ogni evento riportato sarà facilmente visibile ad occhio nudo od eventualmente con un modestissimo binocolo.
Un'opera per astrofili, per astronomi, per professionisti o semplici appassionati.

INTRODUCTION

This book, the fourth in a series of ten, is an extended discussion of that on my website about the lunar eclipses. All types of lunar eclipses, total, partial, penumbral, on a very extensive period of time, from 0 to 3000, are examined here.
Since the contemporary era is the twenty-first century, for this reason the most room is given to this period, reserving the rest of the tables for historians, astronomical statisticians or the curious.
We find tables on the cyclic eclipses, on the longest, shortest, biggest, multiple and much, much more.
In addition there are also graphic simulations representing events particularly remarkable, and chapters of "astronomical oddities" that the media like to highlight. However, these events are repeated in time.
This is not a technical and difficult to read manual, but a complete and very detailed description of what the sky gives us throughout our lives, so each table is ready for use, and each reported event will be easily visible to the naked eye or possibly with a simple pair of binoculars.
The book is for stargazing astronomers and professionals.

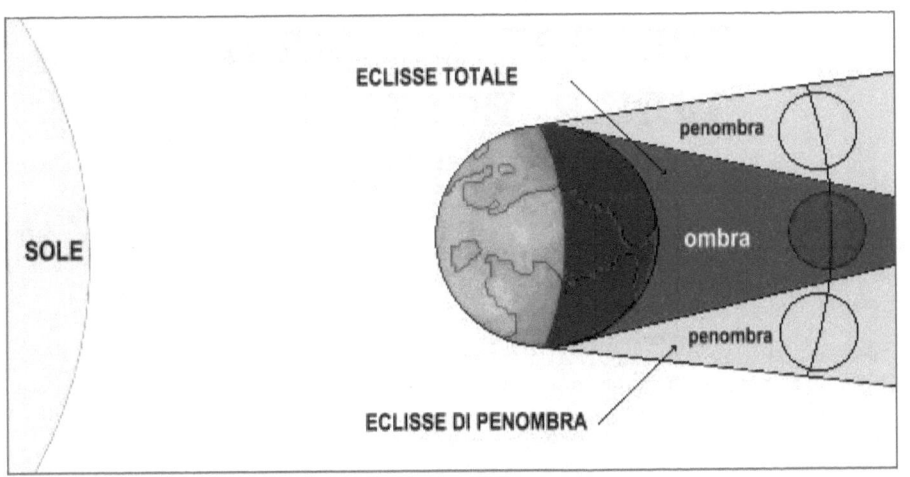

ECLISSI DI LUNA
LUNAR ECLIPSES
2000-3000

```
GG MM AAAA : data nel formato giorno/mese/anno
HH MM SS : ore, minuti e secondi
DT : differenza TDT-UT
TIPO : T=totale P=parziale N=penombrale
T1 : inizio della fase di parzialità
T2 : inizio della fase di totalità
T3 : massimo dell'eclisse
T4 : fine della fase di totalità
T5 : fine della fase di parzialità
MPEN : magnitudine della fase di penombra
MUMB : magnitudine della fase d'ombra


GG MM AAAA : date in the format dd/mm/yyyy
HH MM SS: hours, minutes and seconds
DT : difference between Dynamical Time and Universal Time
TIPO : T=total P=partiale N=penumbral
T1 : partial eclipse begins
T2 : total eclipse begins
T3 : maximum eclipse
T4 : total eclipse ends
T5 : partial eclipse ends
MPEN : magnitude of penumbral eclipse
MUMB : magnitude of umbral eclipse
```

GG	MM	AAAA	DT	TIPO	T1	T2	T3	T4	T5	MPEN	MUMB
21	1	2000	0	T	3 3	4 6	4 45	5 23	6 26	2.306	1.325
16	7	2000	6	T	11 59	13 3	13 57	14 50	15 55	2.837	1.768
9	1	2001	12	T	18 44	19 51	20 22	20 52	22 0	2.162	1.189
5	7	2001	18	P	13 37		14 56		16 16	1.548	0.495
30	12	2001	24	N			10 30			0.893	-0.116
26	5	2002	29	N			12 4			0.689	-0.289
24	6	2002	30	N			21 28			0.209	-0.792
20	11	2002	35	N			1 48			0.860	-0.226
16	5	2003	41	T	2 4	3 16	3 41	4 7	5 18	2.075	1.128
9	11	2003	47	T	23 34	1 9	1 20	1 31	3 5	2.114	1.018
4	5	2004	53	T	18 50	19 54	20 31	21 9	22 13	2.263	1.304
28	10	2004	59	T	1 16	2 25	3 5	3 45	4 55	2.364	1.308
24	4	2005	65	N			9 56			0.865	-0.144
17	10	2005	71	P	11 36		12 4		12 32	1.058	0.062
14	3	2006	76	N			23 49			1.030	-0.060
7	9	2006	82	P	18 7		18 52		19 38	1.133	0.184
3	3	2007	88	T	21 31	22 45	23 22	23 59	1 12	2.319	1.233
28	8	2007	94	T	8 52	9 53	10 38	11 23	12 25	2.453	1.476
21	2	2008	100	T	1 44	3 2	3 27	3 52	5 10	2.145	1.106
16	8	2008	106	P	19 37		21 11		22 45	1.837	0.808
9	2	2009	112	N			14 39			0.899	-0.088
7	7	2009	117	N			9 40			0.156	-0.913
6	8	2009	118	N			0 40			0.402	-0.666
31	12	2009	123	P	18 54		19 24		19 54	1.056	0.076
26	6	2010	129	P	10 18		11 40		13 1	1.577	0.537
21	12	2010	135	T	6 34	7 42	8 18	8 54	10 2	2.281	1.256
15	6	2011	141	T	18 24	19 24	20 14	21 4	22 3	2.687	1.700
10	12	2011	147	T	12 47	14 7	14 33	14 59	16 19	2.186	1.106
4	6	2012	153	P	10 1		11 4		12 8	1.318	0.370
28	11	2012	159	N			14 34			0.915	-0.187
25	4	2013	164	P	19 55		20 9		20 22	0.987	0.015
25	5	2013	165	N			4 11			0.016	-0.933
18	10	2013	170	N			23 51			0.765	-0.272
15	4	2014	176	T	5 59	7 8	7 47	8 26	9 34	2.318	1.291
8	10	2014	182	T	9 16	10 26	10 56	11 25	12 35	2.146	1.166
4	4	2015	188	T	10 17	11 59	12 1	12 4	13 46	2.079	1.001
28	9	2015	194	T	1 8	2 12	2 48	3 24	4 28	2.230	1.276
23	3	2016	200	N			11 48			0.775	-0.312
16	9	2016	206	N			18 55			0.908	-0.064
11	2	2017	211	N			0 45			0.988	-0.035
7	8	2017	217	P	17 24		18 22		19 19	1.289	0.246
31	1	2018	223	T	11 50	12 53	13 31	14 9	15 12	2.294	1.315
27	7	2018	229	T	18 26	19 31	20 23	21 14	22 20	2.679	1.609
21	1	2019	235	T	3 35	4 42	5 13	5 44	6 52	2.168	1.195
16	7	2019	241	P	20 3		21 32		23 1	1.704	0.653
10	1	2020	247	N			19 11			0.896	-0.116
5	6	2020	252	N			19 26			0.568	-0.405
5	7	2020	253	N			4 31			0.355	-0.644
30	11	2020	258	N			9 44			0.829	-0.262
26	5	2021	264	T	9 46	11 13	11 20	11 27	12 54	1.954	1.010
19	11	2021	270	P	7 20		9 4		10 48	2.072	0.974
16	5	2022	276	T	2 29	3 30	4 13	4 55	5 56	2.373	1.414
8	11	2022	282	T	9 10	10 18	11 0	11 43	12 50	2.414	1.359
5	5	2023	288	N			17 24			0.964	-0.046
28	10	2023	294	P	19 37		20 15		20 54	1.118	0.122
25	3	2024	299	N			7 14			0.956	-0.133
18	9	2024	305	P	2 14		2 45		3 17	1.037	0.085
14	3	2025	311	T	5 11	6 27	7 0	7 33	8 49	2.260	1.178
7	9	2025	317	T	16 28	17 32	18 13	18 54	19 58	2.344	1.362
3	3	2026	323	T	9 51	11 6	11 35	12 4	13 18	2.184	1.151
28	8	2026	329	P	2 35		4 14		5 53	1.964	0.930

GG	MM	AAAA	DT	TIPO	T1		T2		T3		T4		T5		MPEN	MUMB
20	2	2027	335	N					23	14					0.927	-0.057
18	7	2027	340	N					16	4					0.001	-1.068
17	8	2027	341	N					7	15					0.546	-0.525
12	1	2028	346	P	3	46			4	14			4	42	1.047	0.066
6	7	2028	352	P	17	10			18	21			19	32	1.427	0.389
31	12	2028	358	T	15	9	16	18	16	53	17	29	18	38	2.274	1.246
26	6	2029	364	T	1	34	2	32	3	23	4	14	5	13	2.827	1.844
20	12	2029	370	T	20	57	22	16	22	43	23	10	0	30	2.201	1.117
15	6	2030	376	P	17	22			18	35			19	47	1.448	0.502
9	12	2030	382	N					22	29					0.942	-0.163
7	5	2031	387	N					3	52					0.881	-0.090
5	6	2031	388	N					11	45					0.129	-0.820
30	10	2031	393	N					7	47					0.716	-0.320
25	4	2032	399	T	13	29	14	42	15	15	15	48	17	0	2.219	1.191
18	10	2032	405	T	17	26	18	40	19	4	19	27	20	42	2.083	1.103
14	4	2033	411	T	17	26	18	49	19	14	19	38	21	1	2.171	1.094
8	10	2033	417	T	9	15	10	17	10	56	11	36	12	38	2.306	1.350
3	4	2034	423	N					19	7					0.855	-0.227
28	9	2034	429	P	2	34			2	48			3	1	0.991	0.014
22	2	2035	434	N					9	6					0.965	-0.053
19	8	2035	440	P	0	34			1	12			1	51	1.151	0.104
11	2	2036	446	T	20	32	21	36	22	13	22	50	23	54	2.275	1.300
7	8	2036	452	T	0	57	2	5	2	53	3	40	4	48	2.527	1.454
31	1	2037	458	T	12	23	13	30	14	2	14	33	15	40	2.180	1.207
27	7	2037	464	P	2	34			4	10			5	46	1.858	0.809
21	1	2038	470	N					3	50					0.900	-0.114
17	6	2038	475	N					2	45					0.442	-0.527
16	7	2038	476	N					11	36					0.500	-0.495
11	12	2038	481	N					17	45					0.805	-0.289
6	6	2039	487	P	17	25			18	54			20	24	1.827	0.885
30	11	2039	493	P	15	13			16	56			18	39	2.042	0.943
26	5	2040	499	T	10	1	11	0	11	46	12	32	13	32	2.494	1.535
18	11	2040	505	T	17	14	18	21	19	5	19	49	20	55	2.453	1.397
16	5	2041	511	P	0	14			0	43			1	12	1.075	0.065
8	11	2041	517	P	3	50			4	35			5	20	1.166	0.170
5	4	2042	522	N					14	30					0.868	-0.218
29	9	2042	528	N					10	46					0.953	-0.003
25	3	2043	534	T	12	45	14	5	14	32	14	59	16	19	2.190	1.114
19	9	2043	540	T	0	9	1	16	1	52	2	28	3	35	2.243	1.256
13	3	2044	546	T	17	54	19	5	19	39	20	12	21	23	2.230	1.203
7	9	2044	552	T	9	38	11	4	11	21	11	38	13	4	2.086	1.046
3	3	2045	558	N					7	43					0.962	-0.017
27	8	2045	564	N					13	55					0.682	-0.392
22	1	2046	569	P	12	37			13	3			13	28	1.035	0.053
18	7	2046	575	P	0	9			1	6			2	3	1.281	0.246
12	1	2047	581	T	23	42	0	51	1	26	2	1	3	11	2.265	1.234
7	7	2047	587	T	8	46	9	45	10	36	11	26	12	25	2.731	1.751
1	1	2048	593	T	5	7	6	26	6	54	7	22	8	41	2.214	1.128
26	6	2048	599	P	0	43			2	2			3	22	1.583	0.639
20	12	2048	605	N					6	28					0.962	-0.144
17	5	2049	610	N					11	27					0.764	-0.208
15	6	2049	611	N					19	14					0.251	-0.699
9	11	2049	616	N					15	52					0.681	-0.355
6	5	2050	622	T	20	49	22	10	22	32	22	54	0	15	2.105	1.077
30	10	2050	628	T	1	45	3	5	3	22	3	39	4	58	2.034	1.054
26	4	2051	634	T	0	26	1	42	2	16	2	51	4	7	2.277	1.202
19	10	2051	640	T	17	30	18	30	19	12	19	54	20	54	2.371	1.412
14	4	2052	646	N					2	18					0.947	-0.131
8	10	2052	652	P	10	14			10	46			11	18	1.064	0.082
4	3	2053	657	N					17	22					0.932	-0.081
29	8	2053	663	N					8	6					1.019	-0.033

GG	MM	AAAA	DT	TIPO	T1		T2		T3		T4		T5		MPEN	MUMB
22	2	2054	669	T	5	11	6	15	6	51	7	28	8	32	2.249	1.277
18	8	2054	675	T	7	33	8	45	9	27	10	8	11	20	2.381	1.306
11	2	2055	681	T	21	7	22	13	22	46	23	19	0	26	2.197	1.225
7	8	2055	687	P	9	12			10	53			12	35	2.007	0.959
1	2	2056	693	N					12	26					0.906	-0.110
27	6	2056	698	N					10	3					0.314	-0.652
26	7	2056	699	N					18	43					0.643	-0.349
22	12	2056	704	N					1	49					0.786	-0.311
17	6	2057	710	P	1	2			2	26			3	51	1.697	0.755
11	12	2057	716	P	23	12			0	54			2	36	2.018	0.918
6	6	2058	722	T	17	29	18	27	19	16	20	4	21	3	2.621	1.661
30	11	2058	728	T	1	26	2	31	3	16	4	1	5	7	2.480	1.426
27	5	2059	734	P	7	7			7	56			8	44	1.195	0.183
19	11	2059	740	P	12	12			13	2			13	51	1.204	0.208
15	4	2060	745	N					21	37					0.767	-0.316
9	10	2060	751	N					18	54					0.880	-0.080
8	11	2060	752	N					4	4					0.027	-0.938
4	4	2061	757	T	20	9	21	39	21	54	22	9	23	39	2.104	1.034
29	9	2061	763	T	7	57	9	9	9	38	10	8	11	19	2.156	1.162
25	3	2062	769	T	1	48	2	56	3	34	4	11	5	19	2.291	1.270
18	9	2062	775	T	16	48	18	4	18	34	19	4	20	20	2.196	1.150
14	3	2063	781	P	15	45			16	6			16	26	1.009	0.034
7	9	2063	787	N					20	41					0.810	-0.268
2	2	2064	792	P	21	28			21	49			22	10	1.020	0.038
28	7	2064	798	P	7	15			7	53			8	31	1.136	0.104
22	1	2065	804	T	8	15	9	25	9	59	10	33	11	43	2.256	1.223
17	7	2065	810	T	16	1	17	0	17	49	18	37	19	37	2.589	1.612
11	1	2066	816	T	13	17	14	36	15	5	15	34	16	52	2.226	1.138
7	7	2066	822	P	8	5			9	30			10	56	1.718	0.775
31	12	2066	828	N					14	30					0.977	-0.128
28	5	2067	833	N					18	56					0.640	-0.333
27	6	2067	834	N					2	41					0.375	-0.575
21	11	2067	839	N					0	5					0.654	-0.381
17	5	2068	845	P	4	3			5	42			7	22	1.983	0.953
9	11	2068	851	T	10	12	11	38	11	47	11	56	13	22	1.996	1.015
6	5	2069	857	T	7	17	8	28	9	10	9	52	11	3	2.397	1.323
30	10	2069	863	T	1	52	2	52	3	35	4	18	5	18	2.424	1.462
25	4	2070	869	N					9	21					1.052	-0.021
19	10	2070	875	P	18	10			18	51			19	32	1.126	0.138
16	3	2071	880	N					1	31					0.888	-0.119
9	9	2071	886	N					15	6					0.899	-0.159
4	3	2072	892	T	13	43	14	49	15	23	15	57	17	3	2.213	1.244
28	8	2072	898	T	14	16	15	34	16	6	16	38	17	56	2.243	1.166
22	2	2073	904	T	5	45	6	50	7	25	7	59	9	5	2.222	1.250
17	8	2073	910	T	15	57	17	18	17	43	18	8	19	28	2.148	1.101
11	2	2074	916	N					20	56					0.919	-0.097
8	7	2074	921	N					17	22					0.187	-0.776
7	8	2074	922	N					1	56					0.781	-0.209
2	1	2075	927	N					9	55					0.771	-0.327
28	6	2075	933	P	8	37			9	56			11	14	1.562	0.622
22	12	2075	939	P	7	15			8	56			10	37	2.001	0.901
17	6	2076	945	T	0	52	1	50	2	40	3	30	4	27	2.755	1.794
10	12	2076	951	T	9	45	10	49	11	35	12	20	13	25	2.499	1.446
6	6	2077	957	P	13	57			15	0			16	2	1.326	0.312
29	11	2077	963	P	20	43			21	36			22	28	1.231	0.236
27	4	2078	968	N					4	36					0.656	-0.425
21	10	2078	974	N					3	8					0.817	-0.146
19	11	2078	975	N					12	40					0.061	-0.905
16	4	2079	980	P	3	29			5	11			6	52	2.010	0.945
10	10	2079	986	T	15	51	17	9	17	30	17	52	19	10	2.079	1.079
4	4	2080	992	T	9	37	10	43	11	24	12	5	13	10	2.361	1.346

GG	MM	AAAA	DT	TIPO	T1		T2		T3		T4		T5		MPEN	MUMB
29	9	2080	998	T	0	4	1	16	1	53	2	30	3	41	2.297	1.244
25	3	2081	1004	P	23	48			0	22			0	56	1.065	0.095
18	9	2081	1010	N					3	35					0.927	-0.154
13	2	2082	1015	P	6	17			6	29			6	42	0.996	0.013
8	8	2082	1021	N					14	47					1.001	-0.029
2	2	2083	1027	T	16	42	17	54	18	27	19	0	20	11	2.240	1.205
29	7	2083	1033	T	23	19	0	20	1	6	1	51	2	52	2.452	1.477
22	1	2084	1039	T	21	25	22	43	23	13	23	43	1	1	2.241	1.151
17	7	2084	1045	P	15	28			16	59			18	30	1.854	0.912
10	1	2085	1051	N					22	32					0.993	-0.112
8	6	2085	1056	N					2	18					0.506	-0.468
7	7	2085	1057	N					10	5					0.505	-0.448
1	12	2085	1062	N					8	26					0.639	-0.396
28	5	2086	1068	P	11	9			12	44			14	19	1.849	0.818
20	11	2086	1074	P	18	46			20	20			21	54	1.968	0.987
17	5	2087	1080	T	14	0	15	8	15	55	16	43	17	51	2.528	1.455
10	11	2087	1086	T	10	22	11	21	12	6	12	50	13	49	2.465	1.501
5	5	2088	1092	P	15	38			16	17			16	55	1.169	0.102
30	10	2088	1098	P	2	17			3	3			3	50	1.176	0.183
26	3	2089	1103	N					9	34					0.833	-0.168
19	9	2089	1109	N					22	11					0.789	-0.274
15	3	2090	1115	T	22	10	23	17	23	49	0	20	1	27	2.166	1.201
8	9	2090	1121	T	21	6	22	37	22	52	23	8	0	39	2.117	1.038
5	3	2091	1127	T	14	18	15	22	15	58	16	35	17	39	2.254	1.283
29	8	2091	1133	T	22	50	0	2	0	38	1	15	2	27	2.281	1.235
23	2	2092	1139	N					5	21					0.938	-0.079
19	7	2092	1144	N					0	42					0.062	-0.899
17	8	2092	1145	N					9	14					0.913	-0.076
12	1	2093	1150	N					18	0					0.755	-0.344
8	7	2093	1156	P	16	13			17	24			18	35	1.427	0.487
1	1	2094	1162	P	15	19			17	0			18	41	1.986	0.887
28	6	2094	1168	T	8	14	9	12	10	2	10	52	11	50	2.787	1.823
21	12	2094	1174	T	18	6	19	11	19	57	20	42	21	47	2.514	1.463
17	6	2095	1180	P	20	47			22	0			23	14	1.462	0.446
11	12	2095	1186	P	5	20			6	15			7	9	1.251	0.257
7	5	2096	1191	N					11	25					0.531	-0.547
6	6	2096	1192	N					2	44					0.005	-1.058
31	10	2096	1197	N					11	30					0.767	-0.201
29	11	2096	1198	N					21	22					0.086	-0.882
26	4	2097	1203	P	10	41			12	18			13	56	1.901	0.842
21	10	2097	1209	T	23	53	1	23	1	31	1	39	3	9	2.015	1.010
15	4	2098	1215	T	17	17	18	20	19	5	19	49	20	53	2.445	1.437
10	10	2098	1221	T	7	29	8	39	9	20	10	1	11	11	2.383	1.325
5	4	2099	1227	P	7	47			8	31			9	15	1.133	0.168
29	9	2099	1233	N					10	37					1.034	-0.051
24	2	2100	1238	N					15	5					0.965	-0.017
19	8	2100	1244	N					21	45					0.872	-0.158
14	2	2101	1250	T	1	6	2	18	2	50	3	22	4	34	2.218	1.183
9	8	2101	1256	T	6	41	7	45	8	26	9	6	10	10	2.319	1.346
3	2	2102	1262	T	5	30	6	47	7	18	7	50	9	7	2.259	1.169
30	7	2102	1268	T	22	54	0	13	0	29	0	45	2	4	1.987	1.045
23	1	2103	1274	N					6	34					1.010	-0.094
20	6	2103	1279	N					9	36					0.370	-0.606
19	7	2103	1280	N					17	29					0.633	-0.322
13	12	2103	1285	N					16	52					0.629	-0.404
8	6	2104	1291	P	18	10			19	39			21	7	1.707	0.675
2	12	2104	1297	P	3	25			4	58			6	31	1.948	0.966
28	5	2105	1303	T	20	37	21	43	22	34	23	25	0	31	2.669	1.598
21	11	2105	1309	T	18	58	19	57	20	42	21	27	22	26	2.498	1.530
17	5	2106	1315	P	22	9			23	7			0	4	1.298	0.234
11	11	2106	1321	P	10	31			11	22			12	13	1.215	0.217

GG	MM	AAAA	DT	TIPO	T1		T2		T3		T4		T5		MPEN	MUMB
7	4	2107	1326	N					17	30					0.767	-0.228
7	5	2107	1327	N					4	30					0.006	-1.010
2	10	2107	1332	N					5	23					0.691	-0.378
27	3	2108	1338	T	6	29	7	39	8	6	8	34	9	44	2.108	1.147
20	9	2108	1344	P	4	5			5	47			7	30	2.003	0.921
17	3	2109	1350	T	22	41	23	44	0	22	1	1	2	4	2.299	1.330
9	9	2109	1356	T	5	52	7	0	7	43	8	26	9	34	2.402	1.357
6	3	2110	1362	N					13	37					0.969	-0.049
29	8	2110	1368	P	16	14			16	39			17	4	1.036	0.049
25	1	2111	1373	N					2	3					0.737	-0.363
21	7	2111	1379	P	23	52			0	53			1	55	1.294	0.353
14	1	2112	1385	P	23	27			1	7			2	47	1.974	0.876
9	7	2112	1391	T	15	32	16	31	17	20	18	9	19	7	2.647	1.681
2	1	2113	1397	T	2	33	3	37	4	23	5	9	6	13	2.522	1.474
29	6	2113	1403	P	3	33			4	55			6	18	1.603	0.585
22	12	2113	1409	P	14	3			14	59			15	54	1.264	0.271
19	5	2114	1414	N					18	8					0.398	-0.677
18	6	2114	1415	N					9	17					0.148	-0.916
12	11	2114	1420	N					20	0					0.727	-0.244
12	12	2114	1421	N					6	9					0.103	-0.867
8	5	2115	1426	P	17	49			19	21			20	54	1.785	0.731
2	11	2115	1432	P	8	1			9	37			11	13	1.961	0.950
27	4	2116	1438	T	0	52	1	54	2	41	3	29	4	30	2.539	1.536
21	10	2116	1444	T	15	2	16	9	16	54	17	38	18	46	2.459	1.394
16	4	2117	1450	P	15	39			16	32			17	25	1.214	0.253
10	10	2117	1456	P	17	23			17	47			18	11	1.127	0.039
7	3	2118	1461	N					23	33					0.923	-0.059
31	8	2118	1467	N					4	52					0.754	-0.274
25	2	2119	1473	T	9	22	10	36	11	5	11	34	12	49	2.186	1.149
20	8	2119	1479	T	14	10	15	18	15	52	16	26	17	33	2.195	1.223
14	2	2120	1485	T	13	28	14	43	15	17	15	51	17	7	2.285	1.195
9	8	2120	1491	T	6	24	7	32	8	2	8	31	9	40	2.118	1.175
2	2	2121	1497	N					14	33					1.031	-0.070
30	6	2121	1502	N					16	50					0.229	-0.750
30	7	2121	1503	N					0	53					0.761	-0.197
24	12	2121	1508	N					1	22					0.624	-0.407
20	6	2122	1514	P	1	8			2	28			3	48	1.558	0.524
13	12	2122	1520	P	12	10			13	43			15	15	1.935	0.954
9	6	2123	1526	T	3	9	4	13	5	6	6	0	7	4	2.819	1.749
3	12	2123	1532	T	3	40	4	38	5	24	6	10	7	8	2.521	1.551
28	5	2124	1538	P	4	40			5	51			7	2	1.436	0.377
21	11	2124	1544	P	18	54			19	47			20	41	1.243	0.240
18	4	2125	1549	N					1	19					0.689	-0.300
17	5	2125	1550	N					11	47					0.125	-0.885
12	10	2125	1555	N					12	43					0.606	-0.468
7	4	2126	1561	T	14	42	15	57	16	18	16	39	17	54	2.039	1.082
1	10	2126	1567	P	11	11			12	50			14	28	1.901	0.817
28	3	2127	1573	T	6	58	7	59	8	40	9	21	10	23	2.353	1.385
20	9	2127	1579	T	13	4	14	9	14	56	15	43	16	48	2.513	1.467
16	3	2128	1585	N					21	46					1.009	-0.009
9	9	2128	1591	P	23	26			0	10			0	55	1.151	0.164
4	2	2129	1596	N					10	2					0.714	-0.386
31	7	2129	1602	P	7	35			8	25			9	14	1.164	0.222
24	1	2130	1608	P	7	31			9	10			10	50	1.956	0.862
21	7	2130	1614	T	22	52	23	52	0	39	1	26	2	26	2.511	1.543
13	1	2131	1620	T	11	0	12	4	12	50	13	36	14	40	2.530	1.484
10	7	2131	1626	P	10	18			11	48			13	18	1.748	0.727
2	1	2132	1632	P	22	48			23	44			0	41	1.275	0.283
30	5	2132	1637	N					0	43					0.256	-0.817
28	6	2132	1638	N					15	46					0.298	-0.766
23	11	2132	1643	N					4	35					0.697	-0.278

GG	MM	AAAA	DT	TIPO	T1		T2		T3		T4		T5		MPEN	MUMB
22	12	2132	1644	N					15	0					0.114	-0.856
19	5	2133	1649	P	0	50			2	16			3	42	1.655	0.607
12	11	2133	1655	P	16	16			17	50			19	25	1.920	0.903
8	5	2134	1661	T	8	21	9	21	10	11	11	0	12	0	2.645	1.648
2	11	2134	1667	T	22	41	23	48	0	34	1	21	2	27	2.522	1.452
28	4	2135	1673	P	23	25			0	27			1	28	1.305	0.348
22	10	2135	1679	P	0	25			1	6			1	48	1.208	0.116
18	3	2136	1684	N					7	54					0.871	-0.110
16	4	2136	1685	N					17	9					0.040	-0.917
10	9	2136	1690	N					12	5					0.645	-0.382
7	3	2137	1696	T	17	31	18	49	19	14	19	39	20	57	2.144	1.107
30	8	2137	1702	T	21	45	23	0	23	24	23	48	1	3	2.078	1.107
24	2	2138	1708	T	21	19	22	33	23	10	23	46	1	1	2.320	1.231
20	8	2138	1714	T	13	58	15	2	15	39	16	16	17	19	2.242	1.298
13	2	2139	1720	N					22	28					1.057	-0.041
12	7	2139	1725	N					0	2					0.087	-0.896
10	8	2139	1726	N					8	18					0.886	-0.075
4	1	2140	1731	N					9	55					0.621	-0.407
30	6	2140	1737	P	8	4			9	13			10	22	1.406	0.369
23	12	2140	1743	P	20	57			22	30			0	2	1.925	0.945
19	6	2141	1749	T	9	37	10	42	11	35	12	28	13	33	2.811	1.742
13	12	2141	1755	T	12	26	13	24	14	10	14	56	15	54	2.537	1.565
8	6	2142	1761	P	11	11			12	33			13	54	1.579	0.525
3	12	2142	1767	P	3	21			4	16			5	12	1.265	0.257
29	4	2143	1772	N					9	1					0.601	-0.383
28	5	2143	1773	N					18	59					0.251	-0.754
23	10	2143	1778	N					20	11					0.534	-0.546
18	4	2144	1784	T	22	47	0	17	0	20	0	24	1	54	1.956	1.003
11	10	2144	1790	P	18	28			20	2			21	36	1.814	0.727
7	4	2145	1796	T	15	4	16	5	16	48	17	32	18	32	2.422	1.455
30	9	2145	1802	T	20	27	21	31	22	20	23	9	0	13	2.608	1.563
28	3	2146	1808	P	5	20			5	44			6	9	1.063	0.045
20	9	2146	1814	P	6	55			7	51			8	48	1.254	0.267
15	2	2147	1819	N					17	57					0.685	-0.414
11	8	2147	1825	P	15	24			15	57			16	30	1.038	0.094
9	9	2147	1826	N					23	12					0.012	-0.938
4	2	2148	1831	P	15	35			17	14			18	52	1.938	0.847
31	7	2148	1837	T	6	11	7	14	7	57	8	39	9	42	2.376	1.403
23	1	2149	1843	T	19	28	20	31	21	17	22	4	23	7	2.538	1.496
20	7	2149	1849	P	17	2			18	38			20	15	1.896	0.870
13	1	2150	1855	P	7	34			8	32			9	29	1.283	0.294
10	6	2150	1860	N					7	15					0.110	-0.961
9	7	2150	1861	N					22	13					0.451	-0.615
4	12	2150	1866	N					13	15					0.673	-0.305
2	1	2151	1867	N					23	51					0.122	-0.848
30	5	2151	1872	P	7	52			9	9			10	27	1.522	0.478
24	11	2151	1878	P	0	35			2	8			3	42	1.887	0.865
18	5	2152	1884	T	15	45	16	45	17	35	18	26	19	25	2.760	1.769
12	11	2152	1890	T	6	28	7	34	8	22	9	10	10	16	2.574	1.499
8	5	2153	1896	P	7	5			8	15			9	24	1.407	0.454
1	11	2153	1902	P	7	43			8	34			9	25	1.276	0.181
29	3	2154	1907	N					16	5					0.805	-0.176
28	4	2154	1908	N					1	5					0.123	-0.833
21	9	2154	1913	N					19	29					0.551	-0.476
21	10	2154	1914	N					9	26					0.035	-1.029
19	3	2155	1919	T	1	31	2	55	3	13	3	31	4	54	2.089	1.052
11	9	2155	1925	T	5	28	7	2	7	3	7	4	8	38	1.972	1.000
7	3	2156	1931	T	5	3	6	15	6	54	7	34	8	46	2.366	1.278
30	8	2156	1937	T	21	38	22	39	23	21	0	3	1	3	2.360	1.413
24	2	2157	1943	P	6	14			6	17			6	19	1.095	0.001
20	8	2157	1949	P	15	24			15	47			16	9	1.007	0.042

GG	MM	AAAA	DT	TIPO	T1		T2		T3		T4		T5		MPEN	MUMB
14	1	2158	1954	N					18	30					0.618	-0.407
11	7	2158	1960	P	15	2			15	56			16	50	1.252	0.213
4	1	2159	1966	P	5	47			7	19			8	51	1.919	0.939
30	6	2159	1972	T	16	3	17	9	18	0	18	51	19	57	2.650	1.581
24	12	2159	1978	T	21	16	22	14	23	0	23	46	0	44	2.548	1.574
18	6	2160	1984	P	17	40			19	10			20	41	1.731	0.680
13	12	2160	1990	P	11	54			12	50			13	47	1.277	0.265
9	5	2161	1995	N					16	38					0.503	-0.476
8	6	2161	1996	N					2	9					0.385	-0.615
3	11	2161	2001	N					3	46					0.474	-0.611
29	4	2162	2007	P	6	47			8	17			9	48	1.864	0.914
23	10	2162	2013	P	1	54			3	24			4	54	1.740	0.650
19	4	2163	2019	T	23	4	0	4	0	50	1	35	2	35	2.500	1.534
12	10	2163	2025	T	3	59	5	1	5	52	6	42	7	45	2.693	1.647
7	4	2164	2031	P	12	57			13	35			14	12	1.128	0.110
30	9	2164	2037	P	14	36			15	41			16	44	1.345	0.358
26	2	2165	2042	N					1	44					0.645	-0.452
21	8	2165	2048	N					23	34					0.919	-0.027
20	9	2165	2049	N					7	5					0.107	-0.845
15	2	2166	2054	P	23	34			1	12			2	49	1.911	0.823
11	8	2166	2060	T	13	34	14	41	15	17	15	54	17	0	2.246	1.269
4	2	2167	2066	T	3	52	4	55	5	42	6	28	7	31	2.552	1.514
1	8	2167	2072	T	23	47	1	21	1	29	1	37	3	11	2.041	1.011
24	1	2168	2078	P	16	19			17	18			18	16	1.294	0.307
20	7	2168	2084	N					4	39					0.607	-0.461
14	12	2168	2089	N					21	59					0.656	-0.324
13	1	2169	2090	N					8	44					0.129	-0.842
9	6	2169	2095	P	14	50			15	57			17	4	1.381	0.342
4	12	2169	2101	P	8	59			10	32			12	5	1.865	0.838
30	5	2170	2107	T	23	6	0	4	0	55	1	46	2	45	2.819	1.833
23	11	2170	2113	T	14	22	15	28	16	16	17	5	18	11	2.613	1.533
19	5	2171	2119	P	14	41			15	57			17	13	1.518	0.568
12	11	2171	2125	P	15	12			16	10			17	8	1.332	0.234
9	4	2172	2130	N					0	9					0.729	-0.251
8	5	2172	2131	N					8	53					0.216	-0.739
2	10	2172	2136	N					3	2					0.468	-0.559
31	10	2172	2137	N					17	9					0.102	-0.962
29	3	2173	2142	P	9	22			11	2			12	42	2.022	0.984
21	9	2173	2148	P	13	18			14	50			16	22	1.876	0.905
18	3	2174	2154	T	12	38	13	48	14	31	15	13	16	24	2.424	1.337
11	9	2174	2160	T	5	24	6	23	7	8	7	53	8	52	2.468	1.520
7	3	2175	2166	P	13	32			14	0			14	27	1.141	0.050
31	8	2175	2172	P	22	37			23	19			0	2	1.121	0.151
26	1	2176	2177	N					3	4					0.613	-0.408
21	7	2176	2183	P	22	9			22	37			23	5	1.099	0.055
14	1	2177	2189	P	14	37			16	9			17	41	1.911	0.933
11	7	2177	2195	T	22	30	23	39	0	25	1	12	2	21	2.490	1.420
4	1	2178	2201	T	6	6	7	4	7	50	8	37	9	35	2.557	1.582
30	6	2178	2207	P	0	11			1	49			3	26	1.884	0.836
24	12	2178	2213	P	20	30			21	26			22	23	1.285	0.269
21	5	2179	2218	N					0	9					0.396	-0.578
19	6	2179	2219	N					9	16					0.525	-0.470
14	11	2179	2224	N					11	28					0.425	-0.664
9	5	2180	2230	P	14	39			16	6			17	33	1.760	0.812
2	11	2180	2236	P	9	29			10	56			12	22	1.680	0.589
29	4	2181	2242	T	6	54	7	52	8	40	9	28	10	26	2.594	1.628
22	10	2181	2248	T	11	42	12	44	13	35	14	26	15	29	2.761	1.716
18	4	2182	2254	P	20	25			21	14			22	3	1.207	0.188
11	10	2182	2260	P	22	28			23	38			0	48	1.425	0.438
9	3	2183	2265	N					9	24					0.595	-0.500
2	9	2183	2271	N					7	15					0.807	-0.142

GG	MM	AAAA	DT	TIPO	T1		T2		T3		T4		T5		MPEN	MUMB
1	10	2183	2272	N					15	5					0.193	-0.761
26	2	2184	2277	P	7	30			9	6			10	42	1.876	0.793
21	8	2184	2283	T	20	58	22	11	22	39	23	6	0	19	2.119	1.137
14	2	2185	2289	T	12	14	13	16	14	4	14	51	15	53	2.570	1.537
11	8	2185	2295	T	6	35	7	51	8	21	8	51	10	7	2.183	1.148
4	2	2186	2301	P	1	1			2	1			3	1	1.308	0.324
31	7	2186	2307	N					11	7					0.759	-0.310
26	12	2186	2312	N					6	46					0.644	-0.339
24	1	2187	2313	N					17	35					0.135	-0.836
20	6	2187	2318	P	21	52			22	44			23	36	1.237	0.203
15	12	2187	2324	P	17	27			18	59			20	31	1.847	0.816
9	6	2188	2330	T	6	24	7	23	8	13	9	3	10	2	2.686	1.704
4	12	2188	2336	T	22	21	23	26	0	16	1	5	2	10	2.645	1.560
29	5	2189	2342	P	22	12			23	34			0	56	1.637	0.691
22	11	2189	2348	P	22	52			23	54			0	57	1.377	0.276
20	4	2190	2353	N					8	3					0.640	-0.340
19	5	2190	2354	N					16	35					0.318	-0.636
13	10	2190	2359	N					10	44					0.398	-0.628
12	11	2190	2360	N					1	1					0.157	-0.907
9	4	2191	2365	P	17	5			18	42			20	19	1.940	0.902
2	10	2191	2371	P	21	17			22	46			0	14	1.792	0.821
28	3	2192	2377	T	20	2	21	11	21	56	22	42	23	51	2.497	1.412
21	9	2192	2383	T	13	18	14	15	15	2	15	49	16	47	2.567	1.615
17	3	2193	2389	P	20	54			21	35			22	15	1.200	0.114
11	9	2193	2395	P	6	3			6	57			7	51	1.226	0.251
5	2	2194	2400	N					11	35					0.603	-0.415
2	8	2194	2406	N					5	19					0.948	-0.099
26	1	2195	2412	P	23	27			0	59			2	30	1.903	0.927
22	7	2195	2418	T	4	57	6	10	6	49	7	28	8	41	2.327	1.257
15	1	2196	2424	T	14	57	15	55	16	42	17	28	18	26	2.564	1.588
10	7	2196	2430	P	6	43			8	26			10	9	2.041	0.996
4	1	2197	2436	P	5	7			6	4			7	1	1.289	0.270
31	5	2197	2441	N					7	36					0.282	-0.687
29	6	2197	2442	N					16	23					0.668	-0.323
24	11	2197	2447	N					19	17					0.387	-0.706
20	5	2198	2453	P	22	28			23	51			1	13	1.649	0.704
13	11	2198	2459	P	17	11			18	34			19	58	1.631	0.538
10	5	2199	2465	T	14	38	15	36	16	25	17	15	18	12	2.695	1.730
2	11	2199	2471	T	19	34	20	36	21	27	22	18	23	20	2.819	1.773
30	4	2200	2477	P	3	45			4	45			5	44	1.299	0.280
23	10	2200	2483	P	6	31			7	45			8	59	1.492	0.504
20	3	2201	2488	N					16	55					0.532	-0.560
13	9	2201	2494	N					15	3					0.706	-0.246
12	10	2201	2495	N					23	14					0.267	-0.690
9	3	2202	2500	P	15	18			16	52			18	25	1.829	0.750
3	9	2202	2506	T	4	29	5	56	6	6	6	16	7	43	2.003	1.016
26	2	2203	2512	T	20	31	21	33	22	21	23	9	0	10	2.596	1.569
23	8	2203	2518	T	13	26	14	36	15	15	15	54	17	4	2.320	1.281
16	2	2204	2524	P	9	40			10	41			11	43	1.328	0.347
11	8	2204	2530	N					17	37					0.909	-0.163
6	1	2205	2535	N					15	35					0.634	-0.351
5	2	2205	2536	N					2	23					0.146	-0.825
2	7	2205	2541	P	5	1			5	30			5	59	1.091	0.060
27	12	2205	2547	P	1	57			3	29			5	1	1.837	0.801
21	6	2206	2553	T	13	41	14	41	15	28	16	16	17	16	2.548	1.571
16	12	2206	2559	T	6	24	7	29	8	19	9	9	10	14	2.668	1.580
11	6	2207	2565	P	5	40			7	8			8	35	1.763	0.819
5	12	2207	2571	P	6	40			7	45			8	51	1.410	0.308
1	5	2208	2576	N					15	49					0.539	-0.441
31	5	2208	2577	N					0	11					0.430	-0.523
24	10	2208	2582	N					18	36					0.341	-0.685

GG	MM	AAAA	DT	TIPO	T1		T2		T3		T4		T5		MPEN	MUMB
23	11	2208	2583	N					9	2					0.200	-0.864
21	4	2209	2588	P	0	38			2	12			3	46	1.846	0.809
14	10	2209	2594	P	5	24			6	50			8	15	1.721	0.749
10	4	2210	2600	T	3	18	4	25	5	14	6	2	7	10	2.581	1.498
3	10	2210	2606	T	21	19	22	15	23	4	23	52	0	49	2.654	1.699
30	3	2211	2612	P	4	11			5	3			5	55	1.269	0.188
23	9	2211	2618	P	13	37			14	40			15	42	1.323	0.342
17	2	2212	2623	N					20	3					0.586	-0.426
18	3	2212	2624	N					9	7					0.036	-1.000
13	8	2212	2629	N					12	2					0.801	-0.250
6	2	2213	2635	P	8	14			9	45			11	15	1.887	0.914
2	8	2213	2641	T	11	28	12	51	13	16	13	42	15	5	2.170	1.099
27	1	2214	2647	T	23	46	0	44	1	31	2	18	3	16	2.575	1.598
22	7	2214	2653	T	13	20	14	37	15	7	15	37	16	54	2.194	1.152
16	1	2215	2659	P	13	43			14	40			15	38	1.295	0.273
12	6	2215	2664	N					15	0					0.162	-0.802
11	7	2215	2665	N					23	30					0.812	-0.175
7	12	2215	2670	N					3	12					0.358	-0.739
1	6	2216	2676	P	6	11			7	28			8	44	1.527	0.584
25	11	2216	2682	P	1	2			2	23			3	44	1.595	0.500
22	5	2217	2688	T	22	14	23	11	0	2	0	52	1	49	2.810	1.844
14	11	2217	2694	T	3	36	4	38	5	29	6	20	7	22	2.862	1.817
11	5	2218	2700	P	10	57			12	6			13	14	1.404	0.384
3	11	2218	2706	P	14	43			16	0			17	17	1.546	0.559
1	4	2219	2711	N					0	18					0.459	-0.631
24	9	2219	2717	N					22	56					0.613	-0.344
24	10	2219	2718	N					7	30					0.330	-0.629
20	3	2220	2723	P	23	1			0	33			2	4	1.773	0.700
13	9	2220	2729	P	12	3			13	37			15	11	1.895	0.902
9	3	2221	2735	T	4	42	5	44	6	32	7	21	8	22	2.632	1.611
2	9	2221	2741	T	20	22	21	29	22	14	22	59	0	5	2.450	1.405
26	2	2222	2747	P	18	14			19	18			20	22	1.353	0.377
23	8	2222	2753	N					0	12					1.052	-0.021
18	1	2223	2758	N					0	23					0.623	-0.364
16	2	2223	2759	N					11	8					0.161	-0.809
13	7	2223	2764	N					12	18					0.948	-0.080
7	1	2224	2770	P	10	27			11	59			13	30	1.826	0.787
1	7	2224	2776	T	20	57	21	59	22	43	23	27	0	29	2.408	1.435
26	12	2224	2782	T	14	30	15	35	16	25	17	16	18	21	2.687	1.596
21	6	2225	2788	P	13	7			14	39			16	11	1.894	0.951
15	12	2225	2794	P	14	33			15	41			16	49	1.437	0.334
12	5	2226	2799	N					23	27					0.428	-0.553
11	6	2226	2800	N					7	41					0.549	-0.406
5	11	2226	2805	N					2	38					0.298	-0.728
4	12	2226	2806	N					17	10					0.233	-0.830
2	5	2227	2811	P	8	3			9	32			11	2	1.739	0.701
25	10	2227	2817	P	13	40			15	2			16	25	1.662	0.689
20	4	2228	2823	T	10	24	11	29	12	21	13	12	14	17	2.681	1.601
14	10	2228	2829	T	5	28	6	24	7	13	8	2	8	59	2.729	1.771
9	4	2229	2835	P	11	19			12	21			13	23	1.354	0.279
3	10	2229	2841	P	21	21			22	30			23	38	1.408	0.422
28	2	2230	2846	N					4	27					0.561	-0.446
29	3	2230	2847	N					16	58					0.101	-0.928
24	8	2230	2852	N					18	48					0.661	-0.395
17	2	2231	2858	P	16	58			18	28			19	58	1.867	0.896
13	8	2231	2864	P	18	2			19	46			21	29	2.016	0.944
7	2	2232	2870	T	8	33	9	31	10	18	11	5	12	3	2.588	1.611
1	8	2232	2876	T	20	0	21	9	21	50	22	30	23	40	2.346	1.306
26	1	2233	2882	P	22	17			23	15			0	13	1.301	0.277
22	6	2233	2887	N					22	23					0.040	-0.921
22	7	2233	2888	N					6	41					0.955	-0.030

GG	MM	AAAA	DT	TIPO	T1		T2		T3		T4		T5		MPEN	MUMB
17	12	2233	2893	N					11	11					0.334	-0.765
12	6	2234	2899	P	13	54			15	3			16	12	1.402	0.460
6	12	2234	2905	P	8	59			10	17			11	36	1.566	0.471
2	6	2235	2911	T	5	45	6	43	7	33	8	23	9	21	2.750	1.784
25	11	2235	2917	T	11	46	12	47	13	38	14	29	15	31	2.865	1.820
21	5	2236	2923	P	18	2			19	19			20	36	1.519	0.499
14	11	2236	2929	P	23	5			0	24			1	43	1.590	0.602
11	4	2237	2934	N					7	31					0.370	-0.716
10	5	2237	2935	N					23	46					0.086	-0.983
5	10	2237	2940	N					6	57					0.532	-0.427
3	11	2237	2941	N					15	54					0.381	-0.581
31	3	2238	2946	P	6	38			8	5			9	33	1.704	0.636
24	9	2238	2952	P	19	44			21	14			22	44	1.798	0.799
20	3	2239	2958	T	12	48	13	48	14	37	15	27	16	27	2.679	1.663
14	9	2239	2964	T	3	24	4	29	5	18	6	6	7	11	2.570	1.519
9	3	2240	2970	P	2	40			3	47			4	54	1.390	0.417
2	9	2240	2976	P	6	11			6	52			7	33	1.189	0.113
28	1	2241	2981	N					9	9					0.610	-0.378
26	2	2241	2982	N					19	47					0.183	-0.785
23	7	2241	2987	N					19	8					0.807	-0.218
17	1	2242	2993	P	18	57			20	28			22	0	1.816	0.774
13	7	2242	2999	T	4	16	5	21	5	59	6	37	7	43	2.269	1.298
7	1	2243	3005	T	22	38	23	43	0	34	1	24	2	29	2.700	1.607
2	7	2243	3011	T	20	31	21	46	22	7	22	29	23	43	2.029	1.088
26	12	2243	3017	P	22	33			23	42			0	52	1.456	0.353
23	5	2244	3022	N					6	57					0.307	-0.674
21	6	2244	3023	N					15	8					0.673	-0.282
15	11	2244	3028	N					10	49					0.265	-0.760
15	12	2244	3029	N					1	25					0.258	-0.804
12	5	2245	3034	P	15	20			16	44			18	7	1.619	0.581
4	11	2245	3040	P	22	3			23	23			0	43	1.614	0.640
1	5	2246	3046	T	17	23	18	28	19	20	20	13	21	18	2.792	1.714
25	10	2246	3052	T	13	43	14	39	15	29	16	18	17	14	2.795	1.834
20	4	2247	3058	P	18	23			19	34			20	46	1.450	0.379
15	10	2247	3064	P	5	12			6	25			7	39	1.483	0.491
10	3	2248	3069	N					12	45					0.525	-0.477
9	4	2248	3070	N					0	43					0.179	-0.844
4	9	2248	3075	N					1	39					0.529	-0.531
3	10	2248	3076	N					15	52					0.061	-0.984
28	2	2249	3081	P	1	36			3	5			4	34	1.836	0.869
24	8	2249	3087	P	0	45			2	22			4	0	1.873	0.799
17	2	2250	3093	T	17	13	18	11	18	59	19	46	20	44	2.609	1.633
13	8	2250	3099	T	2	47	3	53	4	40	5	26	6	32	2.491	1.452
7	2	2251	3105	P	6	47			7	46			8	45	1.312	0.286
2	8	2251	3111	P	13	15			13	53			14	31	1.097	0.115
28	12	2251	3116	N					19	13					0.316	-0.785
22	6	2252	3122	P	21	34			22	33			23	33	1.270	0.329
16	12	2252	3128	P	17	1			18	19			19	36	1.547	0.452
12	6	2253	3134	T	13	10	14	8	14	57	15	46	16	45	2.619	1.652
5	12	2253	3140	T	20	4	21	5	21	56	22	47	23	48	2.841	1.797
2	6	2254	3146	P	1	0			2	25			3	49	1.645	0.623
25	11	2254	3152	P	7	34			8	55			10	16	1.623	0.635
22	4	2255	3157	N					14	36					0.272	-0.812
22	5	2255	3158	N					6	33					0.208	-0.860
16	10	2255	3163	N					15	4					0.462	-0.502
15	11	2255	3164	N					0	25					0.421	-0.543
10	4	2256	3169	P	14	8			15	31			16	54	1.622	0.561
5	10	2256	3175	P	3	31			4	57			6	24	1.711	0.706
30	3	2257	3181	T	20	47	21	46	22	37	23	27	0	27	2.737	1.727
24	9	2257	3187	T	10	33	11	37	12	28	13	18	14	22	2.680	1.624
20	3	2258	3193	P	11	0			12	10			13	20	1.436	0.468

GG	MM	AAAA	DT	TIPO	T1		T2		T3		T4		T5		MPEN	MUMB
13	9	2258	3199	P	12	42			13	40			14	38	1.316	0.236
8	2	2259	3204	N					17	52					0.592	-0.397
10	3	2259	3205	N					4	20					0.213	-0.754
4	8	2259	3210	N					2	2					0.671	-0.352
2	9	2259	3211	N					14	48					0.010	-1.044
29	1	2260	3216	P	3	25			4	55			6	26	1.803	0.759
23	7	2260	3222	T	11	37	12	48	13	17	13	47	14	57	2.132	1.164
17	1	2261	3228	T	6	44	7	49	8	40	9	31	10	36	2.716	1.621
13	7	2261	3234	T	3	57	5	3	5	36	6	9	7	15	2.164	1.224
6	1	2262	3240	P	6	34			7	45			8	56	1.472	0.370
3	6	2262	3245	N					14	21					0.178	-0.804
2	7	2262	3246	N					22	32					0.801	-0.156
26	11	2262	3251	N					19	7					0.241	-0.783
26	12	2262	3252	N					9	44					0.278	-0.782
23	5	2263	3257	P	22	31			23	46			1	2	1.489	0.450
16	11	2263	3263	P	6	34			7	52			9	10	1.578	0.603
12	5	2264	3269	T	0	11	1	16	2	9	3	2	4	7	2.874	1.798
4	11	2264	3275	T	22	7	23	4	23	53	0	42	1	38	2.833	1.869
1	5	2265	3281	P	1	19			2	39			3	58	1.559	0.493
25	10	2265	3287	P	13	12			14	29			15	46	1.545	0.548
21	3	2266	3292	N					20	56					0.480	-0.517
20	4	2266	3293	N					8	20					0.268	-0.749
15	9	2266	3298	N					8	36					0.409	-0.657
14	10	2266	3299	N					23	23					0.137	-0.914
11	3	2267	3304	P	10	9			11	37			13	5	1.798	0.834
4	9	2267	3310	P	7	32			9	3			10	34	1.736	0.660
29	2	2268	3316	T	1	50	2	47	3	35	4	23	5	21	2.636	1.660
23	8	2268	3322	T	9	41	10	45	11	35	12	25	13	28	2.629	1.591
17	2	2269	3328	P	15	11			16	11			17	12	1.329	0.302
12	8	2269	3334	P	20	17			21	12			22	6	1.232	0.252
8	1	2270	3339	N					3	16					0.300	-0.803
4	7	2270	3345	P	5	17			6	4			6	51	1.137	0.197
28	12	2270	3351	P	1	7			2	23			3	39	1.530	0.436
23	6	2271	3357	T	20	32	21	33	22	19	23	5	0	5	2.486	1.517
17	12	2271	3363	T	4	27	5	28	6	19	7	10	8	11	2.824	1.782
12	6	2272	3369	P	7	52			9	24			10	55	1.780	0.756
5	12	2272	3375	P	16	11			17	33			18	54	1.647	0.660
2	5	2273	3380	N					21	32					0.160	-0.920
1	6	2273	3381	N					13	14					0.341	-0.727
26	10	2273	3386	N					23	20					0.404	-0.565
25	11	2273	3387	N					9	2					0.452	-0.514
21	4	2274	3392	P	21	32			22	49			0	6	1.528	0.472
16	10	2274	3398	P	11	25			12	48			14	11	1.637	0.626
11	4	2275	3404	T	4	38	5	37	6	28	7	19	8	18	2.808	1.804
5	10	2275	3410	T	17	49	18	52	19	44	20	36	21	40	2.779	1.717
30	3	2276	3416	P	19	12			20	26			21	40	1.494	0.530
23	9	2276	3422	P	19	26			20	35			21	45	1.431	0.348
19	2	2277	3427	N					2	29					0.566	-0.423
20	3	2277	3428	N					12	45					0.254	-0.711
14	8	2277	3433	N					9	1					0.542	-0.478
12	9	2277	3434	N					21	50					0.133	-0.921
8	2	2278	3439	P	11	49			13	19			14	49	1.786	0.741
3	8	2278	3445	T	19	1	20	24	20	38	20	51	22	14	1.998	1.032
28	1	2279	3451	T	14	49	15	55	16	46	17	37	18	42	2.731	1.635
24	7	2279	3457	T	11	24	12	25	13	5	13	45	14	47	2.300	1.359
17	1	2280	3463	P	14	37			15	50			17	2	1.487	0.386
13	6	2280	3468	N					21	38					0.042	-0.942
13	7	2280	3469	N					5	53					0.933	-0.026
7	12	2280	3474	N					3	33					0.227	-0.796
5	1	2281	3475	N					18	7					0.293	-0.764
3	6	2281	3480	P	5	39			6	43			7	47	1.351	0.311

GG	MM	AAAA	DT	TIPO	T1		T2		T3		T4		T5		MPEN	MUMB
26	11	2281	3486	P	15	11			16	27			17	44	1.549	0.574
23	5	2282	3492	T	6	55	8	0	8	53	9	45	10	50	2.739	1.664
16	11	2282	3498	T	6	37	7	34	8	23	9	12	10	9	2.794	1.826
12	5	2283	3504	P	8	10			9	37			11	4	1.678	0.618
5	11	2283	3510	P	21	19			22	39			23	59	1.598	0.595
1	4	2284	3515	N					5	1					0.423	-0.568
30	4	2284	3516	N					15	52					0.368	-0.643
25	9	2284	3521	N					15	40					0.299	-0.772
25	10	2284	3522	N					7	2					0.202	-0.855
21	3	2285	3527	P	18	35			20	1			21	27	1.746	0.785
14	9	2285	3533	P	14	30			15	53			17	17	1.613	0.536
11	3	2286	3539	T	10	19	11	16	12	5	12	53	13	51	2.675	1.700
3	9	2286	3545	T	16	44	17	46	18	38	19	29	20	32	2.758	1.721
1	3	2287	3551	P	23	27			0	30			1	33	1.355	0.328
24	8	2287	3557	P	3	29			4	35			5	41	1.362	0.383
19	1	2288	3562	N					11	19					0.283	-0.820
14	7	2288	3568	P	13	5			13	31			13	58	1.002	0.060
12	8	2288	3569	N					20	16					0.087	-0.857
7	1	2289	3574	P	9	16			10	31			11	46	1.519	0.426
4	7	2289	3580	T	3	52	4	55	5	36	6	18	7	21	2.348	1.376
27	12	2289	3586	T	12	55	13	56	14	46	15	37	16	38	2.811	1.771
23	6	2290	3592	P	14	40			16	18			17	55	1.922	0.896
17	12	2290	3598	P	0	53			2	16			3	38	1.664	0.677
14	5	2291	3603	N					4	20					0.038	-1.039
12	6	2291	3604	N					19	48					0.484	-0.584
7	11	2291	3609	N					7	42					0.355	-0.617
6	12	2291	3610	N					17	45					0.473	-0.495
2	5	2292	3615	P	4	51			6	1			7	10	1.423	0.373
26	10	2292	3621	P	19	26			20	45			22	5	1.574	0.558
21	4	2293	3627	T	12	24	13	23	14	13	15	4	16	3	2.824	1.826
16	10	2293	3633	T	1	13	2	16	3	8	4	1	5	4	2.866	1.798
11	4	2294	3639	P	3	18			4	36			5	54	1.561	0.601
5	10	2294	3645	P	2	21			3	38			4	56	1.536	0.450
2	3	2295	3650	N					11	1					0.533	-0.456
31	3	2295	3651	N					21	3					0.304	-0.659
25	8	2295	3656	N					16	7					0.422	-0.597
24	9	2295	3657	N					5	0					0.245	-0.809
19	2	2296	3662	P	20	7			21	36			23	5	1.760	0.714
14	8	2296	3668	P	2	31			4	3			5	35	1.871	0.906
8	2	2297	3674	T	22	50	23	55	0	46	1	37	2	43	2.753	1.658
3	8	2297	3680	T	18	54	19	53	20	37	21	22	22	21	2.432	1.490
27	1	2298	3686	P	22	37			23	51			1	5	1.506	0.407
24	7	2298	3692	P	12	39			13	14			13	49	1.064	0.102
18	12	2298	3697	N					12	4					0.220	-0.802
17	1	2299	3698	N					2	30					0.308	-0.747
14	6	2299	3703	P	12	44			13	31			14	18	1.204	0.162
8	12	2299	3709	P	23	54			1	9			2	24	1.531	0.555
3	6	2300	3715	T	13	32	14	39	15	28	16	18	17	25	2.591	1.518
27	11	2300	3721	T	15	15	16	12	17	1	17	50	18	46	2.766	1.795
23	5	2301	3727	P	14	55			16	29			18	3	1.809	0.754
17	11	2301	3733	P	5	34			6	56			8	18	1.637	0.628
13	4	2302	3738	N					13	0					0.355	-0.630
12	5	2302	3739	N					23	18					0.478	-0.527
7	10	2302	3744	N					22	50					0.201	-0.875
6	11	2302	3745	N					14	46					0.256	-0.807
3	4	2303	3750	P	2	56			4	20			5	43	1.685	0.727
26	9	2303	3756	P	21	36			22	51			0	6	1.501	0.421
22	3	2304	3762	T	18	40	19	37	20	27	21	16	22	13	2.724	1.749
15	9	2304	3768	T	23	55	0	57	1	49	2	41	3	43	2.876	1.839
12	3	2305	3774	P	7	35			8	42			9	48	1.391	0.363
4	9	2305	3780	P	10	52			12	6			13	20	1.483	0.504

GG	MM	AAAA	DT	TIPO	T1		T2		T3		T4		T5		MPEN	MUMB
30	1	2306	3785	N					19	20					0.263	-0.841
1	3	2306	3786	N					13	43					0.024	-1.060
26	7	2306	3791	N					21	1					0.870	-0.072
25	8	2306	3792	N					3	53					0.207	-0.739
19	1	2307	3797	P	17	25			18	39			19	53	1.506	0.416
16	7	2307	3803	T	11	9	12	17	12	52	13	26	14	34	2.208	1.233
8	1	2308	3809	T	21	25	22	26	23	16	0	7	1	8	2.801	1.764
4	7	2308	3815	T	21	25	22	52	23	8	23	24	0	51	2.069	1.040
28	12	2308	3821	P	9	39			11	2			12	24	1.676	0.691
24	6	2309	3827	N					2	18					0.634	-0.434
18	11	2309	3832	N					16	11					0.317	-0.659
18	12	2309	3833	N					2	33					0.489	-0.481
14	5	2310	3838	P	12	7			13	6			14	6	1.308	0.264
8	11	2310	3844	P	3	33			4	49			6	5	1.523	0.500
3	5	2311	3850	T	20	3	21	2	21	52	22	42	23	41	2.724	1.733
28	10	2311	3856	T	8	44	9	48	10	40	11	33	12	36	2.851	1.777
22	4	2312	3862	P	11	15			12	37			13	59	1.643	0.687
16	10	2312	3868	P	9	28			10	51			12	15	1.626	0.537
13	3	2313	3873	N					19	26					0.489	-0.500
12	4	2313	3874	N					5	12					0.367	-0.596
5	9	2313	3879	N					23	20					0.312	-0.706
5	10	2313	3880	N					12	20					0.345	-0.709
3	3	2314	3885	P	4	19			5	47			7	15	1.726	0.678
26	8	2314	3891	P	10	6			11	34			13	1	1.751	0.787
20	2	2315	3897	T	6	46	7	51	8	43	9	35	10	40	2.780	1.685
16	8	2315	3903	T	2	26	3	23	4	10	4	58	5	55	2.562	1.619
9	2	2316	3909	P	6	37			7	52			9	8	1.526	0.430
4	8	2316	3915	P	19	45			20	36			21	28	1.193	0.227
29	12	2316	3920	N					20	39					0.216	-0.804
28	1	2317	3921	N					10	54					0.323	-0.727
25	6	2317	3926	P	20	4			20	16			20	28	1.053	0.010
19	12	2317	3932	P	8	41			9	55			11	10	1.518	0.542
14	6	2318	3938	T	20	6	21	16	22	1	22	45	23	55	2.439	1.368
9	12	2318	3944	T	23	56	0	53	1	42	2	31	3	28	2.744	1.771
3	6	2319	3950	P	21	39			23	18			0	58	1.946	0.895
28	11	2319	3956	P	13	55			15	19			16	42	1.667	0.653
23	4	2320	3961	N					20	51					0.275	-0.705
23	5	2320	3962	N					6	38					0.598	-0.401
18	10	2320	3967	N					6	9					0.117	-0.965
16	11	2320	3968	N					22	39					0.298	-0.770
13	4	2321	3973	P	11	9			12	30			13	50	1.611	0.656
7	10	2321	3979	P	4	52			5	59			7	5	1.403	0.322
3	4	2322	3985	T	2	53	3	50	4	40	5	29	6	27	2.786	1.812
26	9	2322	3991	T	7	17	8	18	9	10	10	1	11	3	2.772	1.736
23	3	2323	3997	P	15	33			16	44			17	54	1.439	0.411
15	9	2323	4003	P	18	23			19	43			21	4	1.595	0.617
11	2	2324	4008	N					3	17					0.238	-0.865
11	3	2324	4009	N					21	30					0.065	-1.018
6	8	2324	4014	N					4	32					0.740	-0.205
4	9	2324	4015	N					11	36					0.321	-0.627
30	1	2325	4020	P	1	34			2	47			4	0	1.491	0.403
26	7	2325	4026	T	18	27	19	44	20	6	20	29	21	46	2.068	1.090
19	1	2326	4032	T	5	58	6	58	7	49	8	39	9	39	2.792	1.758
16	7	2326	4038	T	4	8	5	22	5	55	6	28	7	42	2.220	1.188
8	1	2327	4044	P	18	27			19	50			21	13	1.685	0.701
5	7	2327	4050	N					8	45					0.789	-0.279
30	11	2327	4055	N					0	46					0.289	-0.692
29	12	2327	4056	N					11	24					0.498	-0.474
24	5	2328	4061	P	19	22			20	7			20	51	1.185	0.146
18	11	2328	4067	P	11	47			13	0			14	13	1.482	0.454
14	5	2329	4073	T	3	38	4	37	5	26	6	15	7	15	2.616	1.630

GG	MM	AAAA	DT	TIPO	T1		T2		T3		T4		T5		MPEN	MUMB
7	11	2329	4079	T	16	23	17	27	18	19	19	10	20	15	2.793	1.715
3	5	2330	4085	P	19	7			20	33			21	59	1.733	0.781
27	10	2330	4091	P	16	45			18	13			19	41	1.704	0.612
25	3	2331	4096	N					3	42					0.434	-0.555
23	4	2331	4097	N					13	14					0.440	-0.521
17	9	2331	4102	N					6	42					0.212	-0.805
16	10	2331	4103	N					19	50					0.433	-0.621
13	3	2332	4108	P	12	23			13	49			15	14	1.679	0.631
5	9	2332	4114	P	17	49			19	11			20	34	1.641	0.677
2	3	2333	4120	T	14	33	15	38	16	30	17	23	18	28	2.820	1.726
26	8	2333	4126	T	10	4	11	1	11	50	12	39	13	35	2.682	1.737
19	2	2334	4132	P	14	30			15	48			17	6	1.554	0.461
16	8	2334	4138	P	2	57			4	0			5	3	1.319	0.349
10	1	2335	4143	N					5	16					0.215	-0.803
8	2	2335	4144	N					19	15					0.343	-0.703
7	7	2335	4149	N					2	56					0.898	-0.148
30	12	2335	4155	P	17	31			18	45			19	59	1.510	0.534
25	6	2336	4161	T	2	36	3	52	4	27	5	3	6	18	2.279	1.209
19	12	2336	4167	T	8	43	9	40	10	29	11	18	12	15	2.732	1.755
14	6	2337	4173	T	4	19	5	46	6	3	6	20	7	48	2.091	1.045
8	12	2337	4179	P	22	21			23	46			1	11	1.689	0.670
5	5	2338	4184	N					4	36					0.186	-0.788
3	6	2338	4185	N					13	55					0.726	-0.268
29	10	2338	4190	N					13	35					0.045	-1.041
28	11	2338	4191	N					6	37					0.331	-0.743
24	4	2339	4196	P	19	17			20	33			21	49	1.526	0.575
18	10	2339	4202	P	12	17			13	14			14	12	1.317	0.234
13	4	2340	4208	T	10	58	11	55	12	45	13	35	14	33	2.831	1.858
6	10	2340	4214	T	14	47	15	50	16	40	17	30	18	32	2.679	1.643
3	4	2341	4220	P	23	22			0	37			1	52	1.500	0.471
26	9	2341	4226	P	2	4			3	29			4	54	1.696	0.717
21	2	2342	4231	N					11	10					0.205	-0.896
23	3	2342	4232	N					5	8					0.116	-0.965
17	8	2342	4237	N					12	5					0.614	-0.333
15	9	2342	4238	N					19	24					0.426	-0.523
10	2	2343	4243	P	9	40			10	52			12	3	1.470	0.386
7	8	2343	4249	P	1	47			3	22			4	57	1.931	0.948
30	1	2344	4255	T	14	28	15	28	16	19	17	9	18	9	2.778	1.748
26	7	2344	4261	T	10	51	11	59	12	41	13	23	14	31	2.371	1.335
19	1	2345	4267	P	3	15			4	39			6	2	1.695	0.713
15	7	2345	4273	N					15	11					0.945	-0.123
10	12	2345	4278	N					9	25					0.266	-0.718
8	1	2346	4279	N					20	15					0.506	-0.467
5	6	2346	4284	P	2	46			3	3			3	20	1.054	0.021
29	11	2346	4290	P	20	5			21	16			22	27	1.452	0.418
25	5	2347	4296	T	11	6	12	7	12	54	13	40	14	41	2.497	1.516
19	11	2347	4302	T	0	9	1	14	2	5	2	56	4	1	2.749	1.665
14	5	2348	4308	P	2	51			4	21			5	51	1.837	0.888
7	11	2348	4314	P	0	13			1	44			3	16	1.767	0.673
4	4	2349	4319	N					11	50					0.366	-0.622
3	5	2349	4320	N					21	7					0.525	-0.435
27	9	2349	4325	N					14	13					0.126	-0.891
27	10	2349	4326	N					3	30					0.507	-0.548
24	3	2350	4331	P	20	20			21	43			23	6	1.622	0.575
17	9	2350	4337	P	1	38			2	55			4	12	1.540	0.575
14	3	2351	4343	T	22	15	23	20	0	13	1	5	2	10	2.866	1.774
6	9	2351	4349	T	17	47	18	43	19	33	20	22	21	18	2.797	1.849
1	3	2352	4355	P	22	19			23	39			1	0	1.590	0.501
26	8	2352	4361	P	10	15			11	27			12	38	1.439	0.465
20	1	2353	4366	N					13	54					0.213	-0.801
19	2	2353	4367	N					3	34					0.368	-0.674

GG	MM	AAAA	DT	TIPO	T1		T2		T3		T4		T5		MPEN	MUMB
17	7	2353	4372	N					9	35					0.744	-0.304
10	1	2354	4378	P	2	22			3	36			4	49	1.502	0.527
6	7	2354	4384	T	9	7	10	36	10	54	11	12	12	41	2.120	1.050
30	12	2354	4390	T	17	32	18	29	19	17	20	6	21	3	2.721	1.743
25	6	2355	4396	T	10	58	12	12	12	46	13	20	14	34	2.241	1.199
20	12	2355	4402	P	6	51			8	17			9	42	1.703	0.680
15	5	2356	4407	N					12	15					0.087	-0.882
13	6	2356	4408	N					21	9					0.860	-0.129
8	12	2356	4414	N					14	41					0.355	-0.723
5	5	2357	4419	P	3	17			4	28			5	38	1.429	0.480
28	10	2357	4425	P	19	53			20	41			21	30	1.248	0.163
24	4	2358	4431	T	18	54	19	52	20	42	21	32	22	29	2.745	1.772
18	10	2358	4437	T	22	28	23	31	0	20	1	8	2	11	2.599	1.563
14	4	2359	4443	P	7	0			8	20			9	40	1.574	0.545
7	10	2359	4449	P	9	55			11	24			12	52	1.784	0.806
3	3	2360	4454	N					18	55					0.162	-0.937
2	4	2360	4455	N					12	36					0.183	-0.897
27	8	2360	4460	N					19	42					0.495	-0.455
26	9	2360	4461	N					3	20					0.521	-0.430
20	2	2361	4466	P	17	44			18	53			20	2	1.443	0.363
17	8	2361	4472	P	9	8			10	39			12	9	1.798	0.811
10	2	2362	4478	T	22	57	23	57	0	47	1	38	2	38	2.761	1.735
6	8	2362	4484	T	17	34	18	40	19	27	20	15	21	20	2.521	1.481
30	1	2363	4490	P	12	3			13	27			14	51	1.704	0.725
26	7	2363	4496	P	21	13			21	36			21	59	1.104	0.035
21	12	2363	4501	N					18	8					0.250	-0.738
20	1	2364	4502	N					5	7					0.511	-0.462
15	6	2364	4507	N					9	57					0.919	-0.110
10	12	2364	4513	P	4	28			5	36			6	45	1.428	0.390
4	6	2365	4519	T	18	33	19	36	20	19	21	1	22	4	2.372	1.396
29	11	2365	4525	T	8	1	9	6	9	57	10	48	11	53	2.713	1.625
25	5	2366	4531	T	10	32	12	3	12	5	12	7	13	39	1.947	1.001
18	11	2366	4537	P	7	49			9	23			10	57	1.821	0.725
15	4	2367	4542	N					19	49					0.288	-0.701
15	5	2367	4543	N					4	54					0.621	-0.339
8	10	2367	4548	N					21	53					0.052	-0.964
7	11	2367	4549	N					11	20					0.568	-0.487
4	4	2368	4554	P	4	7			5	26			6	44	1.550	0.502
27	9	2368	4560	P	9	36			10	47			11	59	1.451	0.486
24	3	2369	4566	T	5	47	6	52	7	44	8	37	9	42	2.879	1.788
17	9	2369	4572	T	1	36	2	33	3	22	4	12	5	8	2.764	1.814
13	3	2370	4578	P	5	59			7	23			8	47	1.637	0.553
6	9	2370	4584	P	17	39			18	57			20	16	1.553	0.574
31	1	2371	4589	N					22	32					0.209	-0.802
2	3	2371	4590	N					11	47					0.401	-0.635
28	7	2371	4595	N					16	11					0.588	-0.464
27	8	2371	4596	N					5	11					0.093	-0.939
21	1	2372	4601	P	11	15			12	28			13	41	1.495	0.522
16	7	2372	4607	P	15	37			17	18			19	0	1.958	0.889
10	1	2373	4613	T	2	22	3	19	4	8	4	56	5	53	2.714	1.734
5	7	2373	4619	T	17	38	18	46	19	29	20	12	21	20	2.393	1.354
30	12	2373	4625	P	15	25			16	50			18	16	1.711	0.685
25	6	2374	4631	P	4	8			4	22			4	35	0.999	0.014
19	12	2374	4637	N					22	48					0.371	-0.710
16	5	2375	4642	P	11	14			12	17			13	21	1.324	0.377
9	11	2375	4648	P	3	38			4	17			4	55	1.190	0.103
5	5	2376	4654	T	2	43	3	41	4	30	5	19	6	17	2.647	1.674
28	10	2376	4660	T	6	19	7	22	8	9	8	56	9	59	2.533	1.497
24	4	2377	4666	P	14	30			15	55			17	20	1.659	0.631
17	10	2377	4672	P	17	55			19	26			20	57	1.862	0.883
15	3	2378	4677	N					2	32					0.109	-0.987

GG	MM	AAAA	DT	TIPO	T1		T2		T3		T4		T5		MPEN	MUMB
13	4	2378	4678	N					19	55					0.262	-0.817
8	9	2378	4683	N					3	24					0.384	-0.569
7	10	2378	4684	N					11	22					0.606	-0.348
4	3	2379	4689	P	1	42			2	49			3	55	1.406	0.331
28	8	2379	4695	P	16	33			17	58			19	23	1.671	0.679
21	2	2380	4701	T	7	22	8	22	9	12	10	2	11	2	2.736	1.714
17	8	2380	4707	T	0	22	1	25	2	16	3	7	4	11	2.666	1.621
9	2	2381	4713	P	20	47			22	12			23	36	1.721	0.744
6	8	2381	4719	P	3	12			4	5			4	57	1.259	0.188
1	1	2382	4724	N					2	54					0.236	-0.754
30	1	2382	4725	N					13	57					0.520	-0.453
26	6	2382	4730	N					16	49					0.780	-0.244
21	12	2382	4736	P	12	54			14	1			15	8	1.411	0.368
16	6	2383	4742	T	1	57	3	3	3	39	4	16	5	22	2.240	1.268
10	12	2383	4748	T	16	0	17	5	17	56	18	46	19	51	2.688	1.596
4	6	2384	4754	T	18	5	19	17	19	42	20	8	21	19	2.068	1.124
28	11	2384	4760	P	15	35			17	11			18	47	1.860	0.763
26	4	2385	4765	N					3	39					0.197	-0.792
25	5	2385	4766	N					12	33					0.726	-0.234
17	11	2385	4772	N					19	19					0.618	-0.437
15	4	2386	4777	P	11	47			13	0			14	13	1.466	0.419
8	10	2386	4783	P	17	40			18	47			19	53	1.373	0.407
4	4	2387	4789	T	13	10	14	15	15	8	16	0	17	5	2.803	1.715
28	9	2387	4795	T	9	32	10	28	11	17	12	6	13	2	2.671	1.718
23	3	2388	4801	P	13	33			15	0			16	28	1.695	0.616
17	9	2388	4807	P	1	10			2	33			3	57	1.657	0.673
11	2	2389	4812	N					7	6					0.199	-0.808
12	3	2389	4813	N					19	55					0.444	-0.586
7	8	2389	4818	N					22	51					0.439	-0.616
6	9	2389	4819	N					12	15					0.208	-0.829
31	1	2390	4824	P	20	5			21	18			22	30	1.485	0.513
27	7	2390	4830	P	22	10			23	45			1	19	1.799	0.730
21	1	2391	4836	T	11	11	12	8	12	57	13	45	14	43	2.706	1.725
17	7	2391	4842	T	0	20	1	25	2	13	3	1	4	6	2.544	1.509
11	1	2392	4848	P	23	58			1	24			2	50	1.719	0.689
5	7	2392	4854	P	10	49			11	33			12	17	1.141	0.160
30	12	2392	4860	N					6	57					0.384	-0.701
26	5	2393	4865	P	19	6			20	0			20	54	1.209	0.264
19	11	2393	4871	P	11	32			12	0			12	29	1.144	0.056
16	5	2394	4877	T	10	23	11	23	12	10	12	57	13	57	2.538	1.566
8	11	2394	4883	T	14	19	15	23	16	8	16	53	17	58	2.480	1.444
5	5	2395	4889	P	21	48			23	18			0	48	1.761	0.732
29	10	2395	4895	P	2	4			3	38			5	11	1.927	0.947
25	3	2396	4900	N					10	1					0.043	-1.049
24	4	2396	4901	N					3	4					0.355	-0.722
18	9	2396	4906	N					11	11					0.282	-0.675
17	10	2396	4907	N					19	33					0.678	-0.279
14	3	2397	4912	P	9	36			10	38			11	40	1.358	0.289
8	9	2397	4918	P	0	3			1	22			2	41	1.553	0.556
3	3	2398	4924	T	15	43	16	43	17	33	18	22	19	22	2.704	1.688
28	8	2398	4930	T	7	11	8	14	9	6	9	59	11	2	2.807	1.758
21	2	2399	4936	P	5	28			6	54			8	19	1.742	0.767
17	8	2399	4942	P	9	27			10	35			11	44	1.412	0.339
12	1	2400	4947	N					11	41					0.225	-0.768
10	2	2400	4948	N					22	44					0.531	-0.442
6	7	2400	4953	N					23	41					0.641	-0.380
5	8	2400	4954	N					12	1					0.075	-0.972
31	12	2400	4959	P	21	21			22	27			23	33	1.398	0.351
26	6	2401	4965	T	9	20	10	33	11	0	11	27	12	39	2.107	1.139
21	12	2401	4971	T	0	0	1	6	1	56	2	46	3	52	2.666	1.571
16	6	2402	4977	T	1	37	2	42	3	17	3	52	4	57	2.193	1.251

GG	MM	AAAA	DT	TIPO	T1		T2		T3		T4		T5		MPEN	MUMB
10	12	2402	4983	P	23	27			1	4			2	41	1.892	0.793
7	5	2403	4988	N					11	20					0.093	-0.895
5	6	2403	4989	N					20	5					0.841	-0.119
29	11	2403	4995	N					3	26					0.656	-0.397
25	4	2404	5000	P	19	18			20	23			21	28	1.367	0.320
19	10	2404	5006	P	1	54			2	55			3	56	1.307	0.340
14	4	2405	5012	T	20	23	21	29	22	21	23	12	0	18	2.711	1.626
8	10	2405	5018	T	17	35	18	32	19	20	20	7	21	5	2.591	1.634
3	4	2406	5024	P	20	58			22	29			0	1	1.766	0.692
28	9	2406	5030	P	8	46			10	14			11	42	1.753	0.763
22	2	2407	5035	N					15	37					0.183	-0.819
24	3	2407	5036	N					3	56					0.497	-0.527
19	8	2407	5041	N					5	30					0.294	-0.766
17	9	2407	5042	N					19	23					0.316	-0.727
12	2	2408	5047	P	4	53			6	5			7	16	1.470	0.501
7	8	2408	5053	P	4	47			6	13			7	39	1.644	0.574
31	1	2409	5059	T	19	59	20	56	21	45	22	33	23	31	2.697	1.715
27	7	2409	5065	T	7	5	8	8	8	59	9	50	10	53	2.694	1.661
21	1	2410	5071	P	8	30			9	57			11	23	1.725	0.693
16	7	2410	5077	P	17	46			18	46			19	46	1.283	0.305
10	1	2411	5083	N					15	8					0.393	-0.695
7	6	2411	5088	P	2	57			3	38			4	18	1.087	0.143
6	7	2411	5089	N					10	23					0.003	-0.940
30	11	2411	5094	P	19	35			19	52			20	10	1.109	0.021
26	5	2412	5100	T	17	58	18	59	19	43	20	28	21	29	2.421	1.448
19	11	2412	5106	T	22	27	23	32	0	15	0	59	2	4	2.438	1.403
16	5	2413	5112	P	4	58			6	34			8	9	1.872	0.842
8	11	2413	5118	P	10	23			11	57			13	32	1.979	0.999
5	5	2414	5124	N					10	4					0.460	-0.615
29	9	2414	5129	N					19	5					0.190	-0.771
29	10	2414	5130	N					3	50					0.740	-0.220
25	3	2415	5135	P	17	24			18	21			19	17	1.300	0.236
19	9	2415	5141	P	7	40			8	51			10	3	1.444	0.441
14	3	2416	5147	T	23	57	0	57	1	46	2	35	3	35	2.658	1.648
7	9	2416	5153	T	14	7	15	10	16	3	16	55	17	58	2.833	1.778
3	3	2417	5159	P	14	2			15	29			16	56	1.772	0.801
27	8	2417	5165	P	15	52			17	12			18	32	1.557	0.482
22	1	2418	5170	N					20	26					0.211	-0.783
21	2	2418	5171	N					7	26					0.550	-0.423
18	7	2418	5176	N					6	34					0.502	-0.515
16	8	2418	5177	N					18	47					0.223	-0.824
12	1	2419	5182	P	5	49			6	53			7	58	1.387	0.337
7	7	2419	5188	T	16	42	18	13	18	17	18	22	19	53	1.968	1.003
1	1	2420	5194	T	8	5	9	11	10	1	10	51	11	57	2.651	1.554
26	6	2420	5200	T	9	6	10	7	10	48	11	29	12	30	2.326	1.385
20	12	2420	5206	P	7	26			9	4			10	42	1.916	0.817
16	6	2421	5212	P	3	29			3	33			3	37	0.962	0.001
9	12	2421	5218	N					11	40					0.686	-0.367
7	5	2422	5223	P	2	44			3	38			4	31	1.258	0.210
30	10	2422	5229	P	10	15			11	11			12	7	1.251	0.283
26	4	2423	5235	T	3	29	4	36	5	26	6	15	7	22	2.609	1.526
20	10	2423	5241	T	1	45	2	43	3	29	4	15	5	14	2.522	1.561
14	4	2424	5247	P	4	16			5	51			7	26	1.849	0.781
8	10	2424	5253	P	16	30			18	2			19	33	1.837	0.841
5	3	2425	5258	N					0	3					0.159	-0.838
3	4	2425	5259	N					11	51					0.561	-0.457
29	8	2425	5264	N					12	15					0.157	-0.906
28	9	2425	5265	N					2	38					0.414	-0.635
22	2	2426	5270	P	13	36			14	47			15	57	1.448	0.480
18	8	2426	5276	P	11	30			12	46			14	2	1.496	0.426
12	2	2427	5282	T	4	42	5	40	6	28	7	17	8	14	2.682	1.699

GG	MM	AAAA	DT	TIPO	T1		T2		T3		T4		T5		MPEN	MUMB
7	8	2427	5288	T	13	55	14	57	15	49	16	41	17	43	2.841	1.810
1	2	2428	5294	P	16	59			18	26			19	54	1.734	0.700
27	7	2428	5300	P	0	51			2	1			3	12	1.423	0.447
20	1	2429	5306	N					23	17					0.404	-0.685
17	6	2429	5311	P	10	58			11	12			11	25	0.959	0.016
16	7	2429	5312	N					17	51					0.134	-0.808
11	12	2429	5317	N					3	52					1.085	-0.003
7	6	2430	5323	T	1	26	2	30	3	10	3	49	4	53	2.295	1.320
30	11	2430	5329	T	6	43	7	49	8	31	9	14	10	19	2.408	1.373
27	5	2431	5335	P	12	0			13	40			15	20	1.996	0.965
19	11	2431	5341	T	18	50	20	11	20	26	20	40	22	1	2.020	1.039
15	5	2432	5347	N					16	54					0.580	-0.493
10	10	2432	5352	N					3	5					0.110	-0.856
8	11	2432	5353	N					12	15					0.790	-0.173
5	4	2433	5358	P	1	8			1	57			2	45	1.230	0.172
29	9	2433	5364	P	15	21			16	25			17	28	1.345	0.335
25	3	2434	5370	T	8	6	9	6	9	55	10	43	11	43	2.604	1.600
18	9	2434	5376	T	21	7	22	11	23	3	23	54	0	58	2.714	1.654
14	3	2435	5382	P	22	31			23	59			1	28	1.810	0.843
7	9	2435	5388	P	22	24			23	53			1	21	1.696	0.619
3	2	2436	5393	N					5	9					0.195	-0.801
3	3	2436	5394	N					16	3					0.575	-0.397
28	7	2436	5399	N					13	31					0.368	-0.647
27	8	2436	5400	N					1	39					0.362	-0.683
22	1	2437	5405	P	14	14			15	18			16	21	1.373	0.320
18	7	2437	5411	P	0	7			1	38			3	9	1.833	0.871
11	1	2438	5417	T	16	10	17	16	18	5	18	55	20	1	2.636	1.537
7	7	2438	5423	T	16	34	17	32	18	17	19	3	20	1	2.460	1.520
31	12	2438	5429	P	15	27			17	6			18	45	1.935	0.837
27	6	2439	5435	P	10	17			10	56			11	35	1.090	0.128
20	12	2439	5441	N					20	0					0.708	-0.343
17	5	2440	5446	P	10	7			10	42			11	17	1.134	0.086
9	11	2440	5452	P	18	43			19	35			20	27	1.209	0.239
6	5	2441	5458	T	10	26	11	35	12	21	13	8	14	16	2.492	1.412
30	10	2441	5464	T	10	2	11	1	11	46	12	31	13	30	2.465	1.500
25	4	2442	5470	P	11	26			13	5			14	44	1.945	0.882
20	10	2442	5476	P	0	22			1	56			3	30	1.910	0.908
16	3	2443	5481	N					8	23					0.124	-0.868
14	4	2443	5482	N					19	38					0.638	-0.373
9	9	2443	5487	N					19	3					0.028	-1.040
9	10	2443	5488	N					9	58					0.503	-0.552
4	3	2444	5493	P	22	16			23	24			0	33	1.417	0.453
28	8	2444	5499	P	18	22			19	25			20	28	1.357	0.286
22	2	2445	5505	T	13	21	14	19	15	7	15	56	16	53	2.660	1.677
17	8	2445	5511	T	20	51	21	53	22	45	23	36	0	38	2.766	1.737
12	2	2446	5517	P	1	25			2	53			4	21	1.747	0.711
7	8	2446	5523	P	8	0			9	19			10	38	1.561	0.588
1	2	2447	5529	N					7	24					0.415	-0.675
28	6	2447	5534	N					18	42					0.828	-0.115
28	7	2447	5535	N					1	20					0.265	-0.677
22	12	2447	5540	N					11	56					1.067	-0.021
17	6	2448	5546	T	8	49	9	59	10	31	11	2	12	12	2.162	1.185
10	12	2448	5552	T	15	6	16	12	16	53	17	35	18	40	2.385	1.352
6	6	2449	5558	T	18	56	20	16	20	40	21	4	22	24	2.128	1.096
30	11	2449	5564	T	3	23	4	39	4	59	5	19	6	35	2.053	1.072
26	5	2450	5570	N					23	39					0.710	-0.363
21	10	2450	5575	N					11	12					0.039	-0.931
19	11	2450	5576	N					20	47					0.830	-0.136
16	4	2451	5581	P	8	47			9	24			10	0	1.146	0.095
11	10	2451	5587	P	23	11			0	5			1	0	1.257	0.241
4	4	2452	5593	T	16	7	17	8	17	55	18	42	19	42	2.537	1.538

GG	MM	AAAA	DT	TIPO	T1		T2		T3		T4		T5		MPEN	MUMB
29	9	2452	5599	T	4	16	5	21	6	10	7	0	8	5	2.608	1.543
25	3	2453	5605	P	6	51			8	22			9	52	1.861	0.898
18	9	2453	5611	P	5	7			6	42			8	17	1.822	0.743
13	2	2454	5616	N					13	48					0.172	-0.824
15	3	2454	5617	N					0	33					0.609	-0.362
8	8	2454	5622	N					20	30					0.236	-0.776
7	9	2454	5623	N					8	38					0.495	-0.549
2	2	2455	5628	P	22	38			23	40			0	43	1.357	0.302
29	7	2455	5634	P	7	33			8	59			10	24	1.697	0.737
23	1	2456	5640	T	0	15	1	21	2	10	2	59	4	6	2.621	1.521
18	7	2456	5646	T	0	1	0	58	1	46	2	34	3	31	2.597	1.657
11	1	2457	5652	P	23	33			1	12			2	51	1.950	0.853
7	7	2457	5658	P	17	22			18	17			19	11	1.221	0.257
31	12	2457	5664	N					4	23					0.725	-0.324
28	5	2458	5669	N					17	39					1.002	-0.046
21	11	2458	5675	P	3	18			4	6			4	54	1.175	0.204
17	5	2459	5681	T	17	16	18	29	19	9	19	50	21	2	2.364	1.287
10	11	2459	5687	T	18	26	19	26	20	10	20	53	21	53	2.418	1.449
5	5	2460	5693	P	18	30			20	13			21	56	2.052	0.995
30	10	2460	5699	P	8	21			9	57			11	33	1.972	0.964
26	3	2461	5704	N					16	36					0.079	-0.908
25	4	2461	5705	N					3	19					0.726	-0.280
19	10	2461	5711	N					17	27					0.579	-0.482
16	3	2462	5716	P	6	49			7	55			9	1	1.377	0.415
9	9	2462	5722	P	1	23			2	10			2	57	1.228	0.155
5	3	2463	5728	T	21	53	22	52	23	40	0	28	1	26	2.629	1.646
29	8	2463	5734	T	3	55	4	57	5	47	6	37	7	40	2.634	1.606
23	2	2464	5740	P	9	43			11	12			12	42	1.768	0.731
17	8	2464	5746	P	15	17			16	42			18	8	1.692	0.720
11	2	2465	5752	N					15	27					0.432	-0.659
9	7	2465	5757	N					2	11					0.694	-0.249
7	8	2465	5758	N					8	51					0.393	-0.549
1	1	2466	5763	N					20	4					1.054	-0.033
28	6	2466	5769	T	16	9	17	31	17	47	18	3	19	25	2.023	1.045
22	12	2466	5775	T	23	35	0	41	1	22	2	2	3	8	2.371	1.340
18	6	2467	5781	T	1	43	2	55	3	32	4	8	5	20	2.271	1.237
11	12	2467	5787	T	12	3	13	17	13	40	14	2	15	17	2.075	1.094
6	6	2468	5793	N					6	15					0.850	-0.221
30	11	2468	5799	N					5	24					0.859	-0.109
26	4	2469	5804	P	16	35			16	46			16	56	1.053	0.008
21	10	2469	5810	P	7	7			7	53			8	38	1.181	0.160
16	4	2470	5816	T	0	3	1	5	1	50	2	35	3	36	2.460	1.467
10	10	2470	5822	T	11	30	12	37	13	24	14	10	15	17	2.511	1.440
5	4	2471	5828	P	15	6			16	38			18	10	1.921	0.962
29	9	2471	5834	P	12	0			13	40			15	20	1.938	0.856
24	2	2472	5839	N					22	22					0.142	-0.855
25	3	2472	5840	N					8	55					0.654	-0.316
19	8	2472	5845	N					3	36					0.114	-0.896
17	9	2472	5846	N					15	46					0.617	-0.428
13	2	2473	5851	P	6	58			7	58			8	58	1.333	0.278
8	8	2473	5857	P	15	5			16	24			17	43	1.567	0.609
2	2	2474	5863	T	8	16	9	23	10	11	11	0	12	7	2.600	1.500
29	7	2474	5869	T	7	30	8	26	9	16	10	5	11	1	2.732	1.791
22	1	2475	5875	P	7	37			9	17			10	57	1.966	0.871
19	7	2475	5881	P	0	29			1	35			2	41	1.356	0.389
11	1	2476	5887	N					12	50					0.740	-0.307
8	6	2476	5892	N					0	29					0.861	-0.188
1	12	2476	5898	P	11	59			12	44			13	29	1.150	0.179
28	5	2477	5904	T	0	0	1	19	1	50	2	21	3	40	2.225	1.151
21	11	2477	5910	T	2	58	3	59	4	41	5	22	6	23	2.382	1.410
17	5	2478	5916	T	1	27	2	46	3	14	3	41	5	0	2.171	1.120

GG	MM	AAAA	DT	TIPO	T1	T2	T3	T4	T5	MPEN	MUMB
10	11	2478	5922	T	16 27	17 58	18 5	18 12	19 43	2.021	1.007
7	4	2479	5927	N			0 43			0.022	-0.959
6	5	2479	5928	N			10 53			0.827	-0.173
31	10	2479	5934	N			1 3			0.643	-0.423
26	3	2480	5939	P	15 16		16 19		17 21	1.325	0.366
19	9	2480	5945	P	8 40		9 4		9 27	1.111	0.037
16	3	2481	5951	T	6 20	7 18	8 6	8 54	9 52	2.589	1.607
8	9	2481	5957	T	11 5	12 9	12 56	13 43	14 47	2.511	1.484
5	3	2482	5963	P	17 56		19 26		20 57	1.796	0.758
29	8	2482	5969	P	22 40		0 10		1 41	1.818	0.847
22	2	2483	5975	N			23 24			0.456	-0.635
20	7	2483	5980	N			9 38			0.559	-0.385
18	8	2483	5981	N			16 25			0.518	-0.425
13	1	2484	5986	N			4 15			1.043	-0.042
9	7	2484	5992	P	23 27		1 1		2 35	1.883	0.902
1	1	2485	5998	T	8 6	9 12	9 52	10 32	11 38	2.359	1.330
28	6	2485	6004	T	8 30	9 37	10 21	11 5	12 12	2.418	1.382
21	12	2485	6010	T	20 47	22 0	22 24	22 49	0 2	2.091	1.111
17	6	2486	6016	N			12 47			0.998	-0.072
11	12	2486	6022	N			14 7			0.881	-0.090
7	5	2487	6027	N			24 0			0.948	-0.091
1	11	2487	6033	P	15 13		15 47		16 22	1.118	0.090
26	4	2488	6039	T	7 51	8 54	9 36	10 18	11 21	2.368	1.381
20	10	2488	6045	T	18 54	20 3	20 46	21 29	22 39	2.430	1.353
16	4	2489	6051	T	23 12	0 32	0 47	1 1	2 21	1.994	1.038
9	10	2489	6057	P	19 2		20 46		22 29	2.042	0.958
7	3	2490	6062	N			6 49			0.103	-0.894
5	4	2490	6063	N			17 9			0.710	-0.258
28	9	2490	6069	N			23 2			0.728	-0.317
24	2	2491	6074	P	15 13		16 9		17 6	1.303	0.246
19	8	2491	6080	P	22 41		23 52		1 4	1.442	0.484
13	2	2492	6086	T	16 14	17 22	18 9	18 57	20 5	2.575	1.476
8	8	2492	6092	T	15 1	15 58	16 47	17 37	18 33	2.793	1.851
1	2	2493	6098	P	15 41		17 21		19 2	1.984	0.891
29	7	2493	6104	P	7 38		8 53		10 8	1.489	0.518
21	1	2494	6110	N			21 18			0.752	-0.291
19	6	2494	6115	N			7 13			0.713	-0.338
18	7	2494	6116	N			19 45			0.007	-1.017
12	12	2494	6121	P	20 45		21 28		22 11	1.133	0.161
8	6	2495	6127	T	6 40	8 19	8 25	8 32	10 11	2.079	1.006
2	12	2495	6133	T	11 35	12 36	13 17	13 58	14 59	2.356	1.380
27	5	2496	6139	T	8 21	9 32	10 10	10 47	11 59	2.299	1.253
21	11	2496	6145	T	0 40	2 4	2 19	2 35	3 58	2.061	1.041
16	5	2497	6151	N			18 23			0.935	-0.059
10	11	2497	6157	N			8 45			0.698	-0.374
7	4	2498	6162	P	23 38		0 35		1 33	1.262	0.306
30	9	2498	6168	N			16 6			1.006	-0.069
27	3	2499	6174	T	14 37	15 36	16 23	17 9	18 9	2.536	1.554
19	9	2499	6180	T	18 25	19 31	20 14	20 57	22 3	2.400	1.374
17	3	2500	6186	P	1 58		3 30		5 3	1.838	0.800
9	9	2500	6192	P	6 12		7 46		9 20	1.933	0.963
6	3	2501	6198	N			7 14			0.491	-0.599
31	7	2501	6203	N			17 7			0.428	-0.518
30	8	2501	6204	N			0 4			0.636	-0.309
24	1	2502	6209	N			12 27			1.033	-0.049
21	7	2502	6215	P	6 43		8 11		9 39	1.740	0.755
13	1	2503	6221	T	16 41	17 47	18 27	19 7	20 13	2.351	1.325
10	7	2503	6227	T	15 11	16 16	17 4	17 53	18 58	2.571	1.532
3	1	2504	6233	T	5 36	6 48	7 13	7 38	8 50	2.102	1.123
28	6	2504	6239	P	18 39		19 15		19 50	1.153	0.083
22	12	2504	6245	N			22 55			0.894	-0.079

GG	MM	AAAA	DT	TIPO	T1		T2		T3		T4		T5		MPEN	MUMB
19	5	2505	6250	N					7	10					0.836	-0.198
12	11	2505	6256	P	23	28			23	48			0	8	1.064	0.030
8	5	2506	6262	T	15	35	16	41	17	19	17	56	19	2	2.269	1.288
2	11	2506	6268	T	2	24	3	36	4	15	4	55	6	7	2.359	1.277
28	4	2507	6274	T	7	11	8	23	8	48	9	14	10	25	2.079	1.126
22	10	2507	6280	T	2	14	3	44	4	1	4	18	5	47	2.132	1.045
18	3	2508	6285	N					15	9					0.054	-0.943
17	4	2508	6286	N					1	16					0.777	-0.191
10	10	2508	6292	N					6	29					0.825	-0.220
8	3	2509	6297	P	23	21			0	13			1	5	1.261	0.204
31	8	2509	6303	P	6	24			7	28			8	31	1.326	0.368
25	2	2510	6309	T	0	6	1	14	2	1	2	48	3	56	2.541	1.443
21	8	2510	6315	T	22	36	23	33	0	22	1	10	2	7	2.667	1.722
14	2	2511	6321	P	23	42			1	23			3	4	2.008	0.918
10	8	2511	6327	P	14	50			16	12			17	34	1.621	0.647
3	2	2512	6333	N					5	44					0.769	-0.270
30	6	2512	6338	N					13	51					0.559	-0.493
30	7	2512	6339	N					2	36					0.143	-0.885
24	12	2512	6344	P	5	35			6	16			6	57	1.121	0.149
19	6	2513	6350	P	13	16			14	56			16	36	1.925	0.854
13	12	2513	6356	T	20	16	21	18	21	58	22	38	23	40	2.337	1.358
8	6	2514	6362	T	15	10	16	17	17	1	17	46	18	53	2.437	1.395
3	12	2514	6368	T	8	59	10	20	10	39	10	59	12	19	2.089	1.064
29	5	2515	6374	P	1	17			1	46			2	15	1.056	0.067
22	11	2515	6380	N					16	35					0.740	-0.337
18	4	2516	6385	P	7	53			8	44			9	35	1.188	0.234
11	10	2516	6391	N					23	17					0.915	-0.162
8	4	2517	6397	T	22	47	23	48	0	33	1	18	2	18	2.473	1.491
1	10	2517	6403	T	1	54	3	3	3	41	4	19	5	28	2.301	1.275
28	3	2518	6409	P	9	53			11	28			13	3	1.888	0.850
20	9	2518	6415	T	13	50	15	8	15	27	15	47	17	5	2.041	1.071
17	3	2519	6421	N					14	56					0.534	-0.554
12	8	2519	6426	N					0	37					0.299	-0.649
10	9	2519	6427	N					7	48					0.746	-0.201
4	2	2520	6432	N					20	36					1.018	-0.060
31	7	2520	6438	P	14	1			15	23			16	44	1.600	0.612
24	1	2521	6444	T	1	16	2	22	3	1	3	41	4	47	2.343	1.319
20	7	2521	6450	T	21	53	22	56	23	48	0	39	1	43	2.723	1.681
13	1	2522	6456	T	14	25	15	36	16	2	16	29	17	40	2.112	1.133
10	7	2522	6462	P	0	42			1	41			2	39	1.311	0.241
3	1	2523	6468	N					7	44					0.904	-0.071
30	5	2523	6473	N					14	13					0.713	-0.315
24	11	2523	6479	N					7	55					1.023	-0.017
19	5	2524	6485	T	23	13	0	23	0	54	1	25	2	35	2.159	1.183
12	11	2524	6491	T	10	3	11	17	11	53	12	28	13	43	2.301	1.215
8	5	2525	6497	T	15	3	16	9	16	42	17	16	18	22	2.174	1.224
1	11	2525	6503	T	9	38	10	59	11	27	11	54	13	15	2.208	1.118
28	4	2526	6509	N					9	13					0.856	-0.111
21	10	2526	6515	N					14	6					0.910	-0.135
19	3	2527	6520	P	7	24			8	9			8	55	1.210	0.152
11	9	2527	6526	P	14	14			15	8			16	2	1.218	0.260
7	3	2528	6532	T	7	52	9	1	9	47	10	32	11	41	2.497	1.400
31	8	2528	6538	T	6	16	7	13	8	0	8	47	9	45	2.547	1.600
24	2	2529	6544	P	7	39			9	21			11	4	2.037	0.951
20	8	2529	6550	P	22	4			23	32			1	1	1.751	0.772
13	2	2530	6556	N					14	9					0.789	-0.246
11	7	2530	6561	N					20	27					0.403	-0.651
10	8	2530	6562	N					9	27					0.279	-0.754
4	1	2531	6567	P	14	26			15	6			15	47	1.113	0.141
30	6	2531	6573	P	19	51			21	24			22	56	1.767	0.698
25	12	2531	6579	T	5	1	6	4	6	43	7	22	8	25	2.323	1.341

GG	MM	AAAA	DT	TIPO	T1		T2		T3		T4		T5		MPEN	MUMB
18	6	2532	6585	T	21	58	23	3	23	52	0	41	1	45	2.578	1.540
13	12	2532	6591	T	17	22	18	41	19	3	19	25	20	44	2.112	1.082
8	6	2533	6597	P	8	19			9	8			9	57	1.181	0.198
3	12	2533	6603	N					0	30					0.774	-0.308
29	4	2534	6608	P	16	4			16	46			17	27	1.101	0.150
23	10	2534	6614	N					6	38					0.837	-0.242
19	4	2535	6620	T	6	48	7	50	8	33	9	16	10	18	2.395	1.414
12	10	2535	6626	T	9	34	10	46	11	19	11	51	13	3	2.216	1.191
7	4	2536	6632	P	17	36			19	13			20	51	1.955	0.916
30	9	2536	6638	T	21	39	22	49	23	19	23	48	0	58	2.136	1.165
27	3	2537	6644	N					22	30					0.592	-0.495
22	8	2537	6649	N					8	9					0.176	-0.776
20	9	2537	6650	N					15	38					0.849	-0.101
15	2	2538	6655	N					4	45					1.000	-0.074
11	8	2538	6661	P	21	20			22	34			23	47	1.462	0.469
4	2	2539	6667	T	9	51	10	57	11	36	12	15	13	21	2.332	1.312
1	8	2539	6673	T	4	33	5	36	6	28	7	21	8	24	2.879	1.833
25	1	2540	6679	T	23	15	0	26	0	53	1	20	2	30	2.120	1.143
20	7	2540	6685	P	6	53			8	6			9	20	1.470	0.400
13	1	2541	6691	N					16	35					0.911	-0.065
9	6	2541	6696	N					21	15					0.587	-0.436
9	7	2541	6697	N					9	38					0.124	-0.922
4	12	2541	6702	N					16	8					0.991	-0.054
30	5	2542	6708	T	6	48	8	6	8	25	8	45	10	3	2.041	1.069
23	11	2542	6714	T	17	48	19	5	19	37	20	9	21	26	2.254	1.163
20	5	2543	6720	T	22	50	23	52	0	31	1	10	2	12	2.279	1.332
12	11	2543	6726	T	17	11	18	28	19	1	19	34	20	51	2.271	1.180
8	5	2544	6732	N					17	3					0.946	-0.020
31	10	2544	6738	N					21	52					0.981	-0.063
29	3	2545	6743	P	15	22			15	57			16	32	1.145	0.088
21	9	2545	6749	P	22	13			22	56			23	39	1.119	0.160
18	3	2546	6755	T	15	31	16	41	17	24	18	7	19	18	2.441	1.346
11	9	2546	6761	T	14	0	15	0	15	44	16	28	17	27	2.435	1.485
7	3	2547	6767	P	15	29			17	13			18	56	2.077	0.996
1	9	2547	6773	P	5	23			6	56			8	29	1.874	0.890
24	2	2548	6779	N					22	30					0.817	-0.213
22	7	2548	6784	N					3	2					0.247	-0.809
20	8	2548	6785	N					16	20					0.410	-0.627
14	1	2549	6790	P	23	19			23	58			0	37	1.105	0.133
11	7	2549	6796	P	2	26			3	50			5	14	1.608	0.540
4	1	2550	6802	T	13	49	14	52	15	31	16	10	17	13	2.314	1.330
30	6	2550	6808	T	4	45	5	47	6	39	7	30	8	33	2.726	1.693
25	12	2550	6814	T	1	50	3	8	3	31	3	54	5	13	2.126	1.092
19	6	2551	6820	P	15	23			16	25			17	28	1.315	0.336
14	12	2551	6826	N					8	31					0.798	-0.288
10	5	2552	6831	P	0	15			0	40			1	6	1.005	0.055
8	6	2552	6832	N					7	57					0.041	-0.905
2	11	2552	6837	N					14	9					0.773	-0.307
29	4	2553	6843	T	14	43	15	47	16	26	17	6	18	10	2.308	1.328
22	10	2553	6849	T	17	21	18	38	19	4	19	30	20	47	2.143	1.117
19	4	2554	6855	P	1	11			2	52			4	32	2.031	0.993
12	10	2554	6861	T	5	36	6	42	7	17	7	52	8	58	2.220	1.248
8	4	2555	6867	N					5	54					0.661	-0.423
2	9	2555	6872	N					15	46					0.060	-0.895
1	10	2555	6873	N					23	35					0.940	-0.013
26	2	2556	6878	N					12	48					0.974	-0.096
22	8	2556	6884	P	4	45			5	48			6	51	1.331	0.333
14	2	2557	6890	T	18	22	19	28	20	6	20	45	21	51	2.313	1.299
11	8	2557	6896	T	11	16	12	20	13	12	14	4	15	8	2.737	1.688
4	2	2558	6902	T	8	4	9	13	9	41	10	10	11	19	2.131	1.156
31	7	2558	6908	P	13	7			14	32			15	58	1.630	0.559

GG	MM	AAAA	DT	TIPO	T1		T2		T3		T4		T5		MPEN	MUMB
25	1	2559	6914	N					1	25					0.918	-0.059
21	6	2559	6919	N					4	13					0.455	-0.563
20	7	2559	6920	N					16	19					0.278	-0.765
16	12	2559	6925	N					0	26					0.967	-0.083
9	6	2560	6931	P	14	18			15	52			17	26	1.915	0.948
4	12	2560	6937	T	1	40	3	1	3	29	3	57	5	17	2.220	1.125
30	5	2561	6943	T	6	31	7	30	8	14	8	57	9	56	2.393	1.448
23	11	2561	6949	T	0	53	2	7	2	44	3	20	4	35	2.322	1.229
20	5	2562	6955	P	0	14			0	45			1	17	1.048	0.082
12	11	2562	6961	N					5	49					1.040	-0.004
9	4	2563	6966	P	23	22			23	34			23	45	1.066	0.010
3	10	2563	6972	P	6	22			6	51			7	20	1.032	0.072
29	3	2564	6978	T	23	1	0	14	0	54	1	34	2	47	2.373	1.281
21	9	2564	6984	T	21	51	22	52	23	33	0	14	1	15	2.333	1.379
18	3	2565	6990	T	23	14	0	42	0	59	1	17	2	44	2.125	1.049
11	9	2565	6996	T	12	47	14	22	14	24	14	27	16	1	1.990	1.001
7	3	2566	7002	N					6	47					0.851	-0.174
2	8	2566	7007	N					9	35					0.093	-0.967
31	8	2566	7008	N					23	15					0.539	-0.503
26	1	2567	7013	P	8	12			8	50			9	28	1.096	0.125
22	7	2567	7019	P	9	5			10	17			11	30	1.449	0.382
16	1	2568	7025	T	22	37	23	40	0	19	0	57	2	1	2.305	1.319
10	7	2568	7031	T	11	34	12	35	13	28	14	20	15	22	2.872	1.843
4	1	2569	7037	T	10	19	11	36	12	0	12	25	13	42	2.137	1.100
29	6	2569	7043	P	22	30			23	42			0	55	1.452	0.477
24	12	2569	7049	N					16	35					0.818	-0.272
21	5	2570	7054	N					8	28					0.898	-0.050
19	6	2570	7055	N					15	31					0.164	-0.779
13	11	2570	7060	N					21	50					0.723	-0.358
11	5	2571	7066	T	22	27	23	35	0	9	0	43	1	51	2.206	1.226
3	11	2571	7072	T	1	20	2	42	3	1	3	20	4	42	2.084	1.059
29	4	2572	7078	T	8	35	9	56	10	18	10	41	12	2	2.124	1.085
22	10	2572	7084	T	13	43	14	46	15	25	16	3	17	7	2.291	1.319
18	4	2573	7090	N					13	8					0.746	-0.337
12	10	2573	7096	P	7	12			7	39			8	7	1.020	0.065
8	3	2574	7101	N					20	47					0.940	-0.125
2	9	2574	7107	P	12	14			13	4			13	54	1.204	0.201
26	2	2575	7113	T	2	51	3	58	4	35	5	12	6	19	2.291	1.280
22	8	2575	7119	T	18	2	19	7	19	57	20	46	21	51	2.594	1.541
15	2	2576	7125	T	16	50	17	58	18	28	18	57	20	6	2.146	1.174
10	8	2576	7131	P	19	28			21	1			22	35	1.785	0.714
4	2	2577	7137	N					10	15					0.924	-0.053
1	7	2577	7142	N					11	11					0.322	-0.692
30	7	2577	7143	N					23	1					0.431	-0.610
26	12	2577	7148	N					8	46					0.948	-0.106
20	6	2578	7154	P	21	48			23	17			0	46	1.786	0.823
15	12	2578	7160	T	9	37	11	0	11	25	11	49	13	12	2.191	1.093
10	6	2579	7166	T	14	7	15	5	15	51	16	38	17	36	2.516	1.573
4	12	2579	7172	T	8	43	9	55	10	34	11	13	12	26	2.361	1.268
30	5	2580	7178	P	7	34			8	22			9	9	1.157	0.191
22	11	2580	7184	P	13	28			13	53			14	17	1.088	0.044
20	4	2581	7189	N					7	1					0.976	-0.081
13	10	2581	7195	N					14	55					0.956	-0.005
9	4	2582	7201	T	6	23	7	39	8	14	8	49	10	5	2.290	1.202
3	10	2582	7207	T	5	48	6	53	7	29	8	6	9	10	2.241	1.284
29	3	2583	7213	T	6	51	8	11	8	38	9	4	10	24	2.187	1.117
22	9	2583	7219	T	20	18	21	34	21	58	22	22	23	38	2.096	1.101
17	3	2584	7225	N					14	56					0.897	-0.121
11	9	2584	7231	N					6	16					0.659	-0.389
5	2	2585	7236	P	17	4			17	40			18	16	1.084	0.114
1	8	2585	7242	P	15	49			16	46			17	42	1.292	0.225

GG	MM	AAAA	DT	TIPO	T1		T2		T3		T4		T5		MPEN	MUMB
26	1	2586	7248	T	7	25	8	29	9	7	9	44	10	49	2.296	1.308
21	7	2586	7254	T	18	23	19	25	20	17	21	8	22	10	2.719	1.694
15	1	2587	7260	T	18	49	20	7	20	31	20	56	22	13	2.145	1.105
11	7	2587	7266	P	5	37			6	58			8	19	1.593	0.621
5	1	2588	7272	N					0	43					0.831	-0.262
31	5	2588	7277	N					16	11					0.784	-0.163
29	6	2588	7278	N					23	2					0.291	-0.651
24	11	2588	7283	N					5	39					0.683	-0.399
21	5	2589	7289	T	6	6	7	21	7	46	8	11	9	26	2.097	1.116
13	11	2589	7295	T	9	27	10	58	11	6	11	14	12	45	2.037	1.012
10	5	2590	7301	T	15	50	17	4	17	37	18	10	19	24	2.228	1.189
2	11	2590	7307	T	21	57	22	59	23	40	0	21	1	23	2.352	1.379
29	4	2591	7313	N					20	14					0.843	-0.237
23	10	2591	7319	P	15	13			15	51			16	30	1.089	0.131
19	3	2592	7324	N					4	39					0.894	-0.166
12	9	2592	7330	P	19	53			20	25			20	58	1.088	0.079
8	3	2593	7336	T	11	14	12	22	12	58	13	33	14	41	2.258	1.253
2	9	2593	7342	T	0	52	2	0	2	45	3	30	4	38	2.459	1.401
26	2	2594	7348	T	1	30	2	38	3	9	3	40	4	47	2.168	1.199
22	8	2594	7354	P	1	54			3	34			5	15	1.936	0.863
15	2	2595	7360	N					18	59					0.938	-0.040
12	7	2595	7365	N					18	8					0.187	-0.823
11	8	2595	7366	N					5	48					0.580	-0.459
6	1	2596	7371	N					17	9					0.932	-0.125
1	7	2596	7377	P	5	17			6	40			8	4	1.653	0.693
25	12	2596	7383	T	17	38	19	4	19	25	19	46	21	12	2.169	1.069
20	6	2597	7389	T	21	40	22	37	23	25	0	14	1	11	2.644	1.702
14	12	2597	7395	T	16	40	17	52	18	32	19	13	20	24	2.391	1.296
10	6	2598	7401	P	14	51			15	50			16	50	1.278	0.310
3	12	2598	7407	P	21	33			22	6			22	39	1.124	0.081
1	5	2599	7412	N					14	19					0.872	-0.184
24	10	2599	7418	N					23	6					0.892	-0.071
20	4	2600	7424	T	13	37	14	59	15	26	15	52	17	14	2.196	1.110
14	10	2600	7430	T	13	53	15	0	15	32	16	4	17	11	2.161	1.200
9	4	2601	7436	T	14	22	15	37	16	11	16	44	17	59	2.259	1.194
4	10	2601	7442	T	3	53	5	4	5	36	6	8	7	19	2.195	1.194
29	3	2602	7448	N					23	2					0.952	-0.061
23	9	2602	7454	N					13	22					0.771	-0.282
18	2	2603	7459	P	1	53			2	27			3	1	1.066	0.098
13	8	2603	7465	P	22	45			23	18			23	51	1.141	0.075
7	2	2604	7471	T	16	9	17	14	17	51	18	28	19	33	2.282	1.294
2	8	2604	7477	T	1	18	2	22	3	10	3	59	5	3	2.573	1.549
27	1	2605	7483	T	3	16	4	33	4	59	5	25	6	42	2.156	1.113
22	7	2605	7489	P	12	49			14	16			15	44	1.732	0.763
16	1	2606	7495	N					8	50					0.844	-0.251
12	6	2606	7500	N					23	47					0.660	-0.286
12	7	2606	7501	N					6	31					0.423	-0.518
6	12	2606	7506	N					13	36					0.654	-0.427
2	6	2607	7512	P	13	37			15	14			16	50	1.975	0.992
25	11	2607	7518	P	17	43			19	20			20	58	2.002	0.977
22	5	2608	7524	T	22	56	0	5	0	45	1	26	2	35	2.346	1.307
14	11	2608	7530	T	6	21	7	22	8	5	8	47	9	48	2.400	1.426
11	5	2609	7536	N					3	11					0.954	-0.124
4	11	2609	7542	P	23	24			0	10			0	55	1.148	0.186
31	3	2610	7547	N					12	25					0.838	-0.215
25	9	2610	7553	N					3	51					0.980	-0.035
20	3	2611	7559	T	19	32	20	41	21	15	21	48	22	57	2.215	1.216
14	9	2611	7565	T	7	47	8	59	9	38	10	17	11	29	2.332	1.268
9	3	2612	7571	T	10	7	11	13	11	46	12	19	13	25	2.197	1.231
2	9	2612	7577	T	8	27	10	7	10	13	10	19	11	58	2.079	1.005
27	2	2613	7583	N					3	40					0.956	-0.022

GG	MM	AAAA	DT	TIPO	T1		T2		T3		T4		T5		MPEN	MUMB
24	7	2613	7588	N					1	8					0.056	-0.951
22	8	2613	7589	N					12	40					0.724	-0.314
18	1	2614	7594	N					1	32					0.919	-0.142
13	7	2614	7600	P	12	46			14	3			15	19	1.518	0.561
7	1	2615	7606	T	1	41	3	9	3	27	3	45	5	14	2.151	1.049
3	7	2615	7612	T	5	12	6	8	6	57	7	47	8	43	2.776	1.835
27	12	2615	7618	T	0	42	1	52	2	34	3	16	4	26	2.414	1.320
21	6	2616	7624	P	22	6			23	15			0	24	1.403	0.434
15	12	2616	7630	P	5	47			6	26			7	3	1.151	0.109
12	5	2617	7635	N					21	27					0.756	-0.300
5	11	2617	7641	N					7	25					0.838	-0.127
1	5	2618	7647	T	20	43	22	22	22	28	22	34	0	14	2.087	1.005
25	10	2618	7653	T	22	5	23	17	23	42	0	8	1	20	2.093	1.128
20	4	2619	7659	T	21	44	22	54	23	34	0	13	1	24	2.346	1.287
15	10	2619	7665	T	11	38	12	45	13	22	14	0	15	7	2.280	1.273
9	4	2620	7671	P	6	46			6	59			7	12	1.020	0.013
3	10	2620	7677	N					20	34					0.874	-0.185
28	2	2621	7682	P	10	40			11	9			11	38	1.040	0.074
24	8	2621	7688	N					5	54					0.997	-0.070
18	2	2622	7694	T	0	51	1	57	2	33	3	9	4	15	2.265	1.276
13	8	2622	7700	T	8	16	9	22	10	6	10	50	11	56	2.427	1.406
7	2	2623	7706	T	11	42	12	59	13	25	13	52	15	9	2.168	1.122
2	8	2623	7712	P	20	3			21	36			23	8	1.871	0.904
27	1	2624	7718	N					16	57					0.857	-0.239
23	6	2624	7723	N					7	20					0.532	-0.413
22	7	2624	7724	N					14	1					0.554	-0.387
16	12	2624	7729	N					21	40					0.634	-0.448
12	6	2625	7735	P	21	4			22	37			0	9	1.846	0.863
6	12	2625	7741	P	2	4			3	41			5	17	1.974	0.951
2	6	2626	7747	T	5	55	7	1	7	47	8	33	9	39	2.474	1.434
25	11	2626	7753	T	14	52	15	52	16	35	17	19	18	19	2.437	1.463
22	5	2627	7759	P	9	55			9	59			10	3	1.077	0.001
15	11	2627	7765	P	7	45			8	36			9	26	1.194	0.229
10	4	2628	7770	N					20	4					0.771	-0.276
5	10	2628	7776	N					11	22					0.883	-0.138
31	3	2629	7782	T	3	44	4	55	5	25	5	54	7	5	2.161	1.167
24	9	2629	7788	T	14	48	16	7	16	37	17	7	18	25	2.215	1.147
20	3	2630	7794	T	18	35	19	39	20	15	20	51	21	55	2.238	1.275
13	9	2630	7800	T	15	8	16	28	16	57	17	27	18	47	2.214	1.138
10	3	2631	7806	P	12	5			12	14			12	22	0.983	0.006
2	9	2631	7812	N					19	39					0.859	-0.177
29	1	2632	7817	N					9	52					0.903	-0.160
23	7	2632	7823	P	20	18			21	26			22	34	1.385	0.430
17	1	2633	7829	T	9	45	11	16	11	31	11	46	13	17	2.137	1.033
13	7	2633	7835	T	12	41	13	37	14	26	15	16	16	12	2.745	1.803
6	1	2634	7841	T	8	48	9	58	10	41	11	23	12	33	2.430	1.337
3	7	2634	7847	P	5	17			6	34			7	52	1.535	0.564
26	12	2634	7853	P	14	10			14	51			15	32	1.170	0.130
24	5	2635	7858	N					4	27					0.628	-0.427
22	6	2635	7859	N					17	25					0.057	-0.969
16	11	2635	7864	N					15	52					0.796	-0.170
16	12	2635	7865	N					2	17					0.011	-0.976
12	5	2636	7870	P	3	42			5	24			7	5	1.969	0.889
5	11	2636	7876	T	6	23	7	40	7	59	8	18	9	35	2.035	1.065
1	5	2637	7882	T	5	0	6	8	6	52	7	36	8	44	2.442	1.389
25	10	2637	7888	T	19	28	20	33	21	14	21	55	23	0	2.356	1.342
20	4	2638	7894	P	14	14			14	50			15	25	1.099	0.098
15	10	2638	7900	N					3	52					0.966	-0.099
11	3	2639	7905	P	19	23			19	45			20	7	1.005	0.042
4	9	2639	7911	N					12	38					0.863	-0.205
29	2	2640	7917	T	9	26	10	33	11	8	11	43	12	49	2.238	1.248

GG	MM	AAAA	DT	TIPO	T1		T2		T3		T4		T5		MPEN	MUMB
23	8	2640	7923	T	15	22	16	31	17	9	17	47	18	57	2.292	1.273
17	2	2641	7929	T	20	2	21	18	21	46	22	14	23	30	2.187	1.140
13	8	2641	7935	T	3	22	4	43	4	59	5	14	6	35	2.006	1.041
7	2	2642	7941	N					1	0					0.874	-0.222
4	7	2642	7946	N					14	49					0.399	-0.547
2	8	2642	7947	N					21	31					0.686	-0.255
28	12	2642	7952	N					5	49					0.620	-0.461
24	6	2643	7958	P	4	26			5	52			7	19	1.709	0.724
17	12	2643	7964	P	10	33			12	9			13	45	1.957	0.935
12	6	2644	7970	T	12	47	13	51	14	41	15	30	16	34	2.612	1.571
6	12	2644	7976	T	23	29	0	28	1	13	1	57	2	57	2.466	1.491
1	6	2645	7982	P	15	56			16	41			17	26	1.211	0.137
25	11	2645	7988	P	16	14			17	8			18	2	1.231	0.262
22	4	2646	7993	N					3	36					0.692	-0.350
16	10	2646	7999	N					19	0					0.797	-0.230
11	4	2647	8005	T	11	49	13	4	13	28	13	53	15	8	2.096	1.107
5	10	2647	8011	T	21	57	23	27	23	43	23	58	1	28	2.110	1.037
31	3	2648	8017	T	2	58	4	0	4	39	5	17	6	19	2.288	1.328
23	9	2648	8023	T	21	58	23	11	23	50	0	29	1	42	2.337	1.260
20	3	2649	8029	P	20	19			20	42			21	4	1.017	0.042
13	9	2649	8035	N					2	45					0.987	-0.049
8	2	2650	8040	N					18	10					0.884	-0.180
4	8	2650	8046	P	3	54			4	52			5	50	1.256	0.302
28	1	2651	8052	T	17	47	19	23	19	33	19	43	21	19	2.119	1.015
24	7	2651	8058	T	20	11	21	8	21	56	22	44	23	41	2.610	1.668
17	1	2652	8064	T	16	56	18	5	18	48	19	31	20	41	2.445	1.354
13	7	2652	8070	P	12	28			13	52			15	17	1.668	0.695
5	1	2653	8076	P	22	35			23	19			0	3	1.187	0.148
3	6	2653	8081	N					11	18					0.492	-0.564
3	7	2653	8082	N					0	18					0.190	-0.838
27	11	2653	8087	N					0	26					0.763	-0.204
26	12	2653	8088	N					11	0					0.030	-0.956
23	5	2654	8093	P	10	33			12	9			13	45	1.836	0.760
16	11	2654	8099	T	14	49	16	14	16	23	16	32	17	58	1.990	1.015
12	5	2655	8105	T	12	9	13	14	14	2	14	50	15	55	2.552	1.505
6	11	2655	8111	T	3	26	4	31	5	14	5	57	7	1	2.417	1.398
30	4	2656	8117	P	21	44			22	33			23	22	1.190	0.195
25	10	2656	8123	N					11	19					1.045	-0.025
22	3	2657	8128	N					4	16					0.961	0.000
14	9	2657	8134	N					19	27					0.736	-0.332
11	3	2658	8140	T	17	57	19	5	19	38	20	11	21	19	2.203	1.214
4	9	2658	8146	T	22	33	23	49	0	18	0	46	2	1	2.163	1.145
1	3	2659	8152	T	4	16	5	31	6	1	6	32	7	46	2.212	1.165
24	8	2659	8158	T	10	46	11	56	12	26	12	56	14	6	2.137	1.173
18	2	2660	8164	N					9	0					0.895	-0.201
14	7	2660	8169	N					22	17					0.266	-0.681
13	8	2660	8170	N					5	3					0.815	-0.127
7	1	2661	8175	N					14	2					0.609	-0.470
4	7	2661	8181	P	11	45			13	5			14	25	1.570	0.582
27	12	2661	8187	P	19	6			20	41			22	16	1.944	0.924
23	6	2662	8193	T	19	33	20	36	21	28	22	20	23	23	2.758	1.715
17	12	2662	8199	T	8	12	9	11	9	55	10	40	11	39	2.487	1.511
12	6	2663	8205	P	22	13			23	16			0	19	1.354	0.282
7	12	2663	8211	P	0	50			1	46			2	42	1.258	0.286
2	5	2664	8216	N					11	0					0.601	-0.434
1	6	2664	8217	N					0	26					0.029	-1.025
27	10	2664	8222	N					2	45					0.723	-0.310
21	4	2665	8228	T	19	48	21	11	21	25	21	39	23	2	2.018	1.036
16	10	2665	8234	P	5	13			6	55			8	38	2.017	0.939
11	4	2666	8240	T	11	12	12	13	12	54	13	35	14	36	2.351	1.394
5	10	2666	8246	T	4	58	6	8	6	52	7	36	8	46	2.447	1.367

GG	MM	AAAA	DT	TIPO	T1		T2		T3		T4		T5		MPEN	MUMB
1	4	2667	8252	P	4	27			5	0			5	33	1.065	0.090
24	9	2667	8258	P	9	30			10	1			10	31	1.102	0.066
20	2	2668	8263	N					2	23					0.859	-0.206
14	8	2668	8269	P	11	35			12	20			13	5	1.129	0.177
8	2	2669	8275	P	1	48			3	33			5	18	2.098	0.995
4	8	2669	8281	T	3	41	4	40	5	25	6	11	7	9	2.476	1.532
28	1	2670	8287	T	1	5	2	14	2	58	3	41	4	50	2.458	1.370
24	7	2670	8293	P	19	36			21	6			22	37	1.807	0.831
17	1	2671	8299	P	7	4			7	50			8	36	1.198	0.163
14	6	2671	8304	N					18	3					0.348	-0.709
14	7	2671	8305	N					7	7					0.327	-0.704
8	12	2671	8310	N					9	6					0.739	-0.230
6	1	2672	8311	N					19	47					0.045	-0.939
2	6	2672	8316	P	17	22			18	51			20	20	1.697	0.624
27	11	2672	8322	P	23	20			0	53			2	27	1.954	0.976
22	5	2673	8328	T	19	13	20	17	21	7	21	58	23	1	2.670	1.628
16	11	2673	8334	T	11	30	12	33	13	18	14	3	15	7	2.470	1.445
12	5	2674	8340	P	5	11			6	11			7	11	1.291	0.301
5	11	2674	8346	P	18	29			18	52			19	16	1.113	0.037
2	4	2675	8351	N					12	38					0.904	-0.055
1	5	2675	8352	N					21	7					0.050	-0.905
26	9	2675	8357	N					2	26					0.624	-0.445
22	3	2676	8363	T	2	19	3	30	3	59	4	29	5	39	2.157	1.167
14	9	2676	8369	T	5	54	7	21	7	34	7	47	9	15	2.045	1.028
11	3	2677	8375	T	12	22	13	35	14	8	14	42	15	54	2.249	1.201
3	9	2677	8381	T	18	17	19	21	19	59	20	37	21	41	2.260	1.296
28	2	2678	8387	N					16	53					0.926	-0.169
26	7	2678	8392	N					5	43					0.131	-0.818
24	8	2678	8393	N					12	38					0.940	-0.004
18	1	2679	8398	N					22	16					0.600	-0.476
15	7	2679	8404	P	19	3			20	14			21	25	1.426	0.435
8	1	2680	8410	P	3	42			5	17			6	51	1.935	0.917
4	7	2680	8416	T	2	15	3	18	4	11	5	4	6	7	2.851	1.806
27	12	2680	8422	T	16	59	17	58	18	43	19	28	20	27	2.501	1.525
23	6	2681	8428	P	4	30			5	47			7	3	1.506	0.435
17	12	2681	8434	P	9	32			10	29			11	27	1.277	0.302
13	5	2682	8439	N					18	19					0.500	-0.528
12	6	2682	8440	N					7	14					0.168	-0.881
7	11	2682	8445	N					10	37					0.662	-0.378
3	5	2683	8451	P	3	41			5	15			6	49	1.930	0.952
27	10	2683	8457	P	12	37			14	17			15	56	1.937	0.854
21	4	2684	8463	T	19	20	20	19	21	3	21	47	22	46	2.423	1.469
15	10	2684	8469	T	12	7	13	14	14	2	14	49	15	57	2.546	1.464
11	4	2685	8475	P	12	30			13	11			13	53	1.122	0.148
4	10	2685	8481	P	16	36			17	24			18	12	1.207	0.172
2	3	2686	8486	N					10	29					0.826	-0.240
25	8	2686	8492	P	19	26			19	52			20	18	1.009	0.056
19	2	2687	8498	P	9	44			11	28			13	12	2.070	0.968
15	8	2687	8504	T	11	15	12	16	12	58	13	39	14	40	2.347	1.402
8	2	2688	8510	T	9	11	10	19	11	3	11	48	12	56	2.477	1.391
4	8	2688	8516	P	2	46			4	22			5	58	1.942	0.962
27	1	2689	8522	P	15	34			16	21			17	9	1.211	0.179
25	6	2689	8527	N					0	42					0.197	-0.861
24	7	2689	8528	N					13	53					0.468	-0.566
18	12	2689	8533	N					17	51					0.722	-0.248
17	1	2690	8534	N					4	35					0.058	-0.925
14	6	2690	8539	P	0	5			1	25			2	45	1.549	0.478
8	12	2690	8545	P	7	57			9	29			11	2	1.928	0.946
3	6	2691	8551	T	2	12	3	14	4	6	4	58	6	0	2.800	1.763
27	11	2691	8557	T	19	41	20	44	21	30	22	16	23	19	2.510	1.479
22	5	2692	8563	P	12	34			13	43			14	52	1.402	0.418

GG	MM	AAAA	DT	TIPO	T1		T2		T3		T4		T5		MPEN	MUMB
16	11	2692	8569	P	1	57			2	33			3	9	1.170	0.089
12	4	2693	8574	N					20	53					0.837	-0.119
12	5	2693	8575	N					5	1					0.143	-0.808
6	10	2693	8580	N					9	32					0.523	-0.547
2	4	2694	8586	T	10	34	11	48	12	13	12	37	13	52	2.099	1.110
25	9	2694	8592	P	13	21			14	58			16	35	1.937	0.921
22	3	2695	8598	T	20	20	21	31	22	8	22	44	23	55	2.295	1.247
15	9	2695	8604	T	1	55	2	56	3	38	4	21	5	22	2.374	1.410
11	3	2696	8610	N					0	39					0.966	-0.127
3	9	2696	8616	P	19	43			20	18			20	54	1.058	0.112
29	1	2697	8621	N					6	31					0.590	-0.483
26	7	2697	8627	P	2	22			3	21			4	21	1.282	0.287
18	1	2698	8633	P	12	20			13	54			15	28	1.927	0.912
15	7	2698	8639	T	8	56	10	0	10	51	11	43	12	47	2.698	1.650
8	1	2699	8645	T	1	48	2	47	3	32	4	18	5	16	2.512	1.537
4	7	2699	8651	P	10	47			12	14			13	42	1.663	0.592
28	12	2699	8657	P	18	17			19	15			20	14	1.291	0.314
25	5	2700	8662	N					1	32					0.392	-0.631
23	6	2700	8663	N					14	0					0.312	-0.732
18	11	2700	8668	N					18	35					0.610	-0.435
14	5	2701	8674	P	11	28			12	58			14	29	1.831	0.858
7	11	2701	8680	P	20	9			21	45			23	22	1.869	0.782
4	5	2702	8686	T	3	18	4	16	5	2	5	48	6	46	2.510	1.559
27	10	2702	8692	T	19	26	20	32	21	22	22	12	23	18	2.630	1.547
23	4	2703	8698	P	20	22			21	13			22	4	1.194	0.220
17	10	2703	8704	P	24	0			0	58			1	56	1.298	0.263
13	3	2704	8709	N					18	27					0.781	-0.285
6	9	2704	8715	N					3	30					0.897	-0.056
5	10	2704	8716	N					11	59					0.054	-0.924
2	3	2705	8721	P	17	36			19	19			21	2	2.036	0.936
26	8	2705	8727	T	18	51	19	55	20	31	21	7	22	11	2.221	1.273
19	2	2706	8733	T	17	16	18	23	19	9	19	54	21	1	2.498	1.416
16	8	2706	8739	T	9	57	11	14	11	37	12	0	13	17	2.077	1.092
9	2	2707	8745	P	0	2			0	52			1	42	1.225	0.197
7	7	2707	8750	N					7	16					0.043	-1.016
5	8	2707	8751	N					20	39					0.609	-0.429
31	12	2707	8756	N					2	40					0.710	-0.260
29	1	2708	8757	N					13	24					0.069	-0.912
25	6	2708	8762	P	6	50			7	58			9	5	1.397	0.329
19	12	2708	8768	P	16	37			18	9			19	41	1.907	0.921
14	6	2709	8774	T	9	9	10	11	11	3	11	55	12	57	2.814	1.783
9	12	2709	8780	T	3	57	5	0	5	47	6	33	7	36	2.542	1.506
3	6	2710	8786	P	19	54			21	10			22	27	1.522	0.544
28	11	2710	8792	P	9	36			10	20			11	3	1.216	0.130
25	4	2711	8797	N					5	0					0.758	-0.196
24	5	2711	8798	N					12	48					0.246	-0.702
18	10	2711	8803	N					16	50					0.437	-0.634
13	4	2712	8809	T	18	40	20	2	20	17	20	32	21	54	2.029	1.039
6	10	2712	8815	P	20	59			22	32			0	5	1.844	0.828
3	4	2713	8821	T	4	8	5	17	5	57	6	37	7	46	2.355	1.307
26	9	2713	8827	T	9	40	10	39	11	25	12	10	13	10	2.479	1.514
23	3	2714	8833	N					8	17					1.018	-0.073
16	9	2714	8839	P	3	14			4	4			4	53	1.168	0.220
10	2	2715	8844	N					14	44					0.576	-0.493
7	8	2715	8850	P	9	45			10	28			11	10	1.139	0.140
30	1	2716	8856	P	20	59			22	33			0	6	1.919	0.907
26	7	2716	8862	T	15	35	16	41	17	29	18	17	19	23	2.543	1.493
19	1	2717	8868	T	10	40	11	38	12	24	13	9	14	8	2.521	1.546
15	7	2717	8874	P	17	4			18	40			20	15	1.824	0.754
9	1	2718	8880	P	3	5			4	5			5	4	1.299	0.320
5	6	2718	8885	N					8	40					0.274	-0.744

GG	MM	AAAA	DT	TIPO	T1		T2		T3		T4		T5		MPEN	MUMB
4	7	2718	8886	N					20	42					0.464	-0.577
30	11	2718	8891	N					2	40					0.570	-0.481
25	5	2719	8897	P	19	10			20	37			22	3	1.723	0.755
19	11	2719	8903	P	3	48			5	21			6	55	1.813	0.721
14	5	2720	8909	T	11	12	12	9	12	57	13	45	14	42	2.605	1.656
7	11	2720	8915	T	2	54	4	0	4	51	5	42	6	47	2.702	1.617
4	5	2721	8921	P	4	9			5	8			6	6	1.274	0.301
27	10	2721	8927	P	7	35			8	40			9	46	1.378	0.343
25	3	2722	8932	N					2	17					0.726	-0.340
17	9	2722	8938	N					11	14					0.794	-0.160
16	10	2722	8939	N					19	56					0.139	-0.839
14	3	2723	8944	P	1	19			3	1			4	42	1.989	0.891
7	9	2723	8950	T	2	32	3	42	4	10	4	38	5	48	2.105	1.154
2	3	2724	8956	T	1	15	2	21	3	8	3	54	5	1	2.526	1.449
26	8	2724	8962	T	17	12	18	21	18	55	19	29	20	38	2.206	1.217
19	2	2725	8968	P	8	26			9	19			10	11	1.245	0.222
16	8	2725	8974	N					3	26					0.749	-0.293
10	1	2726	8979	N					11	32					0.701	-0.270
8	2	2726	8980	N					22	11					0.084	-0.895
6	7	2726	8985	P	13	35			14	26			15	16	1.240	0.174
31	12	2726	8991	P	1	21			2	53			4	24	1.893	0.905
25	6	2727	8997	T	16	4	17	7	17	57	18	48	19	50	2.669	1.642
20	12	2727	9003	T	12	17	13	20	14	8	14	55	15	58	2.565	1.524
14	6	2728	9009	P	3	11			4	34			5	58	1.650	0.675
8	12	2728	9015	P	17	26			18	14			19	2	1.250	0.161
5	5	2729	9020	N					13	0					0.669	-0.284
3	6	2729	9021	N					20	29					0.358	-0.587
29	10	2729	9026	N					0	16					0.364	-0.708
25	4	2730	9032	P	2	38			4	13			5	48	1.947	0.958
18	10	2730	9038	P	4	46			6	15			7	45	1.763	0.747
14	4	2731	9044	T	11	47	12	54	13	37	14	21	15	28	2.428	1.379
7	10	2731	9050	T	17	34	18	32	19	19	20	7	21	5	2.572	1.607
2	4	2732	9056	N					15	47					1.081	-0.008
26	9	2732	9062	P	10	55			11	54			12	53	1.270	0.319
20	2	2733	9067	N					22	55					0.557	-0.507
17	8	2733	9073	N					17	35					0.999	-0.004
10	2	2734	9079	P	5	36			7	9			8	42	1.906	0.898
7	8	2734	9085	T	22	14	23	24	0	6	0	49	1	58	2.389	1.335
30	1	2735	9091	T	19	30	20	28	21	14	22	0	22	58	2.531	1.558
27	7	2735	9097	P	23	24			1	6			2	49	1.984	0.914
20	1	2736	9103	P	11	53			12	53			13	53	1.308	0.327
15	6	2736	9108	N					15	46					0.152	-0.861
15	7	2736	9109	N					3	27					0.615	-0.422
10	12	2736	9114	N					10	49					0.538	-0.518
5	6	2737	9120	P	2	49			4	9			5	30	1.605	0.642
29	11	2737	9126	P	11	34			13	5			14	36	1.768	0.673
25	5	2738	9132	T	18	58	19	54	20	43	21	32	22	29	2.713	1.767
18	11	2738	9138	T	10	33	11	38	12	30	13	21	14	26	2.759	1.673
15	5	2739	9144	P	11	46			12	52			13	59	1.369	0.396
7	11	2739	9150	P	15	23			16	34			17	44	1.443	0.408
4	4	2740	9155	N					9	58					0.659	-0.406
27	9	2740	9161	N					19	5					0.700	-0.255
27	10	2740	9162	N					4	1					0.214	-0.764
24	3	2741	9167	P	8	58			10	37			12	16	1.933	0.838
17	9	2741	9173	T	10	18	11	38	11	53	12	8	13	28	1.995	1.041
13	3	2742	9179	T	9	9	10	15	11	3	11	50	12	56	2.564	1.492
7	9	2742	9185	T	0	29	1	34	2	15	2	55	4	1	2.331	1.337
2	3	2743	9191	P	16	47			17	43			18	38	1.271	0.252
27	8	2743	9197	N					10	15					0.884	-0.163
21	1	2744	9202	N					20	23					0.692	-0.279
20	2	2744	9203	N					6	54					0.103	-0.873

GG	MM	AAAA	DT	TIPO	T1		T2		T3		T4		T5		MPEN	MUMB
16	7	2744	9208	P	20	38			20	55			21	13	1.085	0.020
10	1	2745	9214	P	10	6			11	38			13	9	1.883	0.891
6	7	2745	9220	T	22	59	0	3	0	50	1	38	2	42	2.521	1.499
30	12	2745	9226	T	20	41	21	44	22	31	23	19	0	22	2.582	1.537
25	6	2746	9232	P	10	27			11	56			13	25	1.782	0.811
20	12	2746	9238	P	1	21			2	12			3	3	1.277	0.184
16	5	2747	9243	N					20	52					0.568	-0.384
15	6	2747	9244	N					4	6					0.477	-0.466
9	11	2747	9249	N					7	52					0.305	-0.768
9	12	2747	9250	N					1	25					0.039	-1.059
5	5	2748	9255	P	10	28			12	0			13	32	1.853	0.863
28	10	2748	9261	P	12	42			14	8			15	33	1.693	0.678
24	4	2749	9267	T	19	16	20	21	21	8	21	54	23	0	2.514	1.466
18	10	2749	9273	T	1	36	2	33	3	22	4	10	5	8	2.654	1.688
13	4	2750	9279	P	22	33			23	6			23	40	1.161	0.074
7	10	2750	9285	P	18	46			19	51			20	57	1.362	0.407
4	3	2751	9290	N					7	1					0.530	-0.529
29	8	2751	9296	N					0	45					0.865	-0.143
21	2	2752	9302	P	14	10			15	42			17	15	1.888	0.883
17	8	2752	9308	T	4	56	6	12	6	45	7	18	8	34	2.239	1.181
10	2	2753	9314	T	4	19	5	17	6	3	6	49	7	47	2.542	1.571
6	8	2753	9320	T	5	45	7	10	7	33	7	55	9	20	2.145	1.076
30	1	2754	9326	P	20	42			21	42			22	43	1.314	0.332
26	6	2754	9331	N					22	49					0.025	-0.983
26	7	2754	9332	N					10	12					0.769	-0.266
21	12	2754	9337	N					19	3					0.513	-0.547
16	6	2755	9343	P	10	25			11	39			12	54	1.483	0.523
10	12	2755	9349	P	19	25			20	55			22	24	1.733	0.634
5	6	2756	9355	T	2	40	3	36	4	26	5	16	6	12	2.827	1.882
28	11	2756	9361	T	18	19	19	23	20	15	21	7	22	12	2.807	1.719
25	5	2757	9367	P	19	18			20	31			21	45	1.472	0.499
18	11	2757	9373	P	23	21			0	35			1	50	1.497	0.463
15	4	2758	9378	N					17	29					0.578	-0.487
15	5	2758	9379	N					7	26					0.024	-1.006
9	10	2758	9384	N					3	3					0.618	-0.339
7	11	2758	9385	N					12	15					0.276	-0.703
4	4	2759	9390	P	16	27			18	3			19	40	1.863	0.771
28	9	2759	9396	P	18	11			19	43			21	15	1.897	0.939
23	3	2760	9402	T	16	56	18	1	18	50	19	39	20	44	2.614	1.546
17	9	2760	9408	T	7	53	8	56	9	41	10	25	11	28	2.446	1.446
13	3	2761	9414	P	1	2			2	2			3	1	1.306	0.292
6	9	2761	9420	N					17	7					1.014	-0.037
1	2	2762	9425	N					5	15					0.682	-0.288
2	3	2762	9426	N					15	34					0.127	-0.845
28	7	2762	9431	N					3	24					0.930	-0.133
21	1	2763	9437	P	18	52			20	24			21	55	1.874	0.880
17	7	2763	9443	T	5	55	7	1	7	44	8	26	9	33	2.373	1.354
11	1	2764	9449	T	5	7	6	10	6	58	7	46	8	49	2.593	1.545
5	7	2764	9455	P	17	42			19	16			20	50	1.918	0.952
30	12	2764	9461	P	9	21			10	14			11	8	1.298	0.202
27	5	2765	9466	N					4	37					0.458	-0.492
25	6	2765	9467	N					11	40					0.602	-0.339
19	11	2765	9472	N					15	38					0.258	-0.816
19	12	2765	9473	N					9	21					0.070	-1.029
16	5	2766	9478	P	18	10			19	38			21	6	1.746	0.756
8	11	2766	9484	P	20	47			22	9			23	32	1.637	0.622
6	5	2767	9490	T	2	35	3	40	4	29	5	18	6	22	2.613	1.565
29	10	2767	9496	T	9	46	10	43	11	32	12	21	13	18	2.725	1.758
24	4	2768	9502	P	5	29			6	18			7	8	1.251	0.166
18	10	2768	9508	P	2	45			3	56			5	6	1.442	0.484
14	3	2769	9513	N					15	2					0.495	-0.559

GG	MM	AAAA	DT	TIPO	T1		T2		T3		T4		T5		MPEN	MUMB
8	9	2769	9519	N					7	57					0.737	-0.277
7	10	2769	9520	N					18	40					0.083	-0.910
4	3	2770	9525	P	22	40			0	12			1	43	1.862	0.862
28	8	2770	9531	T	11	42	13	12	13	27	13	42	15	12	2.094	1.033
21	2	2771	9537	T	13	4	14	1	14	48	15	34	16	32	2.562	1.593
17	8	2771	9543	T	12	13	13	27	14	4	14	41	15	56	2.300	1.230
11	2	2772	9549	P	5	26			6	28			7	29	1.325	0.343
5	8	2772	9555	N					17	1					0.920	-0.112
1	1	2773	9560	N					3	19					0.493	-0.572
26	6	2773	9566	P	18	0			19	6			20	12	1.354	0.398
21	12	2773	9572	P	3	23			4	50			6	18	1.707	0.605
16	6	2774	9578	T	10	16	11	12	12	2	12	51	13	47	2.707	1.763
10	12	2774	9584	T	2	14	3	19	4	11	5	3	6	7	2.841	1.753
6	6	2775	9590	P	2	42			4	2			5	22	1.587	0.613
29	11	2775	9596	P	7	29			8	46			10	3	1.539	0.505
26	4	2776	9601	N					0	50					0.485	-0.579
25	5	2776	9602	N					14	39					0.128	-0.903
19	10	2776	9607	N					11	9					0.546	-0.412
17	11	2776	9608	N					20	38					0.327	-0.652
15	4	2777	9613	P	23	50			1	22			2	55	1.781	0.693
9	10	2777	9619	P	2	9			3	38			5	7	1.808	0.845
4	4	2778	9625	T	0	38	1	42	2	32	3	22	4	26	2.672	1.611
28	9	2778	9631	T	15	22	16	23	17	11	17	59	19	0	2.552	1.546
24	3	2779	9637	P	9	11			10	15			11	18	1.350	0.342
18	9	2779	9643	P	23	31			0	5			0	39	1.136	0.079
12	2	2780	9648	N					14	5					0.670	-0.299
13	3	2780	9649	N					0	9					0.158	-0.811
7	8	2780	9654	N					9	56					0.780	-0.283
1	2	2781	9660	P	3	37			5	8			6	39	1.863	0.867
27	7	2781	9666	T	12	53	14	5	14	39	15	13	16	25	2.227	1.211
21	1	2782	9672	T	13	32	14	35	15	23	16	11	17	14	2.605	1.553
17	7	2782	9678	T	0	57	2	13	2	35	2	58	4	14	2.057	1.093
10	1	2783	9684	P	17	23			18	18			19	14	1.315	0.216
7	6	2783	9689	N					12	17					0.340	-0.609
6	7	2783	9690	N					19	11					0.731	-0.210
30	11	2783	9695	N					23	32					0.222	-0.852
30	12	2783	9696	N					17	21					0.096	-1.003
27	5	2784	9701	P	1	46			3	9			4	32	1.630	0.639
19	11	2784	9707	P	5	0			6	20			7	40	1.594	0.579
16	5	2785	9713	T	9	45	10	48	11	40	12	31	13	34	2.726	1.678
8	11	2785	9719	T	18	5	19	1	19	51	20	40	21	37	2.783	1.815
5	5	2786	9725	P	12	18			13	20			14	22	1.356	0.274
29	10	2786	9731	P	10	53			12	8			13	23	1.511	0.548
25	3	2787	9736	N					22	57					0.448	-0.601
24	4	2787	9737	N					13	54					0.069	-0.997
19	9	2787	9742	N					15	14					0.619	-0.401
19	10	2787	9743	N					2	29					0.157	-0.842
14	3	2788	9748	P	7	7			8	37			10	7	1.828	0.833
7	9	2788	9754	P	18	32			20	12			21	53	1.955	0.890
3	3	2789	9760	T	21	45	22	43	23	30	0	17	1	14	2.586	1.619
27	8	2789	9766	T	18	45	19	54	20	39	21	24	22	33	2.452	1.381
21	2	2790	9772	P	14	8			15	11			16	13	1.340	0.357
16	8	2790	9778	P	23	30			23	53			0	16	1.068	0.038
12	1	2791	9783	N					11	38					0.476	-0.591
11	2	2791	9784	N					3	0					0.001	-1.035
8	7	2791	9789	P	1	37			2	32			3	28	1.224	0.271
1	1	2792	9795	P	11	22			12	48			14	15	1.684	0.580
26	6	2792	9801	T	17	51	18	48	19	36	20	24	21	21	2.579	1.636
20	12	2792	9807	T	10	15	11	19	12	12	13	4	14	8	2.868	1.780
16	6	2793	9813	P	10	1			11	27			12	54	1.709	0.734
9	12	2793	9819	P	15	45			17	4			18	22	1.571	0.539

GG	MM	AAAA	DT	TIPO	T1		T2		T3		T4		T5		MPEN	MUMB
7	5	2794	9824	N					8	2					0.378	-0.686
5	6	2794	9825	N					21	44					0.244	-0.788
30	10	2794	9830	N					19	23					0.486	-0.474
29	11	2794	9831	N					5	8					0.367	-0.613
26	4	2795	9836	P	7	4			8	31			9	59	1.684	0.600
20	10	2795	9842	P	10	15			11	41			13	7	1.732	0.765
14	4	2796	9848	T	8	12	9	15	10	6	10	57	12	0	2.744	1.689
9	10	2796	9854	T	22	57	23	58	0	47	1	37	2	37	2.649	1.637
3	4	2797	9860	P	17	13			18	21			19	29	1.406	0.404
28	9	2797	9866	P	6	17			7	8			7	59	1.249	0.187
22	2	2798	9871	N					22	50					0.650	-0.318
24	3	2798	9872	N					8	37					0.200	-0.765
18	8	2798	9877	N					16	31					0.634	-0.428
12	2	2799	9883	P	12	20			13	50			15	21	1.848	0.852
7	8	2799	9889	T	19	56	21	17	21	38	21	58	23	20	2.084	1.071
1	2	2800	9895	T	21	56	22	59	23	47	0	36	1	39	2.617	1.563
27	7	2800	9901	T	8	15	9	22	9	57	10	31	11	38	2.195	1.234
21	1	2801	9907	P	1	27			2	24			3	21	1.328	0.229
17	6	2801	9912	N					19	52					0.215	-0.734
17	7	2801	9913	N					2	40					0.864	-0.077
11	12	2801	9918	N					7	34					0.196	-0.877
10	1	2802	9919	N					1	25					0.115	-0.983
7	6	2802	9924	P	9	17			10	32			11	48	1.505	0.513
30	11	2802	9930	P	13	21			14	39			15	57	1.561	0.546
27	5	2803	9936	T	16	48	17	51	18	43	19	35	20	38	2.850	1.801
20	11	2803	9942	T	2	31	3	28	4	17	5	7	6	3	2.830	1.861
15	5	2804	9948	P	19	2			20	15			21	28	1.471	0.392
8	11	2804	9954	P	19	8			20	26			21	44	1.570	0.603
5	4	2805	9959	N					6	46					0.392	-0.651
4	5	2805	9960	N					21	8					0.169	-0.891
29	9	2805	9965	N					22	37					0.510	-0.516
29	10	2805	9966	N					10	26					0.222	-0.783
25	3	2806	9971	P	15	26			16	55			18	23	1.781	0.791
19	9	2806	9977	P	1	28			3	4			4	39	1.827	0.758
15	3	2807	9983	T	6	20	7	17	8	5	8	52	9	49	2.620	1.657
8	9	2807	9989	T	1	25	2	32	3	21	4	11	5	17	2.593	1.521
3	3	2808	9995	P	22	42			23	47			0	52	1.363	0.381
27	8	2808	10001	P	6	3			6	52			7	41	1.209	0.180
22	1	2809	10006	N					19	56					0.460	-0.611
21	2	2809	10007	N					11	23					0.012	-1.025
18	7	2809	10012	P	9	16			9	57			10	37	1.091	0.140
11	1	2810	10018	P	19	25			20	50			22	16	1.667	0.562
8	7	2810	10024	T	1	22	2	21	3	6	3	51	4	50	2.444	1.501
31	12	2810	10030	T	18	22	19	26	20	18	21	10	22	14	2.887	1.800
27	6	2811	10036	P	17	15			18	47			20	19	1.840	0.863
21	12	2811	10042	P	0	9			1	29			2	49	1.595	0.563
17	5	2812	10047	N					15	5					0.261	-0.802
16	6	2812	10048	N					4	42					0.369	-0.664
10	11	2812	10053	N					3	45					0.436	-0.526
9	12	2812	10054	N					13	44					0.399	-0.582
6	5	2813	10059	P	14	13			15	34			16	55	1.577	0.496
30	10	2813	10065	P	18	28			19	51			21	14	1.666	0.694
25	4	2814	10071	T	15	39	16	41	17	33	18	25	19	27	2.828	1.779
20	10	2814	10077	T	6	39	7	39	8	30	9	20	10	21	2.734	1.716
15	4	2815	10083	P	1	8			2	21			3	34	1.472	0.475
9	10	2815	10089	P	13	15			14	17			15	20	1.352	0.285
5	3	2816	10094	N					7	31					0.623	-0.343
3	4	2816	10095	N					16	59					0.251	-0.711
28	8	2816	10100	N					23	13					0.497	-0.565
27	9	2816	10101	N					14	42					0.013	-1.067
22	2	2817	10106	P	20	58			22	28			23	58	1.828	0.831

GG	MM	AAAA	DT	TIPO	T1	T2	T3	T4	T5	MPEN	MUMB
18	8	2817	10112	P	3 3		4 40		6 18	1.946	0.935
12	2	2818	10118	T	6 16	7 19	8 8	8 57	10 0	2.633	1.577
7	8	2818	10124	T	15 37	16 40	17 21	18 2	19 4	2.330	1.370
1	2	2819	10130	P	9 28		10 26		11 25	1.345	0.245
29	6	2819	10135	N			3 23			0.086	-0.864
28	7	2819	10136	P	9 46		10 11		10 36	0.995	0.054
22	12	2819	10141	N			15 43			0.179	-0.893
21	1	2820	10142	N			9 31			0.133	-0.964
17	6	2820	10147	P	16 43		17 50		18 56	1.371	0.378
10	12	2820	10153	P	21 49		23 5		0 21	1.537	0.523
7	6	2821	10159	T	23 42	0 45	1 38	2 30	3 33	2.781	1.732
30	11	2821	10165	T	11 6	12 2	12 51	13 41	14 37	2.820	1.850
27	5	2822	10171	P	1 38		3 0		4 23	1.601	0.525
20	11	2822	10177	P	3 33		4 53		6 13	1.615	0.645
16	4	2823	10182	N			14 27			0.324	-0.713
16	5	2823	10183	N			4 15			0.281	-0.773
11	10	2823	10188	N			6 5			0.412	-0.620
9	11	2823	10189	N			18 29			0.275	-0.736
5	4	2824	10194	P	23 41		1 7		2 33	1.726	0.741
29	9	2824	10200	P	8 32		10 1		11 30	1.710	0.636
25	3	2825	10206	T	14 50	15 46	16 35	17 23	18 20	2.663	1.702
18	9	2825	10212	T	8 12	9 17	10 9	11 1	12 6	2.726	1.653
15	3	2826	10218	P	7 11		8 18		9 25	1.393	0.411
7	9	2826	10224	P	12 54		13 58		15 1	1.342	0.315
3	2	2827	10229	N			4 12			0.441	-0.631
4	3	2827	10230	N			19 42			0.031	-1.007
29	7	2827	10235	P	17 12		17 24		17 36	0.961	0.012
28	8	2827	10236	N			1 6			0.052	-0.919
23	1	2828	10241	P	3 29		4 53		6 17	1.649	0.544
18	7	2828	10247	T	8 54	9 55	10 35	11 16	12 17	2.309	1.365
11	1	2829	10253	T	2 32	3 35	4 27	5 19	6 23	2.899	1.814
8	7	2829	10259	P	0 26		2 3		3 40	1.975	0.995
31	12	2829	10265	P	8 38		9 59		11 19	1.612	0.582
28	5	2830	10270	N			21 59			0.131	-0.931
27	6	2830	10271	N			11 34			0.503	-0.532
21	11	2830	10276	N			12 14			0.397	-0.567
20	12	2830	10277	N			22 27			0.422	-0.558
17	5	2831	10282	P	21 16		22 28		23 40	1.457	0.380
11	11	2831	10288	P	2 47		4 7		5 27	1.611	0.635
6	5	2832	10294	T	22 59	0 1	0 53	1 45	2 48	2.835	1.792
30	10	2832	10300	T	14 28	15 29	16 20	17 11	18 11	2.807	1.783
25	4	2833	10306	P	8 56		10 14		11 32	1.551	0.561
19	10	2833	10312	P	20 24		21 34		22 45	1.444	0.371
16	3	2834	10317	N			16 6			0.586	-0.378
15	4	2834	10318	N			1 12			0.314	-0.644
9	9	2834	10323	N			6 1			0.370	-0.692
8	10	2834	10324	N			21 44			0.121	-0.962
6	3	2835	10329	P	5 30		6 59		8 29	1.800	0.802
29	8	2835	10335	P	10 17		11 49		13 22	1.816	0.807
23	2	2836	10341	T	14 32	15 35	16 24	17 14	18 17	2.652	1.596
18	8	2836	10347	T	23 2	0 2	0 47	1 32	2 32	2.463	1.504
11	2	2837	10353	P	17 27		18 28		19 29	1.363	0.263
7	8	2837	10359	P	16 55		17 41		18 27	1.126	0.184
1	1	2838	10364	N			23 57			0.169	-0.902
31	1	2838	10365	N			17 37			0.150	-0.944
29	6	2838	10370	P	0 7		1 1		1 55	1.232	0.236
22	12	2838	10376	P	6 22		7 37		8 52	1.520	0.508
18	6	2839	10382	T	6 32	7 37	8 27	9 18	10 22	2.640	1.590
11	12	2839	10388	T	19 45	20 41	21 30	22 20	23 16	2.792	1.821
6	6	2840	10394	P	8 11		9 42		11 13	1.738	0.664
30	11	2840	10400	P	12 3		13 25		14 46	1.652	0.678

GG	MM	AAAA	DT	TIPO	T1	T2	T3	T4	T5	MPEN	MUMB
26	4	2841	10405	N			22 2			0.244	-0.786
26	5	2841	10406	N			11 16			0.405	-0.645
21	10	2841	10411	N			13 40			0.325	-0.713
20	11	2841	10412	N			2 38			0.317	-0.699
16	4	2842	10417	P	7 49		9 12		10 35	1.657	0.678
10	10	2842	10423	P	15 44		17 7		18 29	1.605	0.526
6	4	2843	10429	T	23 10	0 7	0 56	1 45	2 41	2.719	1.761
29	9	2843	10435	T	15 10	16 14	17 7	18 0	19 4	2.846	1.772
25	3	2844	10441	P	15 31		16 41		17 52	1.435	0.452
17	9	2844	10447	P	19 57		21 10		22 24	1.466	0.440
13	2	2845	10452	N			12 25			0.418	-0.656
15	3	2845	10453	N			3 52			0.059	-0.979
9	8	2845	10458	N			0 51			0.832	-0.117
7	9	2845	10459	N			8 37			0.177	-0.793
2	2	2846	10464	P	11 31		12 54		14 17	1.630	0.525
29	7	2846	10470	T	16 24	17 30	18 3	18 37	19 43	2.172	1.227
22	1	2847	10476	T	10 44	11 48	12 40	13 32	14 35	2.885	1.801
19	7	2847	10482	T	7 36	8 49	9 16	9 43	10 57	2.114	1.131
11	1	2848	10488	P	17 10		18 31		19 53	1.625	0.598
7	7	2848	10494	N			18 21			0.643	-0.395
1	12	2848	10499	N			20 50			0.367	-0.599
31	12	2848	10500	N			7 13			0.439	-0.541
28	5	2849	10505	P	4 15		5 15		6 15	1.328	0.254
21	11	2849	10511	P	11 13		12 30		13 48	1.568	0.586
17	5	2850	10517	T	6 15	7 17	8 8	8 59	10 2	2.723	1.686
11	11	2850	10523	T	22 24	23 25	0 16	1 7	2 8	2.869	1.839
6	5	2851	10529	P	16 38		18 1		19 24	1.640	0.655
31	10	2851	10535	P	3 42		4 59		6 15	1.524	0.445
27	3	2852	10540	N			0 35			0.541	-0.421
25	4	2852	10541	N			9 21			0.386	-0.569
19	9	2852	10546	N			12 56			0.253	-0.809
19	10	2852	10547	N			4 53			0.218	-0.867
16	3	2853	10552	P	13 57		15 25		16 53	1.762	0.764
8	9	2853	10558	P	17 38		19 5		20 32	1.696	0.688
6	3	2854	10564	T	22 40	23 43	0 33	1 23	2 26	2.683	1.626
29	8	2854	10570	T	6 33	7 31	8 19	9 7	10 5	2.588	1.630
23	2	2855	10576	P	1 21		2 24		3 28	1.388	0.289
19	8	2855	10582	P	0 17		1 15		2 13	1.253	0.309
13	1	2856	10587	N			8 13			0.160	-0.909
12	2	2856	10588	N			1 41			0.173	-0.919
9	7	2856	10593	P	7 35		8 9		8 43	1.089	0.091
1	1	2857	10599	P	15 0		16 14		17 29	1.510	0.500
28	6	2857	10605	T	13 16	14 23	15 9	15 56	17 3	2.489	1.438
22	12	2857	10611	T	4 31	5 27	6 16	7 5	8 2	2.774	1.802
17	6	2858	10617	P	14 38		16 16		17 54	1.886	0.814
11	12	2858	10623	P	20 40		22 3		23 26	1.678	0.701
8	5	2859	10628	N			5 30			0.154	-0.870
6	6	2859	10629	N			18 11			0.537	-0.507
1	11	2859	10634	N			21 23			0.251	-0.793
1	12	2859	10635	N			10 55			0.348	-0.673
26	4	2860	10640	P	15 52		17 11		18 30	1.579	0.605
21	10	2860	10646	P	23 3		0 18		1 34	1.511	0.427
16	4	2861	10652	T	7 26	8 22	9 11	10 0	10 57	2.784	1.829
10	10	2861	10658	T	22 15	23 20	0 12	1 5	2 9	2.837	1.761
6	4	2862	10664	P	23 43		0 57		2 11	1.487	0.505
29	9	2862	10670	P	3 12		4 32		5 53	1.580	0.554
24	2	2863	10675	N			20 33			0.388	-0.686
26	3	2863	10676	N			11 55			0.097	-0.942
20	8	2863	10681	N			8 23			0.709	-0.240
18	9	2863	10682	N			16 15			0.293	-0.678
13	2	2864	10687	P	19 31		20 52		22 14	1.606	0.502

GG	MM	AAAA	DT	TIPO	T1		T2		T3		T4		T5		MPEN	MUMB
9	8	2864	10693	T	23	57	1	11	1	33	1	55	3	9	2.039	1.092
1	2	2865	10699	T	18	56	19	59	20	51	21	43	22	46	2.867	1.787
29	7	2865	10705	T	14	43	15	51	16	28	17	5	18	12	2.255	1.268
22	1	2866	10711	P	1	44			3	6			4	28	1.637	0.613
19	7	2866	10717	N					1	6					0.787	-0.254
13	12	2866	10722	N					5	31					0.344	-0.623
11	1	2867	10723	N					16	2					0.454	-0.525
8	6	2867	10728	P	11	14			11	56			12	38	1.189	0.119
2	12	2867	10734	P	19	44			21	0			22	16	1.534	0.548
27	5	2868	10740	T	13	24	14	28	15	17	16	6	17	9	2.600	1.569
21	11	2868	10746	T	6	27	7	28	8	19	9	10	10	11	2.833	1.796
17	5	2869	10752	P	0	14			1	41			3	9	1.742	0.762
10	11	2869	10758	P	11	11			12	32			13	53	1.590	0.507
7	4	2870	10763	N					8	55					0.483	-0.477
6	5	2870	10764	N					17	20					0.471	-0.481
30	9	2870	10769	N					20	1					0.149	-0.914
30	10	2870	10770	N					12	13					0.301	-0.787
27	3	2871	10775	P	22	17			23	43			1	9	1.715	0.717
20	9	2871	10781	P	1	7			2	28			3	49	1.585	0.578
16	3	2872	10787	T	6	42	7	45	8	36	9	27	10	29	2.721	1.663
8	9	2872	10793	T	14	9	15	7	15	56	16	45	17	42	2.707	1.749
5	3	2873	10799	P	9	9			10	16			11	23	1.420	0.322
29	8	2873	10805	P	7	43			8	50			9	58	1.377	0.431
23	1	2874	10810	N					16	32					0.154	-0.912
22	2	2874	10811	N					9	43					0.198	-0.890
20	7	2874	10816	N					15	14					0.944	-0.057
13	1	2875	10822	P	23	40			0	54			2	7	1.503	0.494
9	7	2875	10828	T	19	58	21	9	21	49	22	29	23	40	2.336	1.283
2	1	2876	10834	T	13	19	14	16	15	5	15	54	16	50	2.761	1.788
27	6	2876	10840	P	21	3			22	48			0	32	2.039	0.969
22	12	2876	10846	P	5	21			6	45			8	9	1.697	0.717
18	5	2877	10851	N					12	53					0.056	-0.962
17	6	2877	10852	N					1	4					0.676	-0.363
12	11	2877	10857	N					5	12					0.189	-0.862
11	12	2877	10858	N					19	16					0.371	-0.655
8	5	2878	10863	P	23	48			1	2			2	16	1.487	0.518
1	11	2878	10869	P	6	31			7	40			8	48	1.431	0.343
27	4	2879	10875	T	15	32	16	29	17	18	18	7	19	4	2.806	1.853
21	10	2879	10881	T	5	31	6	36	7	28	8	19	9	24	2.743	1.666
16	4	2880	10887	P	7	46			9	4			10	21	1.551	0.570
9	10	2880	10893	P	10	37			12	3			13	29	1.681	0.656
7	3	2881	10898	N					4	34					0.349	-0.726
5	4	2881	10899	N					19	48					0.149	-0.890
30	8	2881	10904	N					15	58					0.590	-0.359
28	9	2881	10905	N					24	0					0.399	-0.571
24	2	2882	10910	P	3	27			4	47			6	6	1.576	0.474
20	8	2882	10916	P	7	32			9	4			10	37	1.909	0.959
13	2	2883	10922	T	3	6	4	9	5	1	5	53	6	56	2.846	1.770
9	8	2883	10928	T	21	52	22	56	23	39	0	22	1	26	2.394	1.404
2	2	2884	10934	P	10	19			11	42			13	4	1.649	0.627
29	7	2884	10940	N					7	48					0.934	-0.109
23	12	2884	10945	N					14	18					0.328	-0.641
22	1	2885	10946	N					0	52					0.465	-0.513
18	6	2885	10951	N					18	33					1.044	-0.023
13	12	2885	10957	P	4	21			5	35			6	49	1.508	0.518
7	6	2886	10963	T	20	31	21	36	22	22	23	7	0	12	2.470	1.444
2	12	2886	10969	T	14	36	15	37	16	28	17	19	18	20	2.798	1.756
28	5	2887	10975	P	7	46			9	18			10	49	1.850	0.876
21	11	2887	10981	P	18	46			20	10			21	35	1.647	0.559
17	4	2888	10986	N					17	9					0.415	-0.544
17	5	2888	10987	N					1	14					0.564	-0.385

GG	MM	AAAA	DT	TIPO	T1	T2	T3	T4	T5	MPEN	MUMB
11	10	2888	10992	N			3 14			0.058	-1.006
9	11	2888	10993	N			19 41			0.372	-0.718
7	4	2889	10998	P	6 28		7 51		9 15	1.654	0.656
30	9	2889	11004	P	8 45		10 0		11 14	1.486	0.480
27	3	2890	11010	T	14 34	15 37	16 28	17 20	18 23	2.773	1.716
19	9	2890	11016	T	21 54	22 50	23 40	0 30	1 27	2.815	1.857
16	3	2891	11022	P	16 47		17 58		19 9	1.465	0.369
9	9	2891	11028	P	15 17		16 32		17 46	1.492	0.543
4	2	2892	11033	N			0 51			0.146	-0.916
4	3	2892	11034	N			17 39			0.232	-0.852
30	7	2892	11039	N			22 16			0.798	-0.207
29	8	2892	11040	N			7 54			0.102	-0.879
23	1	2893	11045	P	8 21		9 35		10 48	1.496	0.491
20	7	2893	11051	T	2 36	3 56	4 24	4 52	6 11	2.179	1.124
12	1	2894	11057	T	22 11	23 8	23 56	0 45	1 42	2.751	1.779
9	7	2894	11063	T	3 26	4 46	5 15	5 44	7 4	2.199	1.130
2	1	2895	11069	P	14 7		15 31		16 56	1.710	0.727
28	6	2895	11075	N			7 54			0.822	-0.213
23	11	2895	11080	N			13 7			0.136	-0.920
23	12	2895	11081	N			3 40			0.387	-0.644
18	5	2896	11086	P	7 41		8 48		9 56	1.388	0.423
11	11	2896	11092	P	14 6		15 8		16 10	1.363	0.271
8	5	2897	11098	T	23 32	0 29	1 18	2 7	3 3	2.714	1.764
31	10	2897	11104	T	12 56	14 2	14 52	15 42	16 48	2.662	1.583
27	4	2898	11110	P	15 41		17 2		18 24	1.627	0.645
20	10	2898	11116	P	18 13		19 43		21 13	1.770	0.745
18	3	2899	11121	N			12 27			0.300	-0.775
17	4	2899	11122	N			3 32			0.211	-0.828
10	9	2899	11127	N			23 39			0.480	-0.469
10	10	2899	11128	N			7 53			0.494	-0.477
7	3	2900	11133	P	11 19		12 35		13 52	1.537	0.438
31	8	2900	11139	P	15 10		16 38		18 6	1.784	0.831
24	2	2901	11145	T	11 13	12 16	13 8	14 0	15 3	2.819	1.746
21	8	2901	11151	T	5 3	6 4	6 52	7 39	8 40	2.532	1.537
13	2	2902	11157	P	18 51		20 15		21 38	1.665	0.648
10	8	2902	11163	P	14 9		14 31		14 53	1.080	0.033
4	1	2903	11168	N			23 7			0.315	-0.655
3	2	2903	11169	N			9 42			0.478	-0.498
1	7	2903	11174	N			1 7			0.895	-0.169
25	12	2903	11180	P	13 1		14 14		15 27	1.488	0.495
19	6	2904	11186	T	3 34	4 43	5 23	6 3	7 11	2.333	1.312
14	12	2904	11192	T	22 50	23 52	0 42	1 33	2 35	2.773	1.726
8	6	2905	11198	T	15 11	16 44	16 47	16 50	18 23	1.972	1.002
3	12	2905	11204	P	2 31		3 57		5 24	1.690	0.598
30	4	2906	11209	N			1 14			0.334	-0.623
29	5	2906	11210	N			9 0			0.669	-0.277
22	11	2906	11216	N			3 19			0.431	-0.661
19	4	2907	11221	P	14 32		15 51		17 11	1.581	0.583
12	10	2907	11227	P	16 32		17 40		18 48	1.399	0.393
8	4	2908	11233	T	22 19	23 22	0 14	1 6	2 8	2.835	1.778
1	10	2908	11239	T	5 44	6 40	7 30	8 19	9 16	2.758	1.799
28	3	2909	11245	P	0 19		1 34		2 50	1.518	0.424
21	9	2909	11251	P	22 57		0 17		1 37	1.600	0.649
15	2	2910	11256	N			9 8			0.136	-0.923
17	3	2910	11257	N			1 30			0.274	-0.805
12	8	2910	11262	N			5 19			0.655	-0.355
10	9	2910	11263	N			15 19			0.212	-0.774
4	2	2911	11268	P	17 3		18 16		19 29	1.489	0.486
1	8	2911	11274	P	9 16		10 59		12 42	2.024	0.966
25	1	2912	11280	T	7 2	7 59	8 48	9 36	10 33	2.740	1.769
20	7	2912	11286	T	9 50	11 3	11 43	12 24	13 36	2.358	1.290

GG	MM	AAAA	DT	TIPO	T1	T2	T3	T4	T5	MPEN	MUMB
14	1	2913	11292	P	22 54		0 18		1 43	1.719	0.734
9	7	2913	11298	N			14 43			0.972	-0.060
4	12	2913	11303	N			21 9			0.094	-0.968
3	1	2914	11304	N			12 8			0.397	-0.638
30	5	2914	11309	P	15 29		16 28		17 28	1.278	0.318
23	11	2914	11315	P	21 49		22 44		23 40	1.308	0.212
20	5	2915	11321	T	7 25	8 22	9 10	9 58	10 55	2.612	1.663
12	11	2915	11327	T	20 32	21 38	22 27	23 15	0 22	2.596	1.516
9	5	2916	11333	P	23 26		0 52		2 18	1.715	0.734
1	11	2916	11339	P	2 0		3 33		5 6	1.846	0.821
29	3	2917	11344	N			20 12			0.239	-0.835
28	4	2917	11345	N			11 6			0.288	-0.751
22	9	2917	11350	N			7 26			0.379	-0.572
21	10	2917	11351	N			15 55			0.578	-0.394
18	3	2918	11356	P	19 4		20 17		21 30	1.487	0.391
12	9	2918	11362	P	22 53		0 16		1 40	1.667	0.710
7	3	2919	11368	T	19 17	20 20	21 11	22 3	23 6	2.785	1.717
1	9	2919	11374	T	12 15	13 16	14 6	14 56	15 56	2.665	1.665
25	2	2920	11380	P	3 21		4 46		6 10	1.685	0.672
20	8	2920	11386	P	20 24		21 13		22 3	1.225	0.174
15	1	2921	11391	N			7 59			0.306	-0.664
13	2	2921	11392	N			18 30			0.492	-0.482
11	7	2921	11397	N			7 39			0.742	-0.319
4	1	2922	11403	P	21 44		22 56		0 8	1.475	0.478
30	6	2922	11409	T	10 37	11 51	12 22	12 54	14 7	2.192	1.176
25	12	2922	11415	T	7 7	8 9	9 0	9 50	10 52	2.753	1.702
20	6	2923	11421	T	22 36	23 49	0 15	0 42	1 54	2.096	1.131
14	12	2923	11427	P	10 21		11 49		13 18	1.726	0.631
10	5	2924	11432	N			9 12			0.243	-0.713
8	6	2924	11433	N			16 42			0.781	-0.163
2	12	2924	11439	N			11 4			0.479	-0.613
29	4	2925	11444	P	22 27		23 42		0 57	1.495	0.497
23	10	2925	11450	P	0 28		1 30		2 32	1.325	0.319
19	4	2926	11456	T	5 52	6 55	7 47	8 39	9 42	2.860	1.803
12	10	2926	11462	T	13 43	14 40	15 28	16 17	17 14	2.671	1.711
8	4	2927	11468	P	7 40		9 1		10 22	1.585	0.494
2	10	2927	11474	P	6 44		8 8		9 33	1.699	0.744
26	2	2928	11479	N			17 22			0.118	-0.936
27	3	2928	11480	N			9 15			0.328	-0.746
22	8	2928	11485	N			12 22			0.515	-0.499
20	9	2928	11486	N			22 49			0.316	-0.676
15	2	2929	11491	P	1 43		2 55		4 7	1.477	0.478
11	8	2929	11497	P	15 56		17 33		19 10	1.868	0.807
4	2	2930	11503	T	15 54	16 50	17 39	18 28	19 24	2.730	1.759
31	7	2930	11509	T	16 16	17 24	18 11	18 58	20 6	2.518	1.451
25	1	2931	11515	P	7 41		9 6		10 31	1.727	0.740
20	7	2931	11521	P	20 56		21 32		22 8	1.122	0.094
16	12	2931	11526	N			5 16			0.062	-1.004
14	1	2932	11527	N			20 38			0.402	-0.637
10	6	2932	11532	P	23 15		0 4		0 53	1.162	0.206
4	12	2932	11538	P	5 39		6 28		7 17	1.263	0.164
30	5	2933	11544	T	15 12	16 11	16 57	17 43	18 41	2.501	1.554
23	11	2933	11550	T	4 16	5 23	6 10	6 57	8 4	2.542	1.461
20	5	2934	11556	P	7 3		8 33		10 4	1.814	0.833
12	11	2934	11562	P	9 57		11 32		13 7	1.909	0.884
10	4	2935	11567	N			3 48			0.167	-0.907
9	5	2935	11568	N			18 31			0.376	-0.664
3	10	2935	11573	N			15 20			0.287	-0.666
2	11	2935	11574	N			0 4			0.651	-0.322
29	3	2936	11579	P	2 43		3 51		4 59	1.427	0.333
22	9	2936	11585	P	6 41		8 0		9 18	1.558	0.597

GG	MM	AAAA	DT	TIPO	T1		T2		T3		T4		T5		MPEN	MUMB
18	3	2937	11591	T	3	13	4	17	5	8	5	59	7	2	2.739	1.676
11	9	2937	11597	T	19	32	20	32	21	23	22	14	23	14	2.792	1.786
7	3	2938	11603	P	11	45			13	11			14	37	1.714	0.706
1	9	2938	11609	P	2	56			4	0			5	5	1.365	0.309
26	1	2939	11614	N					16	51					0.295	-0.676
25	2	2939	11615	N					3	14					0.514	-0.458
22	7	2939	11620	N					14	11					0.590	-0.469
16	1	2940	11626	P	6	28			7	39			8	50	1.463	0.463
10	7	2940	11632	T	17	39	19	5	19	20	19	35	21	1	2.047	1.035
4	1	2941	11638	T	15	28	16	30	17	21	18	11	19	13	2.740	1.684
30	6	2941	11644	T	5	57	7	3	7	39	8	15	9	21	2.230	1.268
24	12	2941	11650	P	18	17			19	47			21	18	1.753	0.654
21	5	2942	11655	N					17	2					0.140	-0.815
20	6	2942	11656	N					0	18					0.903	-0.040
13	12	2942	11662	N					18	57					0.517	-0.577
11	5	2943	11667	P	6	16			7	25			8	33	1.399	0.400
3	11	2943	11673	P	8	32			9	28			10	23	1.262	0.257
29	4	2944	11679	T	13	17	14	20	15	12	16	4	17	7	2.771	1.714
22	10	2944	11685	T	21	49	22	46	23	34	0	21	1	19	2.595	1.633
18	4	2945	11691	P	14	53			16	19			17	45	1.665	0.577
12	10	2945	11697	P	14	38			16	6			17	34	1.788	0.830
9	3	2946	11702	N					1	32					0.094	-0.955
7	4	2946	11703	N					16	52					0.392	-0.676
2	9	2946	11708	N					19	29					0.382	-0.637
2	10	2946	11709	N					6	24					0.410	-0.587
26	2	2947	11714	P	10	19			11	31			12	42	1.459	0.463
23	8	2947	11720	P	22	40			0	10			1	40	1.719	0.655
16	2	2948	11726	T	0	43	1	39	2	28	3	16	4	13	2.715	1.746
11	8	2948	11732	T	22	44	23	50	0	41	1	33	2	38	2.676	1.609
4	2	2949	11738	P	16	26			17	52			19	18	1.736	0.748
31	7	2949	11744	P	3	27			4	24			5	20	1.272	0.247
26	12	2949	11749	N					13	27					0.036	-1.035
25	1	2950	11750	N					5	6					0.407	-0.635
21	6	2950	11755	P	7	3			7	35			8	7	1.039	0.086
15	12	2950	11761	P	13	35			14	18			15	1	1.229	0.127
11	6	2951	11767	T	22	54	23	54	0	37	1	20	2	20	2.382	1.435
4	12	2951	11773	T	12	9	13	16	14	2	14	47	15	55	2.499	1.418
30	5	2952	11779	P	14	32			16	6			17	41	1.925	0.943
22	11	2952	11785	P	18	4			19	40			21	17	1.959	0.934
20	4	2953	11790	N					11	12					0.079	-0.993
20	5	2953	11791	N					1	45					0.479	-0.561
13	10	2953	11796	N					23	20					0.205	-0.749
12	11	2953	11797	N					8	23					0.711	-0.263
9	4	2954	11802	P	10	16			11	17			12	18	1.354	0.264
3	10	2954	11808	P	14	36			15	48			17	1	1.459	0.494
29	3	2955	11814	T	11	5	12	8	12	58	13	49	14	52	2.683	1.627
23	9	2955	11820	T	2	54	3	54	4	45	5	36	6	37	2.817	1.806
17	3	2956	11826	P	20	6			21	33			23	0	1.750	0.747
11	9	2956	11832	P	9	33			10	49			12	5	1.501	0.441
6	2	2957	11837	N					1	42					0.283	-0.687
7	3	2957	11838	N					11	54					0.539	-0.429
1	8	2957	11843	N					20	44					0.440	-0.618
31	8	2957	11844	N					11	33					0.127	-0.947
26	1	2958	11849	P	15	11			16	22			17	32	1.451	0.449
22	7	2958	11855	P	0	43			2	19			3	55	1.903	0.895
16	1	2959	11861	T	23	49	0	52	1	42	2	33	3	35	2.728	1.669
11	7	2959	11867	T	13	19	14	21	15	3	15	45	16	47	2.364	1.405
5	1	2960	11873	P	2	15			3	47			5	18	1.776	0.675
1	6	2960	11878	N					0	45					0.029	-0.924
30	6	2960	11879	P	7	21			7	52			8	24	1.028	0.087
24	12	2960	11885	N					2	56					0.547	-0.547

GG	MM	AAAA	DT	TIPO	T1		T2		T3		T4		T5		MPEN	MUMB
21	5	2961	11890	P	13	58			14	57			15	56	1.289	0.289
13	11	2961	11896	P	16	45			17	35			18	26	1.212	0.207
10	5	2962	11902	T	20	32	21	36	22	26	23	17	0	21	2.666	1.609
3	11	2962	11908	T	6	3	7	1	7	48	8	34	9	32	2.530	1.567
29	4	2963	11914	P	21	56			23	28			0	59	1.760	0.675
24	10	2963	11920	P	22	40			0	11			1	42	1.866	0.903
19	3	2964	11925	N					9	36					0.060	-0.983
18	4	2964	11926	N					0	22					0.470	-0.593
13	9	2964	11931	N					2	37					0.255	-0.770
12	10	2964	11932	N					14	4					0.496	-0.507
8	3	2965	11937	P	18	52			20	2			21	12	1.433	0.443
2	9	2965	11943	P	5	28			6	50			8	11	1.575	0.508
26	2	2966	11949	T	9	28	10	24	11	13	12	1	12	58	2.695	1.728
22	8	2966	11955	T	5	18	6	22	7	15	8	8	9	13	2.828	1.762
16	2	2967	11961	P	1	10			2	36			4	2	1.746	0.757
11	8	2967	11967	P	10	8			11	18			12	28	1.419	0.397
6	1	2968	11972	N					21	40					0.015	-1.059
5	2	2968	11973	N					13	34					0.412	-0.632
1	7	2968	11978	N					15	5					0.913	-0.037
30	7	2968	11979	N					22	37					0.111	-0.857
25	12	2968	11984	P	21	35			22	14			22	52	1.202	0.098
21	6	2969	11990	T	6	31	7	35	8	12	8	50	9	53	2.254	1.309
14	12	2969	11996	T	20	8	21	17	22	1	22	45	23	53	2.466	1.385
10	6	2970	12002	T	21	55	23	15	23	34	23	52	1	12	2.043	1.060
4	12	2970	12008	P	2	18			3	56			5	33	1.999	0.976
31	5	2971	12014	N					8	52					0.591	-0.450
25	10	2971	12019	N					7	28					0.135	-0.821
23	11	2971	12020	N					16	48					0.760	-0.214
19	4	2972	12025	P	17	43			18	35			19	26	1.268	0.183
13	10	2972	12031	P	22	37			23	43			0	49	1.370	0.400
8	4	2973	12037	T	18	49	19	53	20	42	21	31	22	35	2.615	1.564
3	10	2973	12043	T	10	22	11	22	12	13	13	3	14	4	2.714	1.697
29	3	2974	12049	P	4	17			5	47			7	16	1.799	0.801
22	9	2974	12055	P	16	20			17	44			19	8	1.626	0.561
17	2	2975	12060	N					10	30					0.266	-0.704
18	3	2975	12061	N					20	28					0.575	-0.390
13	8	2975	12066	N					3	20					0.294	-0.763
11	9	2975	12067	N					18	13					0.266	-0.809
7	2	2976	12072	P	23	54			1	3			2	13	1.437	0.433
1	8	2976	12078	P	7	50			9	20			10	50	1.760	0.754
26	1	2977	12084	T	8	11	9	14	10	4	10	55	11	57	2.717	1.656
21	7	2977	12090	T	20	39	21	38	22	25	23	11	0	10	2.502	1.546
15	1	2978	12096	P	10	18			11	50			13	22	1.793	0.690
11	7	2978	12102	P	14	34			15	23			16	12	1.159	0.217
4	1	2979	12108	N					10	59					0.571	-0.523
1	6	2979	12113	P	21	36			22	23			23	9	1.170	0.170
25	11	2979	12119	P	1	6			1	51			2	37	1.173	0.168
21	5	2980	12125	T	3	39	4	45	5	33	6	21	7	27	2.550	1.494
13	11	2980	12131	T	14	25	15	24	16	9	16	54	17	52	2.477	1.512
10	5	2981	12137	P	4	52			6	29			8	6	1.866	0.784
3	11	2981	12143	P	6	50			8	23			9	56	1.932	0.965
30	3	2982	12148	N					17	33					0.016	-1.021
29	4	2982	12149	N					7	45					0.559	-0.498
24	9	2982	12154	N					9	52					0.140	-0.891
23	10	2982	12155	N					21	51					0.570	-0.440
20	3	2983	12160	P	3	21			4	29			5	36	1.399	0.413
13	9	2983	12166	P	12	23			13	34			14	45	1.440	0.369
8	3	2984	12172	T	18	8	19	5	19	53	20	41	21	38	2.666	1.701
1	9	2984	12178	T	11	57	13	2	13	54	14	47	15	52	2.810	1.743
26	2	2985	12184	P	9	47			11	14			12	42	1.764	0.774
21	8	2985	12190	P	16	57			18	17			19	37	1.563	0.543

GG	MM	AAAA	DT	TIPO	T1		T2		T3		T4		T5		MPEN	MUMB
15	2	2986	12196	N					21	57					0.421	-0.625
12	7	2986	12201	N					22	32					0.784	-0.164
11	8	2986	12202	N					5	58					0.248	-0.718
6	1	2987	12207	P	5	38			6	12			6	45	1.180	0.075
2	7	2987	12213	T	14	6	15	14	15	44	16	14	17	23	2.123	1.177
26	12	2987	12219	T	4	15	5	23	6	7	6	50	7	58	2.443	1.362
21	6	2988	12225	T	5	11	6	21	6	53	7	25	8	35	2.173	1.188
14	12	2988	12231	T	10	41	12	13	12	19	12	25	13	57	2.028	1.006
10	6	2989	12237	N					15	50					0.716	-0.326
4	11	2989	12242	N					15	44					0.076	-0.883
4	12	2989	12243	N					1	21					0.798	-0.177
1	5	2990	12248	P	1	7			1	43			2	19	1.169	0.088
25	10	2990	12254	P	6	45			7	45			8	45	1.293	0.318
20	4	2991	12260	T	2	28	3	33	4	20	5	7	6	12	2.537	1.492
14	10	2991	12266	T	17	54	18	56	19	45	20	34	21	36	2.620	1.597
8	4	2992	12272	P	12	25			13	56			15	28	1.855	0.864
3	10	2992	12278	P	23	14			0	44			2	15	1.744	0.674
27	2	2993	12283	N					19	15					0.243	-0.726
29	3	2993	12284	N					4	56					0.619	-0.343
23	8	2993	12289	N					10	0					0.153	-0.902
22	9	2993	12290	N					1	0					0.397	-0.680
17	2	2994	12295	P	8	33			9	41			10	49	1.419	0.414
12	8	2994	12301	P	15	2			16	25			17	48	1.623	0.620
6	2	2995	12307	T	16	29	17	32	18	22	19	13	20	16	2.702	1.638
2	8	2995	12313	T	4	4	5	1	5	50	6	39	7	36	2.638	1.683
26	1	2996	12319	P	18	19			19	52			21	26	1.811	0.708
21	7	2996	12325	P	21	51			22	52			23	54	1.292	0.350
14	1	2997	12331	N					19	6					0.591	-0.501
12	6	2997	12336	P	5	18			5	40			6	3	1.040	0.039
5	12	2997	12342	P	9	34			10	15			10	57	1.145	0.140
1	6	2998	12348	T	10	37	11	46	12	29	13	13	14	21	2.421	1.365
25	11	2998	12354	T	22	55	23	55	0	38	1	22	2	21	2.435	1.469
21	5	2999	12360	P	11	39			13	21			15	3	1.985	0.907
14	11	2999	12366	T	15	7	16	32	16	41	16	51	18	16	1.987	1.015
10	5	3000	12372	N					15	0					0.660	-0.391
5	10	3000	12377	N					17	11					0.033	-1.004
4	11	3000	12378	N					5	45					0.633	-0.383

ECLISSI ITALIANE
ECLIPSES VISIBLE FROM
ITALY
2000-2100

```
GG MM AAAA : data nel formato giorno/mese/anno
HH MM SS : ore, minuti e secondi
DT : differenza TDT-UT
TIPO : T=totale P=parziale N=penombrale
T1 : inizio della fase di parzialità
T2 : inizio della fase di totalità
T3 : massimo dell'eclisse
T4 : fine della fase di totalità
T5 : fine della fase di parzialità
IPEN : inizio della fase di penombra
FPEN : fine della fase di penombra
MPEN : magnitudine della fase di penombra
MUMB : magnitudine della fase d'ombra


GG MM AAAA : date in the format dd/mm/yyyy
HH MM SS: hours, minutes and seconds
DT : difference between Dynamical Time and Universal Time
TIPO : T=total P=partiale N=penumbral
T1 : partial eclipse begins
T2 : total eclipse begins
T3 : maximum eclipse
T4 : total eclipse ends
T5 : partial eclipse ends
IPEN : penumbral phase begins
FPEN : penumbral phase ends
MPEN : magnitude of penumbral eclipse
MUMB : magnitude of umbral eclipse
```

Data	Tipo	MPEN	MUMB	IPEN	T1	T2	T3	T4	T5	FPEN
2001-01-09	T	2.162	1.189	18:45	19:42	20:50	21:21	21:51	22:59	23:56
2002-06-24	N	0.209	-0.792	21:22			22:27			23:32
2002-11-20	N	0.860	-0.226	00:34			02:47			04:59
2003-05-16	T	2.075	1.128	02:07	03:03	04:14	04:40	05:06	06:17	07:13
2003-11-08	T	2.114	1.018	23:17	00:33	02:08	02:19	02:30	04:04	05:20
2004-05-04	T	2.263	1.304	18:52	19:49	20:52	21:30	22:08	23:12	00:08
2004-10-28	T	2.364	1.308	01:07	02:15	03:24	04:04	04:44	05:53	07:01
2006-03-14	N	1.030	-0.060	22:24			00:47			03:11
2006-09-07	P	1.133	0.184	17:44	19:06		19:51		20:37	21:58
2007-03-03	T	2.319	1.233	21:18	22:30	23:44	00:21	00:58	02:11	03:24
2008-02-21	T	2.145	1.106	01:37	02:43	04:01	04:26	04:51	06:09	07:16
2008-08-16	P	1.837	0.808	19:25	20:36		22:10		23:44	00:55
2009-08-06	N	0.402	-0.666	00:04			01:39			03:14
2009-12-31	P	1.056	0.076	18:17	19:53		20:23		20:53	22:28
2010-12-21	T	2.281	1.256	06:29	07:33	08:41	09:17	09:53	11:01	12:04
2011-06-15	T	2.687	1.700	18:25	19:23	20:22	21:13	22:03	23:02	00:01
2011-12-10	T	2.186	1.106	12:34	13:46	15:06	15:32	15:57	17:18	18:30
2012-11-28	N	0.915	-0.187	13:15			15:33			17:51
2013-04-25	P	0.987	0.015	19:04	20:54		21:07		21:21	23:11
2013-10-18	N	0.765	-0.272	22:51			00:50			02:50
2015-09-28	T	2.230	1.276	01:12	02:07	03:11	03:47	04:23	05:27	06:22
2016-09-16	N	0.908	-0.064	17:55			19:54			21:54
2017-02-10	N	0.988	-0.035	23:34			01:44			03:53
2017-08-07	P	1.289	0.246	16:50	18:23		19:20		20:18	21:51
2018-07-27	T	2.679	1.609	18:15	19:24	20:30	21:22	22:13	23:19	00:29
2019-01-21	T	2.168	1.195	03:37	04:34	05:41	06:12	06:43	07:51	08:48
2019-07-16	P	1.704	0.653	19:44	21:02		22:31		00:00	01:18
2020-01-10	N	0.896	-0.116	18:08			20:10			22:12
2020-06-05	N	0.568	-0.405	18:46			20:25			22:04
2020-07-05	N	0.355	-0.644	04:07			05:30			06:52
2021-11-19	P	2.072	0.974	07:02	08:19		10:03		11:47	13:04
2022-05-16	T	2.373	1.414	02:32	03:28	04:29	05:11	05:54	06:55	07:51
2023-05-05	N	0.964	-0.046	16:14			18:23			20:32
2023-10-28	P	1.118	0.122	19:02	20:35		21:14		21:53	23:26
2024-03-25	N	0.956	-0.132	05:53			08:13			10:32
2024-09-18	P	1.037	0.085	01:41	03:13		03:44		04:16	05:47
2025-03-14	T	2.260	1.178	04:57	06:10	07:26	07:59	08:31	09:48	11:00
2025-09-07	T	2.344	1.362	16:28	17:27	18:31	19:12	19:53	20:56	21:55
2026-08-28	P	1.965	0.930	02:24	03:34		05:13		06:52	08:02
2027-02-20	N	0.927	-0.057	22:12			00:13			02:13
2028-01-12	P	1.047	0.066	03:08	04:45		05:13		05:41	07:18
2028-07-06	P	1.427	0.389	16:44	18:09		19:20		20:30	21:55
2028-12-31	T	2.274	1.246	15:04	16:08	17:16	17:52	18:28	19:36	20:40
2029-06-26	T	2.827	1.844	01:35	02:32	03:31	04:22	05:13	06:12	07:10
2029-12-20	T	2.201	1.117	20:43	21:55	23:15	23:42	00:09	01:29	02:41
2030-06-15	P	1.448	0.502	17:14	18:21		19:33		20:45	21:52
2030-12-09	N	0.942	-0.163	21:08			23:28			01:47
2031-05-07	N	0.881	-0.090	02:52			04:51			06:49
2031-10-30	N	0.716	-0.320	06:49			08:45			10:41
2032-10-18	T	2.083	1.103	17:25	18:24	19:39	20:02	20:26	21:40	22:40
2033-04-14	T	2.171	1.094	17:12	18:25	19:48	20:13	20:37	22:00	23:13
2034-04-03	N	0.855	-0.227	17:53			20:06			22:18
2034-09-28	P	0.991	0.014	01:42	03:33		03:46		04:00	05:51
2035-08-18	P	1.151	0.104	23:46	01:33		02:11		02:49	04:36
2036-02-11	T	2.275	1.299	20:34	21:31	22:34	23:12	23:49	00:53	01:50
2036-08-07	T	2.527	1.454	00:45	01:56	03:04	03:51	04:39	05:47	06:57
2037-01-31	T	2.180	1.207	12:24	13:22	14:28	15:00	15:32	16:39	17:36
2037-07-27	P	1.858	0.809	02:18	03:32		05:09		06:45	07:59
2038-01-21	N	0.900	-0.114	02:46			04:48			06:51
2038-06-17	N	0.442	-0.527	02:15			03:44			05:12
2038-12-11	N	0.805	-0.289	16:34			18:44			20:53
2039-06-06	P	1.827	0.885	17:25	18:23		19:53		21:23	22:21
2039-11-30	P	2.042	0.943	14:55	16:12		17:55		19:38	20:55
2040-11-18	T	2.453	1.397	17:07	18:13	19:19	20:03	20:47	21:53	23:00
2041-05-15	P	1.075	0.064	23:27	01:12		01:42		02:11	03:57
2041-11-08	P	1.166	0.170	03:20	04:48		05:34		06:19	07:48
2043-09-19	P	2.243	1.256	00:07	01:07	02:15	02:50	03:26	04:33	05:33
2044-03-13	T	2.230	1.203	17:48	18:53	20:04	20:37	21:10	22:22	23:26
2045-03-03	N	0.962	-0.017	06:40			08:42			10:44
2046-07-17	P	1.281	0.246	23:35	01:07		02:05		03:02	04:34
2047-01-11	T	2.265	1.234	23:36	00:40	01:50	02:25	03:00	04:09	05:13

```
Data    Tipo MP     MO     IPN    IPA    ITOT   MAX    FTOT   FPA    FPN

2048-01-01  T   2.214  1.128  04:53  06:05  07:24  07:52  08:20  09:40  10:52
2048-06-26  P   1.583  0.639  00:38  01:41         03:01         04:21  05:24
2048-12-20  N   0.962 -0.144  05:05                07:26                09:47
2049-06-15  N   0.251 -0.699  19:07                20:13                21:19
2049-11-09  N   0.681 -0.355  14:58                16:51                18:44
2050-05-06  T   2.105  1.077  20:40  21:48  23:09  23:30  23:52  01:13  02:20
2050-10-30  T   2.034  1.054  01:44  02:44  04:03  04:20  04:37  05:57  06:57
2051-04-26  T   2.277  1.202  00:12  01:24  02:40  03:15  03:50  05:05  06:17
2051-10-19  T   2.371  1.412  17:33  18:28  19:28  20:10  20:52  21:52  22:47
2052-04-14  N   0.947 -0.131  00:58                03:16                05:34
2053-03-04  N   0.932 -0.081  16:15                18:21                20:26
2054-02-22  T   2.249  1.277  05:12  06:09  07:14  07:50  08:26  09:30  10:27
2055-02-11  T   2.197  1.225  21:08  22:05  23:12  23:45  00:18  01:24  02:21
2056-07-26  N   0.643 -0.349  17:54                19:42                21:29
2056-12-22  N   0.786 -0.311  00:39                02:47                04:55
2057-06-17  P   1.697  0.755  00:59  02:00         03:25         04:49  05:50
2057-12-10  P   2.018  0.918  22:52  00:10         01:52         03:34  04:51
2058-06-06  T   2.621  1.661  17:32  18:27  19:25  20:14  21:03  22:01  22:56
2058-11-30  T   2.480  1.426  01:18  02:24  03:30  04:14  04:59  06:05  07:11
2060-04-15  N   0.767 -0.316  20:28                22:35                00:43
2060-10-09  N   0.880 -0.080  17:56                19:52                21:47
2060-11-08  N   0.027 -0.938  04:41                05:02                05:24
2061-04-04  T   2.104  1.034  19:55  21:07  22:37  22:52  23:07  00:37  01:50
2062-03-25  T   2.291  1.270  01:43  02:46  03:55  04:32  05:09  06:18  07:21
2062-09-18  T   2.196  1.150  16:37  17:46  19:02  19:32  20:02  21:18  22:27
2063-03-14  P   1.009  0.034  15:00  16:43         17:04         17:24  19:08
2063-09-07  N   0.810 -0.268  19:29                21:39                23:49
2064-02-02  P   1.020  0.038  20:42  22:26         22:47         23:08  00:51
2065-07-17  T   2.589  1.612  16:01  16:58  17:58  18:47  19:35  20:35  21:32
2066-01-11  T   2.226  1.138  13:02  14:15  15:34  16:03  16:32  17:50  19:03
2066-12-31  N   0.977 -0.128  13:06                15:28                17:50
2067-05-28  N   0.640 -0.333  18:10                19:54                21:38
2067-06-27  N   0.375 -0.575  02:19                03:39                04:59
2067-11-20  N   0.654 -0.381  23:12                01:03                02:53
2068-05-17  P   1.983  0.953  03:52  05:01         06:40         08:20  09:28
2069-10-30  T   2.424  1.462  01:55  02:50  03:49  04:33  05:16  06:16  07:11
2070-10-19  P   1.126  0.138  17:37  19:08         19:49         20:30  22:01
2071-03-16  N   0.888 -0.119  00:26                02:29                04:31
2072-03-04  T   2.213  1.244  13:44  14:41  15:47  16:21  16:55  18:00  18:57
2072-08-28  T   2.243  1.166  14:00  15:13  16:31  17:03  17:35  18:54  20:06
2073-02-22  T   2.222  1.250  05:46  06:43  07:48  08:23  08:57  10:02  10:59
2073-08-17  T   2.148  1.101  15:45  16:55  18:15  18:40  19:05  20:26  21:36
2074-02-11  N   0.919 -0.097  19:49                21:54                23:58
2074-08-07  N   0.781 -0.209  00:57                02:54                04:50
2075-12-22  P   2.001  0.901  06:55  08:12         09:53         11:35  12:52
2076-06-17  T   2.755  1.794  00:55  01:50  02:47  03:37  04:27  05:25  06:20
2077-11-29  P   1.231  0.236  20:17  21:41         22:33         23:26  00:49
2078-04-27  N   0.656 -0.425  03:34                05:33                07:32
2078-10-21  N   0.817 -0.146  02:13                04:05                05:58
2079-04-16  P   2.010  0.945  03:13  04:26         06:08         07:50  09:03
2079-10-10  T   2.079  1.079  15:46  16:49  18:07  18:28  18:49  20:07  21:10
2080-09-28  T   2.297  1.244  23:53  01:01  02:13  02:50  03:27  04:39  05:47
2081-03-24  P   1.065  0.095  23:13  00:46         01:19         01:53  03:26
2081-09-18  N   0.927 -0.154  02:15                04:33                06:51
2082-02-13  P   0.996  0.013  05:23  07:14         07:27         07:39  09:30
2083-02-02  T   2.240  1.205  16:35  17:40  18:51  19:24  19:57  21:08  22:13
2083-07-28  T   2.452  1.477  23:19  00:16  01:18  02:03  02:48  03:49  04:47
2084-01-22  T   2.241  1.151  21:09  22:22  23:40  00:10  00:41  01:58  03:11
2084-07-17  P   1.854  0.912  15:27  16:25         17:56         19:27  20:25
2085-01-10  N   0.993 -0.112  21:07                23:30                01:52
2085-06-08  N   0.506 -0.468  01:41                03:15                04:49
2085-12-01  N   0.639 -0.396  07:33                09:23                11:12
2086-11-20  P   1.968  0.986  18:42  19:43         21:17         22:51  23:52
2087-05-17  T   2.528  1.455  13:47  14:57  16:05  16:52  17:40  18:48  19:58
2088-05-05  P   1.170  0.102  14:45  16:35         17:14         17:52  19:43
2088-10-30  P   1.176  0.183  01:46  03:14         04:00         04:47  06:15
2089-09-19  N   0.789 -0.274  21:02                23:08                01:14
2090-03-15  T   2.166  1.201  22:10  23:07  00:14  00:46  01:17  02:24  03:21
2090-09-08  T   2.117  1.038  20:49  22:03  23:34  23:49  00:05  01:36  02:50
2091-03-05  T   2.254  1.283  14:18  15:15  16:19  16:55  17:32  18:36  19:33
2091-08-28  T   2.281  1.235  22:39  23:47  00:59  01:35  02:12  03:24  04:32
2092-02-23  N   0.938 -0.079  04:12                06:18                08:24
```

Data	Tipo	MP	MO	IPN	IPA	ITOT	MAX	FTOT	FPA	FPN
2092-07-19	N	0.062	-0.899	01:05			01:39			02:13
2093-01-12	N	0.755	-0.344	16:50			18:57			21:04
2093-07-08	P	1.427	0.487	16:04	17:10		18:21		19:32	20:39
2094-01-01	P	1.986	0.887	14:59	16:16		17:57		19:38	20:55
2094-12-21	T	2.514	1.463	17:58	19:03	20:08	20:53	21:39	22:44	23:49
2095-06-17	P	1.462	0.446	20:25	21:44		22:57		00:11	01:29
2095-12-11	P	1.251	0.257	04:55	06:17		07:12		08:06	09:28
2096-06-06	N	0.005	-1.058	03:30			03:40			03:51
2096-11-29	N	0.086	-0.882	21:40			22:19			22:58
2097-10-20	T	2.015	1.010	23:46	00:50	02:20	02:28	02:35	04:05	05:09
2098-04-15	T	2.445	1.437	17:12	18:14	19:17	20:01	20:46	21:49	22:51
2100-08-19	N	0.872	-0.158	20:34			22:42			00:49

Total Lunar Eclipse of 2015 Sep 28

Ecliptic Conjunction = 02:51:38.3 TD (= 02:50:29.0 UT)
Greatest Eclipse = 02:48:16.8 TD (= 02:47:07.5 UT)

Penumbral Magnitude = 2.2296   P. Radius = 1.3027°   Gamma = -0.3296
Umbral Magnitude = 1.2764   U. Radius = 0.7707°   Axis = 0.3375°

Saros Series = 137   Member = 28 of 81

Sun at Greatest Eclipse
(Geocentric Coordinates)
R.A. = 12h17m08.9s
Dec. = -01°51'21.0"
S.D. = 00°15'57.6"
H.P. = 00°00'08.8"

Moon at Greatest Eclipse
(Geocentric Coordinates)
R.A. = 00h17m33.6s
Dec. = +01°32'03.7"
S.D. = 00°16'44.5"
H.P. = 01°01'26.6"

Eclipse Durations
Penumbral = 05h10m41s
Umbral = 03h19m52s
Total = 01h11m55s

ΔT = 69 s
Rule = CdT (Danjon)
Eph. = VSOP87/ELP2000-85

Eclipse Contacts
P1 = 00:11:47 UT
U1 = 01:07:11 UT
U2 = 02:11:10 UT
U3 = 03:23:05 UT
U4 = 04:27:03 UT
P4 = 05:22:27 UT

F. Espenak, NASA's GSFC
eclipse.gsfc.nasa.gov/eclipse.html

© Nasa, F.Espenak

Total Lunar Eclipse of 2018 Jul 27

Ecliptic Conjunction = 20:21:30.3 TD (= 20:20:19.6 UT)
Greatest Eclipse = 20:22:54.3 TD (= 20:21:43.5 UT)

Penumbral Magnitude = 2.6792   P. Radius = 1.1738°   Gamma = 0.1168
Umbral Magnitude = 1.6087   U. Radius = 0.6488°   Axis = 0.1051°

Saros Series = 129   Member = 38 of 71

Sun at Greatest Eclipse
(Geocentric Coordinates)
R.A. = 08h28m22.0s
Dec. = +19°04'25.2"
S.D. = 00°15'45.0"
H.P. = 00°00'08.7"

Moon at Greatest Eclipse
(Geocentric Coordinates)
R.A. = 20h28m18.2s
Dec. = -18°58'10.6"
S.D. = 00°14'42.7"
H.P. = 00°53'59.7"

Eclipse Durations
Penumbral = 06h13m48s
Umbral = 03h54m32s
Total = 01h42m57s

ΔT = 71 s
Rule = CdT (Danjon)
Eph. = VSOP87/ELP2000-85

F. Espenak, NASA's GSFC
eclipse.gsfc.nasa.gov/eclipse.html

Eclipse Contacts
P1 = 17:14:49 UT
U1 = 18:24:27 UT
U2 = 19:30:15 UT
U3 = 21:13:12 UT
U4 = 22:19:00 UT
P4 = 23:28:37 UT

© Nasa, F.Espenak

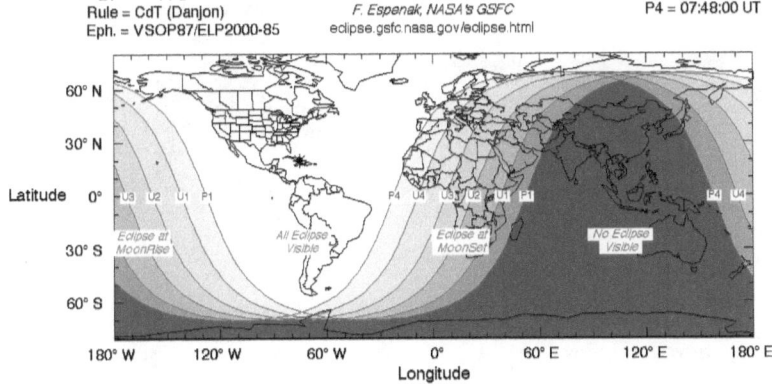

© Nasa, F.Espenak

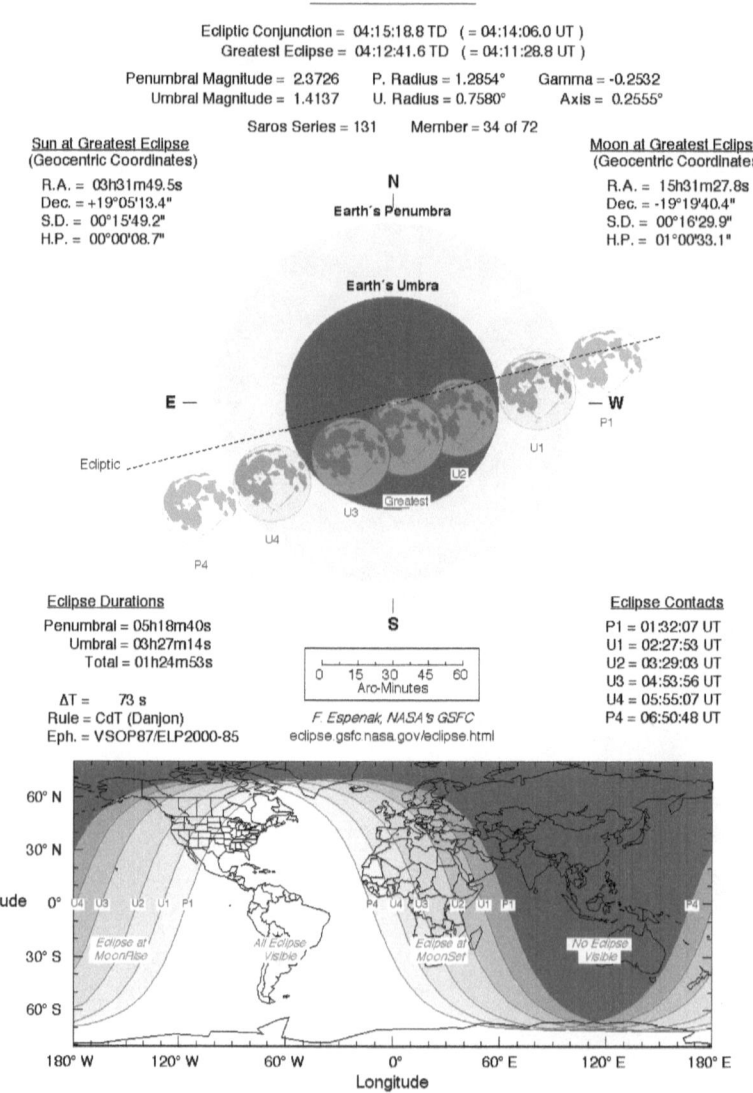

Total Lunar Eclipse of 2025 Mar 14

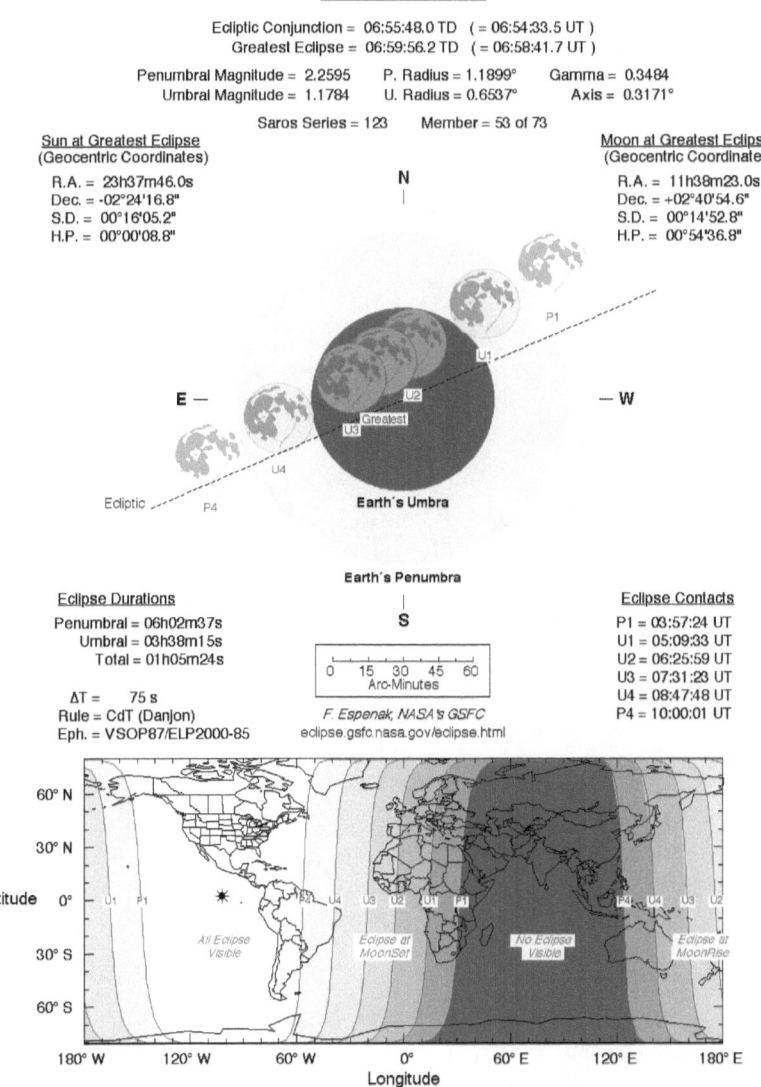

© Nasa, F.Espenak

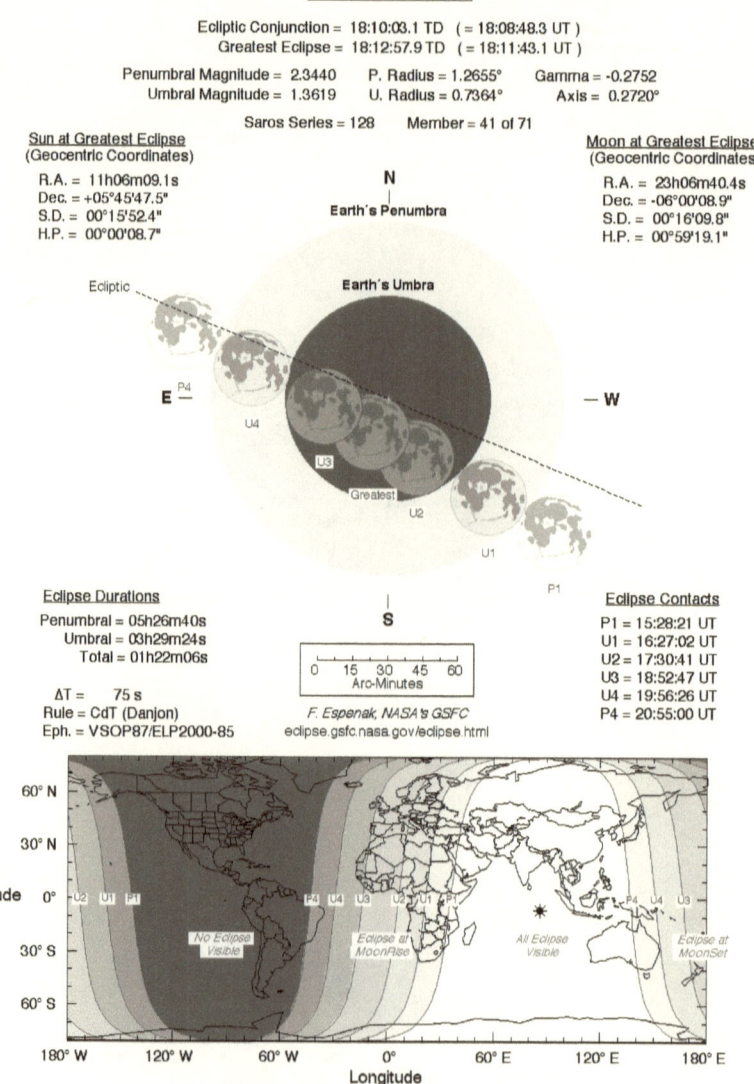

© Nasa, F.Espenak

Total Lunar Eclipse of 2028 Dec 31

Ecliptic Conjunction = 16:49:40.9 TD (= 16:48:24.0 UT)
Greatest Eclipse = 16:53:15.1 TD (= 16:51:58.2 UT)

Penumbral Magnitude = 2.2742   P. Radius = 1.2511°   Gamma = 0.3258
Umbral Magnitude = 1.2463   U. Radius = 0.7089°   Axis = 0.3153°

Saros Series = 125   Member = 49 of 72

Sun at Greatest Eclipse
(Geocentric Coordinates)
R.A. = 18h45m53.7s
Dec. = -23°01'00.4"
S.D. = 00°16'15.9"
H.P. = 00°00'08.9"

Moon at Greatest Eclipse
(Geocentric Coordinates)
R.A. = 06h46m08.4s
Dec. = +23°19'37.5"
S.D. = 00°15'49.4"
H.P. = 00°58'04.3"

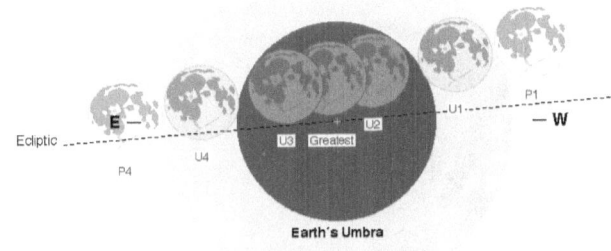

Eclipse Durations
Penumbral = 05h36m13s
Umbral = 03h28m49s
Total = 01h11m20s

ΔT = 77 s
Rule = CdT (Danjon)
Eph. = VSOP87/ELP2000-85

Eclipse Contacts
P1 = 14:03:49 UT
U1 = 15:07:35 UT
U2 = 16:16:19 UT
U3 = 17:27:40 UT
U4 = 18:36:24 UT
P4 = 19:40:02 UT

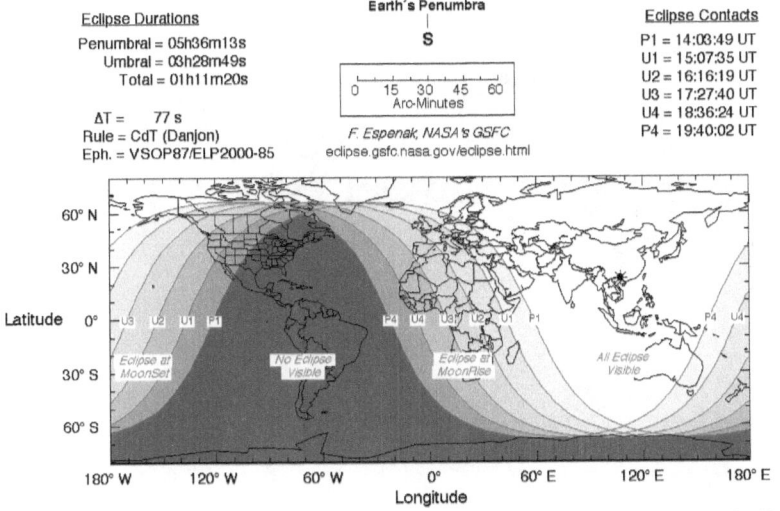

© Nasa, F.Espenak

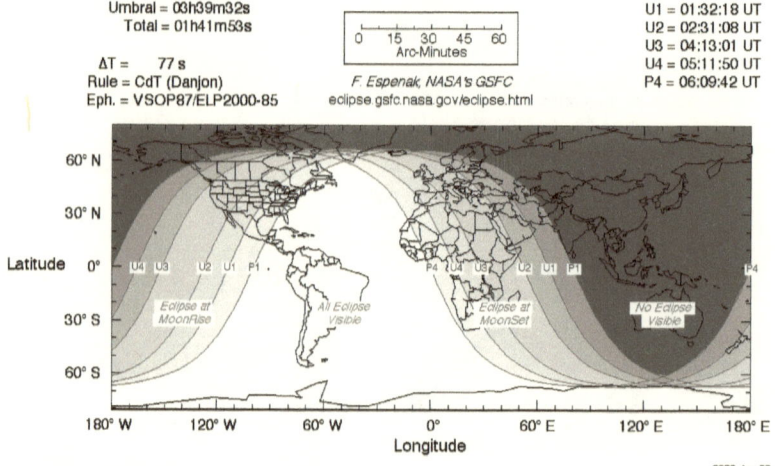

© Nasa, F.Espenak

Total Lunar Eclipse of 2029 Dec 20

Ecliptic Conjunction = 22:47:40.4 TD (= 22:46:22.9 UT)
Greatest Eclipse = 22:43:11.8 TD (= 22:41:54.3 UT)

Penumbral Magnitude = 2.2008   P. Radius = 1.2006°   Gamma = -0.3811
Umbral Magnitude = 1.1174   U. Radius = 0.6586°   Axis = 0.3498°

Saros Series = 135   Member = 24 of 71

Sun at Greatest Eclipse
(Geocentric Coordinates)
R.A. = 17h57m07.6s
Dec. = -23°26'00.2"
S.D. = 00°16'15.5"
H.P. = 00°00'08.9"

Moon at Greatest Eclipse
(Geocentric Coordinates)
R.A. = 05h56m59.0s
Dec. = +23°05'06.7"
S.D. = 00°15'00.4"
H.P. = 00°55'04.6"

Eclipse Durations
Penumbral = 05h57m58s
Umbral = 03h33m17s
Total = 00h53m40s

ΔT = 78 s
Rule = CdT (Danjon)
Eph. = VSOP87/ELP2000-85

Eclipse Contacts
P1 = 19:42:53 UT
U1 = 20:55:17 UT
U2 = 22:15:05 UT
U3 = 23:08:45 UT
U4 = 00:28:34 UT
P4 = 01:40:51 UT

F. Espenak, NASA's GSFC
eclipse.gsfc.nasa.gov/eclipse.html

© Nasa, F.Espenak

ECLISSI TOTALI CON MAG>1.5
TOTAL ECLIPSES WITH MAG>1.5
2000-3000

```
GG MM AAAA : data nel formato giorno/mese/anno
HH MM SS : ore, minuti e secondi
DT : differenza TDT-UT
TIPO : T=totale P=parziale N=penombrale
T1 : inizio della fase di parzialità
T2 : inizio della fase di totalità
T3 : massimo dell'eclisse
T4 : fine della fase di totalità
T5 : fine della fase di parzialità
MPEN : magnitudine della fase di penombra
MUMB : magnitudine della fase d'ombra


GG MM AAAA : date in the format dd/mm/yyyy
HH MM SS: hours, minutes and seconds
DT : difference between Dynamical Time and Universal Time
TIPO : T=total P=partiale N=penumbral
T1 : partial eclipse begins
T2 : total eclipse begins
T3 : maximum eclipse
T4 : total eclipse ends
T5 : partial eclipse ends
MPEN : magnitude of penumbral eclipse
MUMB : magnitude of umbral eclipse
```

GG	MM	AAAA	DT	TIPO	T1		T2		T3		T4		T5		MPEN	MUMB
16	7	2000	6	T	11	59	13	3	13	57	14	50	15	55	2.837	1.768
15	6	2011	141	T	18	24	19	24	20	14	21	4	22	3	2.687	1.700
27	7	2018	229	T	18	26	19	31	20	23	21	14	22	20	2.679	1.609
26	6	2029	364	T	1	34	2	32	3	23	4	14	5	13	2.827	1.844
26	5	2040	499	T	10	1	11	0	11	46	12	32	13	32	2.494	1.535
7	7	2047	587	T	8	46	9	45	10	36	11	26	12	25	2.731	1.751
6	6	2058	722	T	17	29	18	27	19	16	20	4	21	3	2.621	1.661
17	7	2065	810	T	16	1	17	0	17	49	18	37	19	37	2.589	1.612
17	6	2076	945	T	0	52	1	50	2	40	3	30	4	27	2.755	1.794
10	11	2087	1086	T	10	22	11	21	12	6	12	50	13	49	2.465	1.501
28	6	2094	1168	T	8	14	9	12	10	2	10	52	11	50	2.787	1.823
28	5	2105	1303	T	20	37	21	43	22	34	23	25	0	31	2.669	1.598
21	11	2105	1309	T	18	58	19	57	20	42	21	27	22	26	2.498	1.530
9	7	2112	1391	T	15	32	16	31	17	20	18	9	19	7	2.647	1.681
27	4	2116	1438	T	0	52	1	54	2	41	3	29	4	30	2.539	1.536
9	6	2123	1526	T	3	9	4	13	5	6	6	0	7	4	2.819	1.749
3	12	2123	1532	T	3	40	4	38	5	24	6	10	7	8	2.521	1.551
21	7	2130	1614	T	22	52	23	52	0	39	1	26	2	26	2.511	1.543
8	5	2134	1661	T	8	21	9	21	10	11	11	0	12	0	2.645	1.648
19	6	2141	1749	T	9	37	10	42	11	35	12	28	13	33	2.811	1.742
13	12	2141	1755	T	12	26	13	24	14	10	14	56	15	54	2.537	1.565
30	9	2145	1802	T	20	27	21	31	22	20	23	9	0	13	2.608	1.563
18	5	2152	1884	T	15	45	16	45	17	35	18	26	19	25	2.760	1.769
30	6	2159	1972	T	16	3	17	9	18	0	18	51	19	57	2.650	1.581
24	12	2159	1978	T	21	16	22	14	23	0	23	46	0	44	2.548	1.574
19	4	2163	2019	T	23	4	0	4	0	50	1	35	2	35	2.500	1.534
12	10	2163	2025	T	3	59	5	1	5	52	6	42	7	45	2.693	1.647
4	2	2167	2066	T	3	52	4	55	5	42	6	28	7	31	2.552	1.514
30	5	2170	2107	T	23	6	0	4	0	55	1	46	2	45	2.819	1.833
23	11	2170	2113	T	14	22	15	28	16	16	17	5	18	11	2.613	1.533
11	9	2174	2160	T	5	24	6	23	7	8	7	53	8	52	2.468	1.520
4	1	2178	2201	T	6	6	7	4	7	50	8	37	9	35	2.557	1.582
29	4	2181	2242	T	6	54	7	52	8	40	9	28	10	26	2.594	1.628
22	10	2181	2248	T	11	42	12	44	13	35	14	26	15	29	2.761	1.716
14	2	2185	2289	T	12	14	13	16	14	4	14	51	15	53	2.570	1.537
9	6	2188	2330	T	6	24	7	23	8	13	9	3	10	2	2.686	1.704
4	12	2188	2336	T	22	21	23	26	0	16	1	5	2	10	2.645	1.560
21	9	2192	2383	T	13	18	14	15	15	2	15	49	16	47	2.567	1.615
15	1	2196	2424	T	14	57	15	55	16	42	17	28	18	26	2.564	1.588
10	5	2199	2465	T	14	38	15	36	16	25	17	15	18	12	2.695	1.730
2	11	2199	2471	T	19	34	20	36	21	27	22	18	23	20	2.819	1.773
26	2	2203	2512	T	20	31	21	33	22	21	23	9	0	10	2.596	1.569
21	6	2206	2553	T	13	41	14	41	15	28	16	16	17	16	2.548	1.571
16	12	2206	2559	T	6	24	7	29	8	19	9	9	10	14	2.668	1.580
3	10	2210	2606	T	21	19	22	15	23	4	23	52	0	49	2.654	1.699
27	1	2214	2647	T	23	46	0	44	1	31	2	18	3	16	2.575	1.598
22	5	2217	2688	T	22	14	23	11	0	2	0	52	1	49	2.810	1.844
14	11	2217	2694	T	3	36	4	38	5	29	6	20	7	22	2.862	1.817
9	3	2221	2735	T	4	42	5	44	6	32	7	21	8	22	2.632	1.611
26	12	2224	2782	T	14	30	15	35	16	25	17	16	18	21	2.687	1.596
20	4	2228	2823	T	10	24	11	29	12	21	13	12	14	17	2.681	1.601
14	10	2228	2829	T	5	28	6	24	7	13	8	2	8	59	2.729	1.771
7	2	2232	2870	T	8	33	9	31	10	18	11	5	12	3	2.588	1.611
2	6	2235	2911	T	5	45	6	43	7	33	8	23	9	21	2.750	1.784
25	11	2235	2917	T	11	46	12	47	13	38	14	29	15	31	2.865	1.820
20	3	2239	2958	T	12	48	13	48	14	37	15	27	16	27	2.679	1.663
14	9	2239	2964	T	3	24	4	29	5	18	6	6	7	11	2.570	1.519
7	1	2243	3005	T	22	38	23	43	0	34	1	24	2	29	2.700	1.607
1	5	2246	3046	T	17	23	18	28	19	20	20	13	21	18	2.792	1.714
25	10	2246	3052	T	13	43	14	39	15	29	16	18	17	14	2.795	1.834
17	2	2250	3093	T	17	13	18	11	18	59	19	46	20	44	2.609	1.633

GG	MM	AAAA	DT	TIPO	T1		T2		T3		T4		T5		MPEN	MUMB
12	6	2253	3134	T	13	10	14	8	14	57	15	46	16	45	2.619	1.652
5	12	2253	3140	T	20	4	21	5	21	56	22	47	23	48	2.841	1.797
30	3	2257	3181	T	20	47	21	46	22	37	23	27	0	27	2.737	1.727
24	9	2257	3187	T	10	33	11	37	12	28	13	18	14	22	2.680	1.624
17	1	2261	3228	T	6	44	7	49	8	40	9	31	10	36	2.716	1.621
12	5	2264	3269	T	0	11	1	16	2	9	3	2	4	7	2.874	1.798
4	11	2264	3275	T	22	7	23	4	23	53	0	42	1	38	2.833	1.869
29	2	2268	3316	T	1	50	2	47	3	35	4	23	5	21	2.636	1.660
23	8	2268	3322	T	9	41	10	45	11	35	12	25	13	28	2.629	1.591
23	6	2271	3357	T	20	32	21	33	22	19	23	5	0	5	2.486	1.517
17	12	2271	3363	T	4	27	5	28	6	19	7	10	8	11	2.824	1.782
11	4	2275	3404	T	4	38	5	37	6	28	7	19	8	18	2.808	1.804
5	10	2275	3410	T	17	49	18	52	19	44	20	36	21	40	2.779	1.717
28	1	2279	3451	T	14	49	15	55	16	46	17	37	18	42	2.731	1.635
23	5	2282	3492	T	6	55	8	0	8	53	9	45	10	50	2.739	1.664
16	11	2282	3498	T	6	37	7	34	8	23	9	12	10	9	2.794	1.826
11	3	2286	3539	T	10	19	11	16	12	5	12	53	13	51	2.675	1.700
3	9	2286	3545	T	16	44	17	46	18	38	19	29	20	32	2.758	1.721
27	12	2289	3586	T	12	55	13	56	14	46	15	37	16	38	2.811	1.771
21	4	2293	3627	T	12	24	13	23	14	13	15	4	16	3	2.824	1.826
16	10	2293	3633	T	1	13	2	16	3	8	4	1	5	4	2.866	1.798
8	2	2297	3674	T	22	50	23	55	0	46	1	37	2	43	2.753	1.658
3	6	2300	3715	T	13	32	14	39	15	28	16	18	17	25	2.591	1.518
27	11	2300	3721	T	15	15	16	12	17	1	17	50	18	46	2.766	1.795
22	3	2304	3762	T	18	40	19	37	20	27	21	16	22	13	2.724	1.749
15	9	2304	3768	T	23	55	0	57	1	49	2	41	3	43	2.876	1.839
8	1	2308	3809	T	21	25	22	26	23	16	0	7	1	8	2.801	1.764
3	5	2311	3850	T	20	3	21	2	21	52	22	42	23	41	2.724	1.733
28	10	2311	3856	T	8	44	9	48	10	40	11	33	12	36	2.851	1.777
20	2	2315	3897	T	6	46	7	51	8	43	9	35	10	40	2.780	1.685
16	8	2315	3903	T	2	26	3	23	4	10	4	58	5	55	2.562	1.619
9	12	2318	3944	T	23	56	0	53	1	42	2	31	3	28	2.744	1.771
3	4	2322	3985	T	2	53	3	50	4	40	5	29	6	27	2.786	1.812
26	9	2322	3991	T	7	17	8	18	9	10	10	1	11	3	2.772	1.736
19	1	2326	4032	T	5	58	6	58	7	49	8	39	9	39	2.792	1.758
14	5	2329	4073	T	3	38	4	37	5	26	6	15	7	15	2.616	1.630
7	11	2329	4079	T	16	23	17	27	18	19	19	10	20	15	2.793	1.715
2	3	2333	4120	T	14	33	15	38	16	30	17	23	18	28	2.820	1.726
26	8	2333	4126	T	10	4	11	1	11	50	12	39	13	35	2.682	1.737
19	12	2336	4167	T	8	43	9	40	10	29	11	18	12	15	2.732	1.755
13	4	2340	4208	T	10	58	11	55	12	45	13	35	14	33	2.831	1.858
6	10	2340	4214	T	14	47	15	50	16	40	17	30	18	32	2.679	1.643
30	1	2344	4255	T	14	28	15	28	16	19	17	9	18	9	2.778	1.748
25	5	2347	4296	T	11	6	12	7	12	54	13	40	14	41	2.497	1.516
19	11	2347	4302	T	0	9	1	14	2	5	2	56	4	1	2.749	1.665
14	3	2351	4343	T	22	15	23	20	0	13	1	5	2	10	2.866	1.774
6	9	2351	4349	T	17	47	18	43	19	33	20	22	21	18	2.797	1.849
30	12	2354	4390	T	17	32	18	29	19	17	20	6	21	3	2.721	1.743
24	4	2358	4431	T	18	54	19	52	20	42	21	32	22	29	2.745	1.772
18	10	2358	4437	T	22	28	23	31	0	20	1	8	2	11	2.599	1.563
10	2	2362	4478	T	22	57	23	57	0	47	1	38	2	38	2.761	1.735
29	11	2365	4525	T	8	1	9	6	9	57	10	48	11	53	2.713	1.625
24	3	2369	4566	T	5	47	6	52	7	44	8	37	9	42	2.879	1.788
17	9	2369	4572	T	1	36	2	33	3	22	4	12	5	8	2.764	1.814
10	1	2373	4613	T	2	22	3	19	4	8	4	56	5	53	2.714	1.734
5	5	2376	4654	T	2	43	3	41	4	30	5	19	6	17	2.647	1.674
21	2	2380	4701	T	7	22	8	22	9	12	10	2	11	2	2.736	1.714
17	8	2380	4707	T	0	22	1	25	2	16	3	7	4	11	2.666	1.621
10	12	2383	4748	T	16	0	17	5	17	56	18	46	19	51	2.688	1.596
4	4	2387	4789	T	13	10	14	15	15	8	16	0	17	5	2.803	1.715
28	9	2387	4795	T	9	32	10	28	11	17	12	6	13	2	2.671	1.718

GG	MM	AAAA	DT	TIPO	T1		T2		T3		T4		T5		MPEN	MUMB
21	1	2391	4836	T	11	11	12	8	12	57	13	45	14	43	2.706	1.725
17	7	2391	4842	T	0	20	1	25	2	13	3	1	4	6	2.544	1.509
16	5	2394	4877	T	10	23	11	23	12	10	12	57	13	57	2.538	1.566
3	3	2398	4924	T	15	43	16	43	17	33	18	22	19	22	2.704	1.688
28	8	2398	4930	T	7	11	8	14	9	6	9	59	11	2	2.807	1.758
21	12	2401	4971	T	0	0	1	6	1	56	2	46	3	52	2.666	1.571
14	4	2405	5012	T	20	23	21	29	22	21	23	12	0	18	2.711	1.626
8	10	2405	5018	T	17	35	18	32	19	20	20	7	21	5	2.591	1.634
31	1	2409	5059	T	19	59	20	56	21	45	22	33	23	31	2.697	1.715
27	7	2409	5065	T	7	5	8	8	8	59	9	50	10	53	2.694	1.661
14	3	2416	5147	T	23	57	0	57	1	46	2	35	3	35	2.658	1.648
7	9	2416	5153	T	14	7	15	10	16	3	16	55	17	58	2.833	1.778
1	1	2420	5194	T	8	5	9	11	10	1	10	51	11	57	2.651	1.554
26	4	2423	5235	T	3	29	4	36	5	26	6	15	7	22	2.609	1.526
20	10	2423	5241	T	1	45	2	43	3	29	4	15	5	14	2.522	1.561
12	2	2427	5282	T	4	42	5	40	6	28	7	17	8	14	2.682	1.699
7	8	2427	5288	T	13	55	14	57	15	49	16	41	17	43	2.841	1.810
25	3	2434	5370	T	8	6	9	6	9	55	10	43	11	43	2.604	1.600
18	9	2434	5376	T	21	7	22	11	23	3	23	54	0	58	2.714	1.654
11	1	2438	5417	T	16	10	17	16	18	5	18	55	20	1	2.636	1.537
7	7	2438	5423	T	16	34	17	32	18	17	19	3	20	1	2.460	1.520
22	2	2445	5505	T	13	21	14	19	15	7	15	56	16	53	2.660	1.677
17	8	2445	5511	T	20	51	21	53	22	45	23	36	0	38	2.766	1.737
4	4	2452	5593	T	16	7	17	8	17	55	18	42	19	42	2.537	1.538
29	9	2452	5599	T	4	16	5	21	6	10	7	0	8	5	2.608	1.543
23	1	2456	5640	T	0	15	1	21	2	10	2	59	4	6	2.621	1.521
18	7	2456	5646	T	0	1	0	58	1	46	2	34	3	31	2.597	1.657
5	3	2463	5728	T	21	53	22	52	23	40	0	28	1	26	2.629	1.646
29	8	2463	5734	T	3	55	4	57	5	47	6	37	7	40	2.634	1.606
29	7	2474	5869	T	7	30	8	26	9	16	10	5	11	1	2.732	1.791
16	3	2481	5951	T	6	20	7	18	8	6	8	54	9	52	2.589	1.607
8	8	2492	6092	T	15	1	15	58	16	47	17	37	18	33	2.793	1.851
27	3	2499	6174	T	14	37	15	36	16	23	17	9	18	9	2.536	1.554
10	7	2503	6227	T	15	11	16	16	17	4	17	53	18	58	2.571	1.532
21	8	2510	6315	T	22	36	23	33	0	22	1	10	2	7	2.667	1.722
20	7	2521	6450	T	21	53	22	56	23	48	0	39	1	43	2.723	1.681
31	8	2528	6538	T	6	16	7	13	8	0	8	47	9	45	2.547	1.600
18	6	2532	6585	T	21	58	23	3	23	52	0	41	1	45	2.578	1.540
1	8	2539	6673	T	4	33	5	36	6	28	7	21	8	24	2.879	1.833
30	6	2550	6808	T	4	45	5	47	6	39	7	30	8	33	2.726	1.693
11	8	2557	6896	T	11	16	12	20	13	12	14	4	15	8	2.737	1.688
10	7	2568	7031	T	11	34	12	35	13	28	14	20	15	22	2.872	1.843
22	8	2575	7119	T	18	2	19	7	19	57	20	46	21	51	2.594	1.541
10	6	2579	7166	T	14	7	15	5	15	51	16	38	17	36	2.516	1.573
21	7	2586	7254	T	18	23	19	25	20	17	21	8	22	10	2.719	1.694
20	6	2597	7389	T	21	40	22	37	23	25	0	14	1	11	2.644	1.702
2	8	2604	7477	T	1	18	2	22	3	10	3	59	5	3	2.573	1.549
3	7	2615	7612	T	5	12	6	8	6	57	7	47	8	43	2.776	1.835
13	7	2633	7835	T	12	41	13	37	14	26	15	16	16	12	2.745	1.803
12	6	2644	7970	T	12	47	13	51	14	41	15	30	16	34	2.612	1.571
24	7	2651	8058	T	20	11	21	8	21	56	22	44	23	41	2.610	1.668
12	5	2655	8105	T	12	9	13	14	14	2	14	50	15	55	2.552	1.505
23	6	2662	8193	T	19	33	20	36	21	28	22	20	23	23	2.758	1.715
17	12	2662	8199	T	8	12	9	11	9	55	10	40	11	39	2.487	1.511
4	8	2669	8281	T	3	41	4	40	5	25	6	11	7	9	2.476	1.532
22	5	2673	8328	T	19	13	20	17	21	7	21	58	23	1	2.670	1.628
4	7	2680	8416	T	2	15	3	18	4	11	5	4	6	7	2.851	1.806
27	12	2680	8422	T	16	59	17	58	18	43	19	28	20	27	2.501	1.525
3	6	2691	8551	T	2	12	3	14	4	6	4	58	6	0	2.800	1.763
15	7	2698	8639	T	8	56	10	0	10	51	11	43	12	47	2.698	1.650
8	1	2699	8645	T	1	48	2	47	3	32	4	18	5	16	2.512	1.537

GG	MM	AAAA	DT	TIPO	T1		T2		T3		T4		T5		MPEN	MUMB
4	5	2702	8686	T	3	18	4	16	5	2	5	48	6	46	2.510	1.559
27	10	2702	8692	T	19	26	20	32	21	22	22	12	23	18	2.630	1.547
14	6	2709	8774	T	9	9	10	11	11	3	11	55	12	57	2.814	1.783
9	12	2709	8780	T	3	57	5	0	5	47	6	33	7	36	2.542	1.506
26	9	2713	8827	T	9	40	10	39	11	25	12	10	13	10	2.479	1.514
19	1	2717	8868	T	10	40	11	38	12	24	13	9	14	8	2.521	1.546
14	5	2720	8909	T	11	12	12	9	12	57	13	45	14	42	2.605	1.656
7	11	2720	8915	T	2	54	4	0	4	51	5	42	6	47	2.702	1.617
25	6	2727	8997	T	16	4	17	7	17	57	18	48	19	50	2.669	1.642
20	12	2727	9003	T	12	17	13	20	14	8	14	55	15	58	2.565	1.524
7	10	2731	9050	T	17	34	18	32	19	19	20	7	21	5	2.572	1.607
30	1	2735	9091	T	19	30	20	28	21	14	22	0	22	58	2.531	1.558
25	5	2738	9132	T	18	58	19	54	20	43	21	32	22	29	2.713	1.767
18	11	2738	9138	T	10	33	11	38	12	30	13	21	14	26	2.759	1.673
30	12	2745	9226	T	20	41	21	44	22	31	23	19	0	22	2.582	1.537
18	10	2749	9273	T	1	36	2	33	3	22	4	10	5	8	2.654	1.688
10	2	2753	9314	T	4	19	5	17	6	3	6	49	7	47	2.542	1.571
5	6	2756	9355	T	2	40	3	36	4	26	5	16	6	12	2.827	1.882
28	11	2756	9361	T	18	19	19	23	20	15	21	7	22	12	2.807	1.719
23	3	2760	9402	T	16	56	18	1	18	50	19	39	20	44	2.614	1.546
11	1	2764	9449	T	5	7	6	10	6	58	7	46	8	49	2.593	1.545
6	5	2767	9490	T	2	35	3	40	4	29	5	18	6	22	2.613	1.565
29	10	2767	9496	T	9	46	10	43	11	32	12	21	13	18	2.725	1.758
21	2	2771	9537	T	13	4	14	1	14	48	15	34	16	32	2.562	1.593
16	6	2774	9578	T	10	16	11	12	12	2	12	51	13	47	2.707	1.763
10	12	2774	9584	T	2	14	3	19	4	11	5	3	6	7	2.841	1.753
4	4	2778	9625	T	0	38	1	42	2	32	3	22	4	26	2.672	1.611
28	9	2778	9631	T	15	22	16	23	17	11	17	59	19	0	2.552	1.546
21	1	2782	9672	T	13	32	14	35	15	23	16	11	17	14	2.605	1.553
16	5	2785	9713	T	9	45	10	48	11	40	12	31	13	34	2.726	1.678
8	11	2785	9719	T	18	5	19	1	19	51	20	40	21	37	2.783	1.815
3	3	2789	9760	T	21	45	22	43	23	30	0	17	1	14	2.586	1.619
26	6	2792	9801	T	17	51	18	48	19	36	20	24	21	21	2.579	1.636
20	12	2792	9807	T	10	15	11	19	12	12	13	4	14	8	2.868	1.780
14	4	2796	9848	T	8	12	9	15	10	6	10	57	12	0	2.744	1.689
9	10	2796	9854	T	22	57	23	58	0	47	1	37	2	37	2.649	1.637
1	2	2800	9895	T	21	56	22	59	23	47	0	36	1	39	2.617	1.563
27	5	2803	9936	T	16	48	17	51	18	43	19	35	20	38	2.850	1.801
20	11	2803	9942	T	2	31	3	28	4	17	5	7	6	3	2.830	1.861
15	3	2807	9983	T	6	20	7	17	8	5	8	52	9	49	2.620	1.657
8	9	2807	9989	T	1	25	2	32	3	21	4	11	5	17	2.593	1.521
8	7	2810	10024	T	1	22	2	21	3	6	3	51	4	50	2.444	1.501
31	12	2810	10030	T	18	22	19	26	20	18	21	10	22	14	2.887	1.800
25	4	2814	10071	T	15	39	16	41	17	33	18	25	19	27	2.828	1.779
20	10	2814	10077	T	6	39	7	39	8	30	9	20	10	21	2.734	1.716
12	2	2818	10118	T	6	16	7	19	8	8	8	57	10	0	2.633	1.577
7	6	2821	10159	T	23	42	0	45	1	38	2	30	3	33	2.781	1.732
30	11	2821	10165	T	11	6	12	2	12	51	13	41	14	37	2.820	1.850
25	3	2825	10206	T	14	50	15	46	16	35	17	23	18	20	2.663	1.702
18	9	2825	10212	T	8	12	9	17	10	9	11	1	12	6	2.726	1.653
11	1	2829	10253	T	2	32	3	35	4	27	5	19	6	23	2.899	1.814
6	5	2832	10294	T	22	59	0	1	0	53	1	45	2	48	2.835	1.792
30	10	2832	10300	T	14	28	15	29	16	20	17	11	18	11	2.807	1.783
23	2	2836	10341	T	14	32	15	35	16	24	17	14	18	17	2.652	1.596
18	8	2836	10347	T	23	2	0	2	0	47	1	32	2	32	2.463	1.504
18	6	2839	10382	T	6	32	7	37	8	27	9	18	10	22	2.640	1.590
11	12	2839	10388	T	19	45	20	41	21	30	22	20	23	16	2.792	1.821
6	4	2843	10429	T	23	10	0	7	0	56	1	45	2	41	2.719	1.761
29	9	2843	10435	T	15	10	16	14	17	7	18	0	19	4	2.846	1.772
22	1	2847	10476	T	10	44	11	48	12	40	13	32	14	35	2.885	1.801
17	5	2850	10517	T	6	15	7	17	8	8	8	59	10	2	2.723	1.686

GG	MM	AAAA	DT	TIPO	T1		T2		T3		T4		T5		MPEN	MUMB
11	11	2850	10523	T	22	24	23	25	0	16	1	7	2	8	2.869	1.839
6	3	2854	10564	T	22	40	23	43	0	33	1	23	2	26	2.683	1.626
29	8	2854	10570	T	6	33	7	31	8	19	9	7	10	5	2.588	1.630
22	12	2857	10611	T	4	31	5	27	6	16	7	5	8	2	2.774	1.802
16	4	2861	10652	T	7	26	8	22	9	11	10	0	10	57	2.784	1.829
10	10	2861	10658	T	22	15	23	20	0	12	1	5	2	9	2.837	1.761
1	2	2865	10699	T	18	56	19	59	20	51	21	43	22	46	2.867	1.787
27	5	2868	10740	T	13	24	14	28	15	17	16	6	17	9	2.600	1.569
21	11	2868	10746	T	6	27	7	28	8	19	9	10	10	11	2.833	1.796
16	3	2872	10787	T	6	42	7	45	8	36	9	27	10	29	2.721	1.663
8	9	2872	10793	T	14	9	15	7	15	56	16	45	17	42	2.707	1.749
2	1	2876	10834	T	13	19	14	16	15	5	15	54	16	50	2.761	1.788
27	4	2879	10875	T	15	32	16	29	17	18	18	7	19	4	2.806	1.853
21	10	2879	10881	T	5	31	6	36	7	28	8	19	9	24	2.743	1.666
13	2	2883	10922	T	3	6	4	9	5	1	5	53	6	56	2.846	1.770
2	12	2886	10969	T	14	36	15	37	16	28	17	19	18	20	2.798	1.756
27	3	2890	11010	T	14	34	15	37	16	28	17	20	18	23	2.773	1.716
19	9	2890	11016	T	21	54	22	50	23	40	0	30	1	27	2.815	1.857
12	1	2894	11057	T	22	11	23	8	23	56	0	45	1	42	2.751	1.779
8	5	2897	11098	T	23	32	0	29	1	18	2	7	3	3	2.714	1.764
31	10	2897	11104	T	12	56	14	2	14	52	15	42	16	48	2.662	1.583
24	2	2901	11145	T	11	13	12	16	13	8	14	0	15	3	2.819	1.746
21	8	2901	11151	T	5	3	6	4	6	52	7	39	8	40	2.532	1.537
14	12	2904	11192	T	22	50	23	52	0	42	1	33	2	35	2.773	1.726
8	4	2908	11233	T	22	19	23	22	0	14	1	6	2	8	2.835	1.778
1	10	2908	11239	T	5	44	6	40	7	30	8	19	9	16	2.758	1.799
25	1	2912	11280	T	7	2	7	59	8	48	9	36	10	33	2.740	1.769
20	5	2915	11321	T	7	25	8	22	9	10	9	58	10	55	2.612	1.663
12	11	2915	11327	T	20	32	21	38	22	27	23	15	0	22	2.596	1.516
7	3	2919	11368	T	19	17	20	20	21	11	22	3	23	6	2.785	1.717
1	9	2919	11374	T	12	15	13	16	14	6	14	56	15	56	2.665	1.665
25	12	2922	11415	T	7	7	8	9	9	0	9	50	10	52	2.753	1.702
19	4	2926	11456	T	5	52	6	55	7	47	8	39	9	42	2.860	1.803
12	10	2926	11462	T	13	43	14	40	15	28	16	17	17	14	2.671	1.711
4	2	2930	11503	T	15	54	16	50	17	39	18	28	19	24	2.730	1.759
30	5	2933	11544	T	15	12	16	11	16	57	17	43	18	41	2.501	1.554
18	3	2937	11591	T	3	13	4	17	5	8	5	59	7	2	2.739	1.676
11	9	2937	11597	T	19	32	20	32	21	23	22	14	23	14	2.792	1.786
4	1	2941	11638	T	15	28	16	30	17	21	18	11	19	13	2.740	1.684
29	4	2944	11679	T	13	17	14	20	15	12	16	4	17	7	2.771	1.714
22	10	2944	11685	T	21	49	22	46	23	34	0	21	1	19	2.595	1.633
16	2	2948	11726	T	0	43	1	39	2	28	3	16	4	13	2.715	1.746
11	8	2948	11732	T	22	44	23	50	0	41	1	33	2	38	2.676	1.609
29	3	2955	11814	T	11	5	12	8	12	58	13	49	14	52	2.683	1.627
23	9	2955	11820	T	2	54	3	54	4	45	5	36	6	37	2.817	1.806
16	1	2959	11861	T	23	49	0	52	1	42	2	33	3	35	2.728	1.669
10	5	2962	11902	T	20	32	21	36	22	26	23	17	0	21	2.666	1.609
3	11	2962	11908	T	6	3	7	1	7	48	8	34	9	32	2.530	1.567
26	2	2966	11949	T	9	28	10	24	11	13	12	1	12	58	2.695	1.728
22	8	2966	11955	T	5	18	6	22	7	15	8	8	9	13	2.828	1.762
8	4	2973	12037	T	18	49	19	53	20	42	21	31	22	35	2.615	1.564
3	10	2973	12043	T	10	22	11	22	12	13	13	3	14	4	2.714	1.697
26	1	2977	12084	T	8	11	9	14	10	4	10	55	11	57	2.717	1.656
21	7	2977	12090	T	20	39	21	38	22	25	23	11	0	10	2.502	1.546
13	11	2980	12131	T	14	25	15	24	16	9	16	54	17	52	2.477	1.512
8	3	2984	12172	T	18	8	19	5	19	53	20	41	21	38	2.666	1.701
1	9	2984	12178	T	11	57	13	2	13	54	14	47	15	52	2.810	1.743
14	10	2991	12266	T	17	54	18	56	19	45	20	34	21	36	2.620	1.597
6	2	2995	12307	T	16	29	17	32	18	22	19	13	20	16	2.702	1.638
2	8	2995	12313	T	4	4	5	1	5	50	6	39	7	36	2.638	1.683

ECLISSI TOTALI CON MAG<1.1
TOTAL ECLIPSES WITH MAG<1.1
2000-3000

```
GG MM AAAA : data nel formato giorno/mese/anno
HH MM SS : ore, minuti e secondi
DT : differenza TDT-UT
TIPO : T=totale P=parziale N=penombrale
T1 : inizio della fase di parzialità
T2 : inizio della fase di totalità
T3 : massimo dell'eclisse
T4 : fine della fase di totalità
T5 : fine della fase di parzialità
MPEN : magnitudine della fase di penombra
MUMB : magnitudine della fase d'ombra


GG MM AAAA : date in the format dd/mm/yyyy
HH MM SS: hours, minutes and seconds
DT : difference between Dynamical Time and Universal Time
TIPO : T=total P=partiale N=penumbral
T1 : partial eclipse begins
T2 : total eclipse begins
T3 : maximum eclipse
T4 : total eclipse ends
T5 : partial eclipse ends
MPEN : magnitude of penumbral eclipse
MUMB : magnitude of umbral eclipse
```

GG	MM	AAAA	DT	TIPO	T1		T2		T3		T4		T5		MPEN	MUMB
9	11	2003	47	T	23	34	1	9	1	20	1	31	3	5	2.114	1.018
4	4	2015	188	T	10	17	11	59	12	1	12	4	13	46	2.079	1.001
26	5	2021	264	T	9	46	11	13	11	20	11	27	12	54	1.954	1.010
14	4	2033	411	T	17	26	18	49	19	14	19	38	21	1	2.171	1.094
7	9	2044	552	T	9	38	11	4	11	21	11	38	13	4	2.086	1.046
6	5	2050	622	T	20	49	22	10	22	32	22	54	0	15	2.105	1.077
30	10	2050	628	T	1	45	3	5	3	22	3	39	4	58	2.034	1.054
4	4	2061	757	T	20	9	21	39	21	54	22	9	23	39	2.104	1.034
9	11	2068	851	T	10	12	11	38	11	47	11	56	13	22	1.996	1.015
10	10	2079	986	T	15	51	17	9	17	30	17	52	19	10	2.079	1.079
8	9	2090	1121	T	21	6	22	37	22	52	23	8	0	39	2.117	1.038
21	10	2097	1209	T	23	53	1	23	1	31	1	39	3	9	2.015	1.010
30	7	2102	1268	T	22	54	0	13	0	29	0	45	2	4	1.987	1.045
7	4	2126	1561	T	14	42	15	57	16	18	16	39	17	54	2.039	1.082
18	4	2144	1784	T	22	47	0	17	0	20	0	24	1	54	1.956	1.003
19	3	2155	1919	T	1	31	2	55	3	13	3	31	4	54	2.089	1.052
11	9	2155	1925	T	5	28	7	2	7	3	7	4	8	38	1.972	1.000
1	8	2167	2072	T	23	47	1	21	1	29	1	37	3	11	2.041	1.011
3	9	2202	2506	T	4	29	5	56	6	6	6	16	7	43	2.003	1.016
2	8	2213	2641	T	11	28	12	51	13	16	13	42	15	5	2.170	1.099
2	7	2243	3011	T	20	31	21	46	22	7	22	29	23	43	2.029	1.088
3	8	2278	3445	T	19	1	20	24	20	38	20	51	22	14	1.998	1.032
4	7	2308	3815	T	21	25	22	52	23	8	23	24	0	51	2.069	1.040
26	7	2325	4026	T	18	27	19	44	20	6	20	29	21	46	2.068	1.090
14	6	2337	4173	T	4	19	5	46	6	3	6	20	7	48	2.091	1.045
6	7	2354	4384	T	9	7	10	36	10	54	11	12	12	41	2.120	1.050
25	5	2366	4531	T	10	32	12	3	12	5	12	7	13	39	1.947	1.001
7	7	2419	5188	T	16	42	18	13	18	17	18	22	19	53	1.968	1.003
19	11	2431	5341	T	18	50	20	11	20	26	20	40	22	1	2.020	1.039
6	6	2449	5558	T	18	56	20	16	20	40	21	4	22	24	2.128	1.096
30	11	2449	5564	T	3	23	4	39	4	59	5	19	6	35	2.053	1.072
28	6	2466	5769	T	16	9	17	31	17	47	18	3	19	25	2.023	1.045
11	12	2467	5787	T	12	3	13	17	13	40	14	2	15	17	2.075	1.094
10	11	2478	5922	T	16	27	17	58	18	5	18	12	19	43	2.021	1.007
16	4	2489	6051	T	23	12	0	32	0	47	1	1	2	21	1.994	1.038
8	6	2495	6127	T	6	40	8	19	8	25	8	32	10	11	2.079	1.006
21	11	2496	6145	T	0	40	2	4	2	19	2	35	3	58	2.061	1.041
22	10	2507	6280	T	2	14	3	44	4	1	4	18	5	47	2.132	1.045
3	12	2514	6368	T	8	59	10	20	10	39	10	59	12	19	2.089	1.064
20	9	2518	6415	T	13	50	15	8	15	27	15	47	17	5	2.041	1.071
13	12	2532	6591	T	17	22	18	41	19	3	19	25	20	44	2.112	1.082
30	5	2542	6708	T	6	48	8	6	8	25	8	45	10	3	2.041	1.069
25	12	2550	6814	T	1	50	3	8	3	31	3	54	5	13	2.126	1.092
18	3	2565	6990	T	23	14	0	42	0	59	1	17	2	44	2.125	1.049
11	9	2565	6996	T	12	47	14	22	14	24	14	27	16	1	1.990	1.001
4	1	2569	7037	T	10	19	11	36	12	0	12	25	13	42	2.137	1.100
3	11	2571	7072	T	1	20	2	42	3	1	3	20	4	42	2.084	1.059
29	4	2572	7078	T	8	35	9	56	10	18	10	41	12	2	2.124	1.085
15	12	2578	7160	T	9	37	11	0	11	25	11	49	13	12	2.191	1.093
13	11	2589	7295	T	9	27	10	58	11	6	11	14	12	45	2.037	1.012
25	12	2596	7383	T	17	38	19	4	19	25	19	46	21	12	2.169	1.069
2	9	2612	7577	T	8	27	10	7	10	13	10	19	11	58	2.079	1.005
7	1	2615	7606	T	1	41	3	9	3	27	3	45	5	14	2.151	1.049
1	5	2618	7647	T	20	43	22	22	22	28	22	34	0	14	2.087	1.005
17	1	2633	7829	T	9	45	11	16	11	31	11	46	13	17	2.137	1.033
5	11	2636	7876	T	6	23	7	40	7	59	8	18	9	35	2.035	1.065
13	8	2641	7935	T	3	22	4	43	4	59	5	14	6	35	2.006	1.041
5	10	2647	8011	T	21	57	23	27	23	43	23	58	1	28	2.110	1.037
28	1	2651	8052	T	17	47	19	23	19	33	19	43	21	19	2.119	1.015
16	11	2654	8099	T	14	49	16	14	16	23	16	32	17	58	1.990	1.015
21	4	2665	8228	T	19	48	21	11	21	25	21	39	23	2	2.018	1.036

GG	MM	AAAA	DT	TIPO	T1		T2		T3		T4		T5		MPEN	MUMB
14	9	2676	8369	T	5	54	7	21	7	34	7	47	9	15	2.045	1.028
16	8	2706	8739	T	9	57	11	14	11	37	12	0	13	17	2.077	1.092
13	4	2712	8809	T	18	40	20	2	20	17	20	32	21	54	2.029	1.039
17	9	2741	9173	T	10	18	11	38	11	53	12	8	13	28	1.995	1.041
6	8	2753	9320	T	5	45	7	10	7	33	7	55	9	20	2.145	1.076
28	8	2770	9531	T	11	42	13	12	13	27	13	42	15	12	2.094	1.033
17	7	2782	9678	T	0	57	2	13	2	35	2	58	4	14	2.057	1.093
7	8	2799	9889	T	19	56	21	17	21	38	21	58	23	20	2.084	1.071
9	8	2864	10693	T	23	57	1	11	1	33	1	55	3	9	2.039	1.092
8	6	2905	11198	T	15	11	16	44	16	47	16	50	18	23	1.972	1.002
10	7	2940	11632	T	17	39	19	5	19	20	19	35	21	1	2.047	1.035
10	6	2970	12002	T	21	55	23	15	23	34	23	52	1	12	2.043	1.060
14	12	2988	12231	T	10	41	12	13	12	19	12	25	13	57	2.028	1.006
14	11	2999	12366	T	15	7	16	32	16	41	16	51	18	16	1.987	1.015

ECLISSI TOTALI IN PENOMBRA
TOTAL PENUMBRAL ECLIPSES
2000-3000

```
GG MM AAAA : data nel formato giorno/mese/anno
HH MM SS : ore, minuti e secondi
DT : differenza TDT-UT
TIPO : T=totale P=parziale N=penombrale
T1 : inizio della fase di parzialità
T2 : inizio della fase di totalità
T3 : massimo dell'eclisse
T4 : fine della fase di totalità
T5 : fine della fase di parzialità
MPEN : magnitudine della fase di penombra
MUMB : magnitudine della fase d'ombra


GG MM AAAA : date in the format dd/mm/yyyy
HH MM SS: hours, minutes and seconds
DT : difference between Dynamical Time and Universal Time
TIPO : T=total P=partiale N=penumbral
T1 : partial eclipse begins
T2 : total eclipse begins
T3 : maximum eclipse
T4 : total eclipse ends
T5 : partial eclipse ends
MPEN : magnitude of penumbral eclipse
MUMB : magnitude of umbral eclipse
```

NB : eclissi in cui la Luna entra completamente nella penombra ma non tocca l'ombra

The Moon enters in the penumbra but don't enter in then umbra !

GG	MM	AAAA	DT	TIPO	T1	T2	T3	T4	T5	MPEN	MUMB
14	3	2006	76	N			23 49			1.030	-0.060
29	8	2053	663	N			8 6			1.019	-0.033
25	4	2070	869	N			9 21			1.052	-0.021
8	8	2082	1021	N			14 47			1.001	-0.029
29	9	2099	1233	N			10 37			1.034	-0.051
23	1	2103	1274	N			6 34			1.010	-0.094
2	2	2121	1497	N			14 33			1.031	-0.070
16	3	2128	1585	N			21 46			1.009	-0.009
13	2	2139	1720	N			22 28			1.057	-0.041
23	8	2222	2753	N			0 12			1.052	-0.021
11	12	2429	5317	N			3 52			1.085	-0.003
22	12	2447	5540	N			11 56			1.067	-0.021
28	5	2458	5669	N			17 39			1.002	-0.046
1	1	2466	5763	N			20 4			1.054	-0.033
13	1	2484	5986	N			4 15			1.043	-0.042
30	9	2498	6168	N			16 6			1.006	-0.069
24	1	2502	6209	N			12 27			1.033	-0.049
4	2	2520	6432	N			20 36			1.018	-0.060
24	11	2523	6479	N			7 55			1.023	-0.017
15	2	2538	6655	N			4 45			1.000	-0.074
12	11	2562	6961	N			5 49			1.040	-0.004
25	10	2656	8123	N			11 19			1.045	-0.025
23	3	2714	8833	N			8 17			1.018	-0.073
2	4	2732	9056	N			15 47			1.081	-0.008
6	9	2761	9420	N			17 7			1.014	-0.037
18	6	2885	10951	N			18 33			1.044	-0.023

ECLISSI PARZIALI NON TOTALI IN PENOMBRA
PARTIAL NOT TOTAL PENUMBRAL ECLIPSES
2000-3000

```
GG MM AAAA : data nel formato giorno/mese/anno
HH MM SS : ore, minuti e secondi
DT : differenza TDT-UT
TIPO : T=totale P=parziale N=penombrale
T1 : inizio della fase di parzialità
T2 : inizio della fase di totalità
T3 : massimo dell'eclisse
T4 : fine della fase di totalità
T5 : fine della fase di parzialità
MPEN : magnitudine della fase di penombra
MUMB : magnitudine della fase d'ombra


GG MM AAAA : date in the format dd/mm/yyyy
HH MM SS: hours, minutes and seconds
DT : difference between Dynamical Time and Universal Time
TIPO : T=total P=partiale N=penumbral
T1 : partial eclipse begins
T2 : total eclipse begins
T3 : maximum eclipse
T4 : total eclipse ends
T5 : partial eclipse ends
MPEN : magnitude of penumbral eclipse
MUMB : magnitude of umbral eclipse
```

NB : eclissi in cui la Luna entra non completamente nella penombra tocca l'ombra

The Moon enters in the umbra but don't enter totally in then penumbra !

GG	MM	AAAA	DT	TIPO	T1		T2	T3		T4	T5		MPEN	MUMB
25	4	2013	164	P	19	55		20	9		20	22	0.987	0.015
28	9	2034	429	P	2	34		2	48		3	1	0.991	0.014
13	2	2082	1015	P	6	17		6	29		6	42	0.996	0.013
25	6	2374	4631	P	4	8		4	22		4	35	0.999	0.014
16	6	2421	5212	P	3	29		3	33		3	37	0.962	0.001
17	6	2429	5311	P	10	58		11	12		11	25	0.959	0.016
10	3	2631	7806	P	12	5		12	14		12	22	0.983	0.006
28	7	2819	10136	P	9	46		10	11		10	36	0.995	0.054
29	7	2827	10235	P	17	12		17	24		17	36	0.961	0.012

ECLISSI CON FASE DI PENOMBRA PIÙ LUNGA
ECLIPSES WITH LONG DURATION PENUMBRAL PHASE
2000-3000

```
GG MM AAAA : data nel formato giorno/mese/anno
HH MM SS : ore, minuti e secondi
DT : differenza TDT-UT
TIPO : T=totale P=parziale N=penombrale
T1 : inizio della fase di parzialità
T2 : inizio della fase di totalità
T3 : massimo dell'eclisse
T4 : fine della fase di totalità
T5 : fine della fase di parzialità
MPEN : magnitudine della fase di penombra
MUMB : magnitudine della fase d'ombra
DPEN : durata della penombra in minuti


GG MM AAAA : date in the format dd/mm/yyyy
HH MM SS: hours, minutes and seconds
DT : difference between Dynamical Time and Universal Time
TIPO : T=total P=partiale N=penumbral
T1 : partial eclipse begins
T2 : total eclipse begins
T3 : maximum eclipse
T4 : total eclipse ends
T5 : partial eclipse ends
MPEN : magnitude of penumbral eclipse
MUMB : magnitude of umbral eclipse
DPEN : duration of the penumbra in minuts
```

GG	MM	AAAA	DT	TIPO	T1	T2	T3	T4	T5	DPEN
16	7	2000	6	T	11 59	13 3	13 57	14 50	15 55	374.4
9	11	2003	47	T	23 34	1 9	1 20	1 31	3 5	363.2
3	3	2007	88	T	21 31	22 45	23 22	23 59	1 12	365.4
27	7	2018	229	T	18 26	19 31	20 23	21 14	22 20	373.8
19	11	2021	270	P	7 20		9 4		10 48	361.5
19	11	2021	270	P	7 20	0 0	9 4	0 0	10 48	361.5
14	3	2025	311	T	5 11	6 27	7 0	7 33	8 49	362.6
14	4	2033	411	T	17 26	18 49	19 14	19 38	21 1	361.2
7	8	2036	452	T	0 57	2 5	2 53	3 40	4 48	372.1
30	11	2039	493	P	15 13		16 56		18 39	360.1
30	11	2039	493	P	15 13	0 0	16 56	0 0	18 39	360.1
26	4	2051	634	T	0 26	1 42	2 16	2 51	4 7	364.8
18	8	2054	675	T	7 33	8 45	9 27	10 8	11 20	369.5
11	1	2066	816	T	13 17	14 36	15 5	15 34	16 52	360.7
6	5	2069	857	T	7 17	8 28	9 10	9 52	11 3	368.1
28	8	2072	898	T	14 16	15 34	16 6	16 38	17 56	366.0
22	1	2084	1039	T	21 25	22 43	23 13	23 43	1 1	362.0
17	5	2087	1080	T	14 0	15 8	15 55	16 43	17 51	371.0
8	9	2090	1121	T	21 6	22 37	22 52	23 8	0 39	362.0
3	2	2102	1262	T	5 30	6 47	7 18	7 50	9 7	363.2
28	5	2105	1303	T	20 37	21 43	22 34	23 25	0 31	373.1
21	10	2116	1444	T	15 2	16 9	16 54	17 38	18 46	360.5
14	2	2120	1485	T	13 28	14 43	15 17	15 51	17 7	364.6
9	6	2123	1526	T	3 9	4 13	5 6	6 0	7 4	374.3
2	11	2134	1667	T	22 41	23 48	0 34	1 21	2 27	363.1
24	2	2138	1708	T	21 19	22 33	23 10	23 46	1 1	366.1
19	6	2141	1749	T	9 37	10 42	11 35	12 28	13 33	374.4
12	11	2152	1890	T	6 28	7 34	8 22	9 10	10 16	365.4
7	3	2156	1931	T	5 3	6 15	6 54	7 34	8 46	367.7
30	6	2159	1972	T	16 3	17 9	18 0	18 51	19 57	373.4
23	11	2170	2113	T	14 22	15 28	16 16	17 5	18 11	367.2
18	3	2174	2154	T	12 38	13 48	14 31	15 13	16 24	369.4
11	7	2177	2195	T	22 30	23 39	0 25	1 12	2 21	371.2
4	12	2188	2336	T	22 21	23 26	0 16	1 5	2 10	368.8
28	3	2192	2377	T	20 2	21 11	21 56	22 42	23 51	371.1
22	7	2195	2418	T	4 57	6 10	6 49	7 28	8 41	367.7
16	12	2206	2559	T	6 24	7 29	8 19	9 9	10 14	370.2
10	4	2210	2600	T	3 18	4 25	5 14	6 2	7 10	372.7
2	8	2213	2641	T	11 28	12 51	13 16	13 42	15 5	363.1
26	12	2224	2782	T	14 30	15 35	16 25	17 16	18 21	371.5
20	4	2228	2823	T	10 24	11 29	12 21	13 12	14 17	374.0
14	9	2239	2964	T	3 24	4 29	5 18	6 6	7 11	360.2
7	1	2243	3005	T	22 38	23 43	0 34	1 24	2 29	372.5
1	5	2246	3046	T	17 23	18 28	19 20	20 13	21 18	374.9
24	9	2257	3187	T	10 33	11 37	12 28	13 18	14 22	363.1
17	1	2261	3228	T	6 44	7 49	8 40	9 31	10 36	373.4
12	5	2264	3269	T	0 11	1 16	2 9	3 2	4 7	375.2
5	10	2275	3410	T	17 49	18 52	19 44	20 36	21 40	365.3
28	1	2279	3451	T	14 49	15 55	16 46	17 37	18 42	374.2
23	5	2282	3492	T	6 55	8 0	8 53	9 45	10 50	374.6
16	10	2293	3633	T	1 13	2 16	3 8	4 1	5 4	367.1
8	2	2297	3674	T	22 50	23 55	0 46	1 37	2 43	374.9
3	6	2300	3715	T	13 32	14 39	15 28	16 18	17 25	373.1
28	10	2311	3856	T	8 44	9 48	10 40	11 33	12 36	368.6
20	2	2315	3897	T	6 46	7 51	8 43	9 35	10 40	375.4
14	6	2318	3938	T	20 6	21 16	22 1	22 45	23 55	370.4
7	11	2329	4079	T	16 23	17 27	18 19	19 10	20 15	369.8
2	3	2333	4120	T	14 33	15 38	16 30	17 23	18 28	375.9
25	6	2336	4161	T	2 36	3 52	4 27	5 3	6 18	366.4
19	11	2347	4302	T	0 9	1 14	2 5	2 56	4 1	370.8
14	3	2351	4343	T	22 15	23 20	0 13	1 5	2 10	376.3

GG	MM	AAAA	DT	TIPO	T1		T2		T3		T4		T5		DPEN
6	7	2354	4384	T	9	7	10	36	10	54	11	12	12	41	361.2
29	11	2365	4525	T	8	1	9	6	9	57	10	48	11	53	371.8
24	3	2369	4566	T	5	47	6	52	7	44	8	37	9	42	376.4
17	8	2380	4707	T	0	22	1	25	2	16	3	7	4	11	360.8
10	12	2383	4748	T	16	0	17	5	17	56	18	46	19	51	372.6
4	4	2387	4789	T	13	10	14	15	15	8	16	0	17	5	376.2
28	8	2398	4930	T	7	11	8	14	9	6	9	59	11	2	363.3
21	12	2401	4971	T	0	0	1	6	1	56	2	46	3	52	373.3
14	4	2405	5012	T	20	23	21	29	22	21	23	12	0	18	375.5
7	9	2416	5153	T	14	7	15	10	16	3	16	55	17	58	364.9
1	1	2420	5194	T	8	5	9	11	10	1	10	51	11	57	374.0
26	4	2423	5235	T	3	29	4	36	5	26	6	15	7	22	374.3
18	9	2434	5376	T	21	7	22	11	23	3	23	54	0	58	365.8
11	1	2438	5417	T	16	10	17	16	18	5	18	55	20	1	374.5
6	5	2441	5458	T	10	26	11	35	12	21	13	8	14	16	372.3
29	9	2452	5599	T	4	16	5	21	6	10	7	0	8	5	366.2
23	1	2456	5640	T	0	15	1	21	2	10	2	59	4	6	374.9
17	5	2459	5681	T	17	16	18	29	19	9	19	50	21	2	369.4
10	10	2470	5822	T	11	30	12	37	13	24	14	10	15	17	366.2
2	2	2474	5863	T	8	16	9	23	10	11	11	0	12	7	375.0
28	5	2477	5904	T	0	0	1	19	1	50	2	21	3	40	365.3
20	10	2488	6045	T	18	54	20	3	20	46	21	29	22	39	365.9
13	2	2492	6086	T	16	14	17	22	18	9	18	57	20	5	375.0
8	6	2495	6127	T	6	40	8	19	8	25	8	32	10	11	360.0
2	11	2506	6268	T	2	24	3	36	4	15	4	55	6	7	365.6
22	10	2507	6280	T	2	14	3	44	4	1	4	18	5	47	362.6
25	2	2510	6309	T	0	6	1	14	2	1	2	48	3	56	374.6
20	7	2521	6450	T	21	53	22	56	23	48	0	39	1	43	361.1
12	11	2524	6491	T	10	3	11	17	11	53	12	28	13	43	365.2
1	11	2525	6503	T	9	38	10	59	11	27	11	54	13	15	365.0
7	3	2528	6532	T	7	52	9	1	9	47	10	32	11	41	373.9
1	8	2539	6673	T	4	33	5	36	6	28	7	21	8	24	363.0
23	11	2542	6714	T	17	48	19	5	19	37	20	9	21	26	364.9
12	11	2543	6726	T	17	11	18	28	19	1	19	34	20	51	366.7
18	3	2546	6755	T	15	31	16	41	17	24	18	7	19	18	372.7
11	8	2557	6896	T	11	16	12	20	13	12	14	4	15	8	363.9
4	12	2560	6937	T	1	40	3	1	3	29	3	57	5	17	364.8
23	11	2561	6949	T	0	53	2	7	2	44	3	20	4	35	367.8
29	3	2564	6978	T	23	1	0	14	0	54	1	34	2	47	371.1
22	8	2575	7119	T	18	2	19	7	19	57	20	46	21	51	364.0
15	12	2578	7160	T	9	37	11	0	11	25	11	49	13	12	364.7
4	12	2579	7172	T	8	43	9	55	10	34	11	13	12	26	368.5
9	4	2582	7201	T	6	23	7	39	8	14	8	49	10	5	368.7
2	9	2593	7342	T	0	52	2	0	2	45	3	30	4	38	363.2
25	12	2596	7383	T	17	38	19	4	19	25	19	46	21	12	364.6
14	12	2597	7395	T	16	40	17	52	18	32	19	13	20	24	368.7
20	4	2600	7424	T	13	37	14	59	15	26	15	52	17	14	365.5
14	9	2611	7565	T	7	47	8	59	9	38	10	17	11	29	361.7
7	1	2615	7606	T	1	41	3	9	3	27	3	45	5	14	364.6
27	12	2615	7618	T	0	42	1	52	2	34	3	16	4	26	368.6
1	5	2618	7647	T	20	43	22	22	22	28	22	34	0	14	361.4
13	9	2630	7800	T	15	8	16	28	16	57	17	27	18	47	364.3
17	1	2633	7829	T	9	45	11	16	11	31	11	46	13	17	364.5
6	1	2634	7841	T	8	48	9	58	10	41	11	23	12	33	368.3
23	9	2648	8023	T	21	58	23	11	23	50	0	29	1	42	367.7
28	1	2651	8052	T	17	47	19	23	19	33	19	43	21	19	364.1
17	1	2652	8064	T	16	56	18	5	18	48	19	31	20	41	367.7
23	6	2662	8193	T	19	33	20	36	21	28	22	20	23	23	361.5
5	10	2666	8246	T	4	58	6	8	6	52	7	36	8	46	370.1
8	2	2669	8275	P	1	48			3	33			5	18	363.5
8	2	2669	8275	P	1	48	0	0	3	33	0	0	5	18	363.5
28	1	2670	8287	T	1	5	2	14	2	58	3	41	4	50	367.1

GG	MM	AAAA	DT	TIPO	T1		T2		T3		T4		T5		DPEN
4	7	2680	8416	T	2	15	3	18	4	11	5	4	6	7	363.0
15	10	2684	8469	T	12	7	13	14	14	2	14	49	15	57	371.6
19	2	2687	8498	P	9	44			11	28			13	12	362.5
19	2	2687	8498	P	9	44	0	0	11	28	0	0	13	12	362.5
8	2	2688	8510	T	9	11	10	19	11	3	11	48	12	56	366.4
15	7	2698	8639	T	8	56	10	0	10	51	11	43	12	47	363.5
27	10	2702	8692	T	19	26	20	32	21	22	22	12	23	18	372.5
2	3	2705	8721	P	17	36			19	19			21	2	361.1
2	3	2705	8721	P	17	36	0	0	19	19	0	0	21	2	361.1
19	2	2706	8733	T	17	16	18	23	19	9	19	54	21	1	365.6
26	7	2716	8862	T	15	35	16	41	17	29	18	17	19	23	363.0
7	11	2720	8915	T	2	54	4	0	4	51	5	42	6	47	372.9
2	3	2724	8956	T	1	15	2	21	3	8	3	54	5	1	364.8
7	8	2734	9085	T	22	14	23	24	0	6	0	49	1	58	361.3
18	11	2738	9138	T	10	33	11	38	12	30	13	21	14	26	372.9
13	3	2742	9179	T	9	9	10	15	11	3	11	50	12	56	364.0
6	8	2753	9320	T	5	45	7	10	7	33	7	55	9	20	361.6
28	11	2756	9361	T	18	19	19	23	20	15	21	7	22	12	372.7
23	3	2760	9402	T	16	56	18	1	18	50	19	39	20	44	363.2
17	8	2771	9543	T	12	13	13	27	14	4	14	41	15	56	366.2
10	12	2774	9584	T	2	14	3	19	4	11	5	3	6	7	372.2
4	4	2778	9625	T	0	38	1	42	2	32	3	22	4	26	362.3
16	5	2785	9713	T	9	45	10	48	11	40	12	31	13	34	361.0
27	8	2789	9766	T	18	45	19	54	20	39	21	24	22	33	369.5
20	12	2792	9807	T	10	15	11	19	12	12	13	4	14	8	371.6
14	4	2796	9848	T	8	12	9	15	10	6	10	57	12	0	361.2
27	5	2803	9936	T	16	48	17	51	18	43	19	35	20	38	362.5
8	9	2807	9989	T	1	25	2	32	3	21	4	11	5	17	371.5
31	12	2810	10030	T	18	22	19	26	20	18	21	10	22	14	370.8
7	6	2821	10159	T	23	42	0	45	1	38	2	30	3	33	363.3
18	9	2825	10212	T	8	12	9	17	10	9	11	1	12	6	372.6
11	1	2829	10253	T	2	32	3	35	4	27	5	19	6	23	369.9
18	6	2839	10382	T	6	32	7	37	8	27	9	18	10	22	363.3
29	9	2843	10435	T	15	10	16	14	17	7	18	0	19	4	372.8
22	1	2847	10476	T	10	44	11	48	12	40	13	32	14	35	368.8
28	6	2857	10605	T	13	16	14	23	15	9	15	56	17	3	362.2
10	10	2861	10658	T	22	15	23	20	0	12	1	5	2	9	372.4
1	2	2865	10699	T	18	56	19	59	20	51	21	43	22	46	367.7
9	7	2875	10828	T	19	58	21	9	21	49	22	29	23	40	360.1
21	10	2879	10881	T	5	31	6	36	7	28	8	19	9	24	371.5
13	2	2883	10922	T	3	6	4	9	5	1	5	53	6	56	366.4
27	3	2890	11010	T	14	34	15	37	16	28	17	20	18	23	360.6
9	7	2894	11063	T	3	26	4	46	5	15	5	44	7	4	363.3
31	10	2897	11104	T	12	56	14	2	14	52	15	42	16	48	370.3
24	2	2901	11145	T	11	13	12	16	13	8	14	0	15	3	365.0
8	4	2908	11233	T	22	19	23	22	0	14	1	6	2	8	361.8
20	7	2912	11286	T	9	50	11	3	11	43	12	24	13	36	367.4
12	11	2915	11327	T	20	32	21	38	22	27	23	15	0	22	368.9
7	3	2919	11368	T	19	17	20	20	21	11	22	3	23	6	363.4
19	4	2926	11456	T	5	52	6	55	7	47	8	39	9	42	362.7
31	7	2930	11509	T	16	16	17	24	18	11	18	58	20	6	370.2
23	11	2933	11550	T	4	16	5	23	6	10	6	57	8	4	367.5
18	3	2937	11591	T	3	13	4	17	5	8	5	59	7	2	361.6
29	4	2944	11679	T	13	17	14	20	15	12	16	4	17	7	363.4
11	8	2948	11732	T	22	44	23	50	0	41	1	33	2	38	371.8
4	12	2951	11773	T	12	9	13	16	14	2	14	47	15	55	366.1
10	5	2962	11902	T	20	32	21	36	22	26	23	17	0	21	363.5
22	8	2966	11955	T	5	18	6	22	7	15	8	8	9	13	372.3
14	12	2969	11996	T	20	8	21	17	22	1	22	45	23	53	364.7
21	5	2980	12125	T	3	39	4	45	5	33	6	21	7	27	362.9
1	9	2984	12178	T	11	57	13	2	13	54	14	47	15	52	371.7
26	12	2987	12219	T	4	15	5	23	6	7	6	50	7	58	363.4

GG	MM	AAAA	DT	TIPO	T1	T2	T3	T4	T5	DPEN
1	6	2998	12348	T	10 37	11 46	12 29	13 13	14 21	361.5

ECLISSI CON FASE DI TOTALITÀ PIÙ LUNGA
ECLIPSES WITH LONG DURATION OF TOTAL PHASE
2000-3000

```
GG MM AAAA : data nel formato giorno/mese/anno
HH MM SS : ore, minuti e secondi
DT : differenza TDT-UT
TIPO : T=totale P=parziale N=penombrale
T1 : inizio della fase di parzialità
T2 : inizio della fase di totalità
T3 : massimo dell'eclisse
T4 : fine della fase di totalità
T5 : fine della fase di parzialità
MPEN : magnitudine della fase di penombra
MUMB : magnitudine della fase d'ombra
DPEN : durata della penombra in minuti


GG MM AAAA : date in the format dd/mm/yyyy
HH MM SS: hours, minutes and seconds
DT : difference between Dynamical Time and Universal Time
TIPO : T=total P=partiale N=penumbral
T1 : partial eclipse begins
T2 : total eclipse begins
T3 : maximum eclipse
T4 : total eclipse ends
T5 : partial eclipse ends
MPEN : magnitude of penumbral eclipse
MUMB : magnitude of umbral eclipse
DPEN : duration of the penumbra in minuts
```

GG	MM	AAAA	DT	TIPO	T1		T2		T3		T4		T5		DUMB
16	7	2000	6	T	11	59	13	3	13	57	14	50	15	55	106.4
15	6	2011	141	T	18	24	19	24	20	14	21	4	22	3	100.2
27	7	2018	229	T	18	26	19	31	20	23	21	14	22	20	103.0
26	6	2029	364	T	1	34	2	32	3	23	4	14	5	13	101.9
7	7	2047	587	T	8	46	9	45	10	36	11	26	12	25	100.8
17	6	2076	945	T	0	52	1	50	2	40	3	30	4	27	100.2
28	6	2094	1168	T	8	14	9	12	10	2	10	52	11	50	100.6
28	5	2105	1303	T	20	37	21	43	22	34	23	25	0	31	102.3
9	6	2123	1526	T	3	9	4	13	5	6	6	0	7	4	106.1
19	6	2141	1749	T	9	37	10	42	11	35	12	28	13	33	106.1
18	5	2152	1884	T	15	45	16	45	17	35	18	26	19	25	101.2
30	6	2159	1972	T	16	3	17	9	18	0	18	51	19	57	102.0
12	10	2163	2025	T	3	59	5	1	5	52	6	42	7	45	100.9
30	5	2170	2107	T	23	6	0	4	0	55	1	46	2	45	101.7
22	10	2181	2248	T	11	42	12	44	13	35	14	26	15	29	102.2
2	11	2199	2471	T	19	34	20	36	21	27	22	18	23	20	102.7
22	5	2217	2688	T	22	14	23	11	0	2	0	52	1	49	100.4
14	11	2217	2694	T	3	36	4	38	5	29	6	20	7	22	102.6
26	12	2224	2782	T	14	30	15	35	16	25	17	16	18	21	100.5
20	4	2228	2823	T	10	24	11	29	12	21	13	12	14	17	102.1
2	6	2235	2911	T	5	45	6	43	7	33	8	23	9	21	100.1
25	11	2235	2917	T	11	46	12	47	13	38	14	29	15	31	102.4
7	1	2243	3005	T	22	38	23	43	0	34	1	24	2	29	101.0
1	5	2246	3046	T	17	23	18	28	19	20	20	13	21	18	105.2
5	12	2253	3140	T	20	4	21	5	21	56	22	47	23	48	102.0
30	3	2257	3181	T	20	47	21	46	22	37	23	27	0	27	100.4
24	9	2257	3187	T	10	33	11	37	12	28	13	18	14	22	101.4
17	1	2261	3228	T	6	44	7	49	8	40	9	31	10	36	101.5
12	5	2264	3269	T	0	11	1	16	2	9	3	2	4	7	106.2
17	12	2271	3363	T	4	27	5	28	6	19	7	10	8	11	101.7
11	4	2275	3404	T	4	38	5	37	6	28	7	19	8	18	101.3
5	10	2275	3410	T	17	49	18	52	19	44	20	36	21	40	103.7
28	1	2279	3451	T	14	49	15	55	16	46	17	37	18	42	102.1
23	5	2282	3492	T	6	55	8	0	8	53	9	45	10	50	104.4
3	9	2286	3545	T	16	44	17	46	18	38	19	29	20	32	103.2
27	12	2289	3586	T	12	55	13	56	14	46	15	37	16	38	101.4
21	4	2293	3627	T	12	24	13	23	14	13	15	4	16	3	101.4
16	10	2293	3633	T	1	13	2	16	3	8	4	1	5	4	104.6
8	2	2297	3674	T	22	50	23	55	0	46	1	37	2	43	102.8
15	9	2304	3768	T	23	55	0	57	1	49	2	41	3	43	103.9
8	1	2308	3809	T	21	25	22	26	23	16	0	7	1	8	101.1
3	5	2311	3850	T	20	3	21	2	21	52	22	42	23	41	100.3
28	10	2311	3856	T	8	44	9	48	10	40	11	33	12	36	104.5
20	2	2315	3897	T	6	46	7	51	8	43	9	35	10	40	103.6
26	9	2322	3991	T	7	17	8	18	9	10	10	1	11	3	102.8
19	1	2326	4032	T	5	58	6	58	7	49	8	39	9	39	100.9
7	11	2329	4079	T	16	23	17	27	18	19	19	10	20	15	103.7
2	3	2333	4120	T	14	33	15	38	16	30	17	23	18	28	104.5
6	10	2340	4214	T	14	47	15	50	16	40	17	30	18	32	100.4
30	1	2344	4255	T	14	28	15	28	16	19	17	9	18	9	100.6
19	11	2347	4302	T	0	9	1	14	2	5	2	56	4	1	102.7
14	3	2351	4343	T	22	15	23	20	0	13	1	5	2	10	105.1
10	2	2362	4478	T	22	57	23	57	0	47	1	38	2	38	100.3
29	11	2365	4525	T	8	1	9	6	9	57	10	48	11	53	101.7
24	3	2369	4566	T	5	47	6	52	7	44	8	37	9	42	105.4
17	8	2380	4707	T	0	22	1	25	2	16	3	7	4	11	101.5
10	12	2383	4748	T	16	0	17	5	17	56	18	46	19	51	100.8
4	4	2387	4789	T	13	10	14	15	15	8	16	0	17	5	104.9
28	8	2398	4930	T	7	11	8	14	9	6	9	59	11	2	104.6
14	4	2405	5012	T	20	23	21	29	22	21	23	12	0	18	103.0
27	7	2409	5065	T	7	5	8	8	8	59	9	50	10	53	102.2

GG	MM	AAAA	DT	TIPO	T1	T2	T3	T4	T5	DUMB
7	9	2416	5153	T	14 7	15 10	16 3	16 55	17 58	104.9
7	8	2427	5288	T	13 55	14 57	15 49	16 41	17 43	104.4
18	9	2434	5376	T	21 7	22 11	23 3	23 54	0 58	102.8
17	8	2445	5511	T	20 51	21 53	22 45	23 36	0 38	103.3
20	7	2521	6450	T	21 53	22 56	23 48	0 39	1 43	103.3
1	8	2539	6673	T	4 33	5 36	6 28	7 21	8 24	105.3
30	6	2550	6808	T	4 45	5 47	6 39	7 30	8 33	103.0
11	8	2557	6896	T	11 16	12 20	13 12	14 4	15 8	103.8
10	7	2568	7031	T	11 34	12 35	13 28	14 20	15 22	104.5
21	7	2586	7254	T	18 23	19 25	20 17	21 8	22 10	102.6
23	6	2662	8193	T	19 33	20 36	21 28	22 20	23 23	104.0
22	5	2673	8328	T	19 13	20 17	21 7	21 58	23 1	101.2
4	7	2680	8416	T	2 15	3 18	4 11	5 4	6 7	105.3
3	6	2691	8551	T	2 12	3 14	4 6	4 58	6 0	104.0
15	7	2698	8639	T	8 56	10 0	10 51	11 43	12 47	102.9
14	6	2709	8774	T	9 9	10 11	11 3	11 55	12 57	104.1
7	11	2720	8915	T	2 54	4 0	4 51	5 42	6 47	102.0
25	6	2727	8997	T	16 4	17 7	17 57	18 48	19 50	101.2
18	11	2738	9138	T	10 33	11 38	12 30	13 21	14 26	103.3
28	11	2756	9361	T	18 19	19 23	20 15	21 7	22 12	104.0
10	12	2774	9584	T	2 14	3 19	4 11	5 3	6 7	104.2
4	4	2778	9625	T	0 38	1 42	2 32	3 22	4 26	100.5
16	5	2785	9713	T	9 45	10 48	11 40	12 31	13 34	102.8
20	12	2792	9807	T	10 15	11 19	12 12	13 4	14 8	104.2
14	4	2796	9848	T	8 12	9 15	10 6	10 57	12 0	102.6
27	5	2803	9936	T	16 48	17 51	18 43	19 35	20 38	104.8
31	12	2810	10030	T	18 22	19 26	20 18	21 10	22 14	104.1
25	4	2814	10071	T	15 39	16 41	17 33	18 25	19 27	103.9
20	10	2814	10077	T	6 39	7 39	8 30	9 20	10 21	100.9
7	6	2821	10159	T	23 42	0 45	1 38	2 30	3 33	104.4
18	9	2825	10212	T	8 12	9 17	10 9	11 1	12 6	103.7
11	1	2829	10253	T	2 32	3 35	4 27	5 19	6 23	104.0
6	5	2832	10294	T	22 59	0 1	0 53	1 45	2 48	103.9
30	10	2832	10300	T	14 28	15 29	16 20	17 11	18 11	101.9
18	6	2839	10382	T	6 32	7 37	8 27	9 18	10 22	100.8
29	9	2843	10435	T	15 10	16 14	17 7	18 0	19 4	105.6
22	1	2847	10476	T	10 44	11 48	12 40	13 32	14 35	103.9
17	5	2850	10517	T	6 15	7 17	8 8	8 59	10 2	102.3
11	11	2850	10523	T	22 24	23 25	0 16	1 7	2 8	102.2
6	3	2854	10564	T	22 40	23 43	0 33	1 23	2 26	100.0
10	10	2861	10658	T	22 15	23 20	0 12	1 5	2 9	105.2
1	2	2865	10699	T	18 56	19 59	20 51	21 43	22 46	103.7
21	11	2868	10746	T	6 27	7 28	8 19	9 10	10 11	102.1
16	3	2872	10787	T	6 42	7 45	8 36	9 27	10 29	101.3
21	10	2879	10881	T	5 31	6 36	7 28	8 19	9 24	103.4
13	2	2883	10922	T	3 6	4 9	5 1	5 53	6 56	103.5
2	12	2886	10969	T	14 36	15 37	16 28	17 19	18 20	101.8
27	3	2890	11010	T	14 34	15 37	16 28	17 20	18 23	102.7
31	10	2897	11104	T	12 56	14 2	14 52	15 42	16 48	100.6
24	2	2901	11145	T	11 13	12 16	13 8	14 0	15 3	103.2
14	12	2904	11192	T	22 50	23 52	0 42	1 33	2 35	101.5
8	4	2908	11233	T	22 19	23 22	0 14	1 6	2 8	103.8
7	3	2919	11368	T	19 17	20 20	21 11	22 3	23 6	102.8
25	12	2922	11415	T	7 7	8 9	9 0	9 50	10 52	101.2
19	4	2926	11456	T	5 52	6 55	7 47	8 39	9 42	104.2
18	3	2937	11591	T	3 13	4 17	5 8	5 59	7 2	101.9
11	9	2937	11597	T	19 32	20 32	21 23	22 14	23 14	102.2
4	1	2941	11638	T	15 28	16 30	17 21	18 11	19 13	100.9
29	4	2944	11679	T	13 17	14 20	15 12	16 4	17 7	103.5
11	8	2948	11732	T	22 44	23 50	0 41	1 33	2 38	102.7
29	3	2955	11814	T	11 5	12 8	12 58	13 49	14 52	100.5

GG	MM	AAAA	DT	TIPO	T1		T2		T3		T4		T5		DUMB
23	9	2955	11820	T	2	54	3	54	4	45	5	36	6	37	102.4
16	1	2959	11861	T	23	49	0	52	1	42	2	33	3	35	100.7
10	5	2962	11902	T	20	32	21	36	22	26	23	17	0	21	101.1
22	8	2966	11955	T	5	18	6	22	7	15	8	8	9	13	105.9
3	10	2973	12043	T	10	22	11	22	12	13	13	3	14	4	101.0
26	1	2977	12084	T	8	11	9	14	10	4	10	55	11	57	100.6
1	9	2984	12178	T	11	57	13	2	13	54	14	47	15	52	105.6
6	2	2995	12307	T	16	29	17	32	18	22	19	13	20	16	100.3

ECLISSI CON FASE DI TOTALITÀ PIÙ CORTA
ECLIPSES WITH SHORT DURATION OF TOTAL PHASE
2000-3000

```
GG MM AAAA : data nel formato giorno/mese/anno
HH MM SS : ore, minuti e secondi
DT : differenza TDT-UT
TIPO : T=totale P=parziale N=penombrale
T1 : inizio della fase di parzialità
T2 : inizio della fase di totalità
T3 : massimo dell'eclisse
T4 : fine della fase di totalità
T5 : fine della fase di parzialità
MPEN : magnitudine della fase di penombra
MUMB : magnitudine della fase d'ombra
DPEN : durata della penombra in minuti


GG MM AAAA : date in the format dd/mm/yyyy
HH MM SS: hours, minutes and seconds
DT : difference between Dynamical Time and Universal Time
TIPO : T=total P=partiale N=penumbral
T1 : partial eclipse begins
T2 : total eclipse begins
T3 : maximum eclipse
T4 : total eclipse ends
T5 : partial eclipse ends
MPEN : magnitude of penumbral eclipse
MUMB : magnitude of umbral eclipse
DPEN : duration of the penumbra in minuts
```

GG	MM	AAAA	DT	TIPO	T1		T2		T3		T4		T5		DUMB
9	11	2003	47	T	23	34	1	9	1	20	1	31	3	5	22.0
4	4	2015	188	T	10	17	11	59	12	1	12	4	13	46	4.7
26	5	2021	264	T	9	46	11	13	11	20	11	27	12	54	14.5
4	4	2061	757	T	20	9	21	39	21	54	22	9	23	39	29.9
9	11	2068	851	T	10	12	11	38	11	47	11	56	13	22	18.4
21	10	2097	1209	T	23	53	1	23	1	31	1	39	3	9	15.2
18	4	2144	1784	T	22	47	0	17	0	20	0	24	1	54	7.6
11	9	2155	1925	T	5	28	7	2	7	3	7	4	8	38	2.6
1	8	2167	2072	T	23	47	1	21	1	29	1	37	3	11	16.6
3	9	2202	2506	T	4	29	5	56	6	6	6	16	7	43	19.6
3	8	2278	3445	T	19	1	20	24	20	38	20	51	22	14	27.1
25	5	2366	4531	T	10	32	12	3	12	5	12	7	13	39	3.9
7	7	2419	5188	T	16	42	18	13	18	17	18	22	19	53	8.6
19	11	2431	5341	T	18	50	20	11	20	26	20	40	22	1	29.6
10	11	2478	5922	T	16	27	17	58	18	5	18	12	19	43	13.3
16	4	2489	6051	T	23	12	0	32	0	47	1	1	2	21	29.0
8	6	2495	6127	T	6	40	8	19	8	25	8	32	10	11	12.9
11	9	2565	6996	T	12	47	14	22	14	24	14	27	16	1	4.6
13	11	2589	7295	T	9	27	10	58	11	6	11	14	12	45	16.9
2	9	2612	7577	T	8	27	10	7	10	13	10	19	11	58	12.0
1	5	2618	7647	T	20	43	22	22	22	28	22	34	0	14	11.6
17	1	2633	7829	T	9	45	11	16	11	31	11	46	13	17	29.9
28	1	2651	8052	T	17	47	19	23	19	33	19	43	21	19	20.2
16	11	2654	8099	T	14	49	16	14	16	23	16	32	17	58	18.5
21	4	2665	8228	T	19	48	21	11	21	25	21	39	23	2	28.5
14	9	2676	8369	T	5	54	7	21	7	34	7	47	9	15	26.2
13	4	2712	8809	T	18	40	20	2	20	17	20	32	21	54	30.0
17	9	2741	9173	T	10	18	11	38	11	53	12	8	13	28	29.9
28	8	2770	9531	T	11	42	13	12	13	27	13	42	15	12	29.6
8	6	2905	11198	T	15	11	16	44	16	47	16	50	18	23	6.5
10	7	2940	11632	T	17	39	19	5	19	20	19	35	21	1	29.2
14	12	2988	12231	T	10	41	12	13	12	19	12	25	13	57	11.6
14	11	2999	12366	T	15	7	16	32	16	41	16	51	18	16	18.5

ECLISSI CON FASE DI PARZIALITÀ PIÙ CORTA
ECLIPSES WITH SHORT DURATION OF PARTIAL PHASE
2000-3000

```
GG MM AAAA : data nel formato giorno/mese/anno
HH MM SS : ore, minuti e secondi
DT : differenza TDT-UT
TIPO : T=totale P=parziale N=penombrale
T1 : inizio della fase di parzialità
T2 : inizio della fase di totalità
T3 : massimo dell'eclisse
T4 : fine della fase di totalità
T5 : fine della fase di parzialità
MPEN : magnitudine della fase di penombra
MUMB : magnitudine della fase d'ombra
DPEN : durata della penombra in minuti


GG MM AAAA : date in the format dd/mm/yyyy
HH MM SS: hours, minutes and seconds
DT : difference between Dynamical Time and Universal Time
TIPO : T=total P=partiale N=penumbral
T1 : partial eclipse begins
T2 : total eclipse begins
T3 : maximum eclipse
T4 : total eclipse ends
T5 : partial eclipse ends
MPEN : magnitude of penumbral eclipse
MUMB : magnitude of umbral eclipse
DPEN : duration of the penumbra in minuts
```

GG	MM	AAAA	DT	TIPO	T1	T2	T3	T4	T5	DUMB
25	4	2013	164	P	19 55		20 9		20 22	27.0
28	9	2034	429	P	2 34		2 48		3 1	26.7
13	2	2082	1015	P	6 17		6 29		6 42	25.5
24	2	2157	1943	P	6 14		6 17		6 19	5.6
25	6	2317	3926	P	20 4		20 16		20 28	23.7
25	6	2374	4631	P	4 8		4 22		4 35	26.9
16	6	2421	5212	P	3 29		3 33		3 37	7.3
17	6	2429	5311	P	10 58		11 12		11 25	27.8
26	4	2469	5804	P	16 35		16 46		16 56	20.9
9	4	2563	6966	P	23 22		23 34		23 45	23.7
9	4	2620	7671	P	6 46		6 59		7 12	26.0
22	5	2627	7759	P	9 55		9 59		10 3	8.0
10	3	2631	7806	P	12 5		12 14		12 22	17.7
29	7	2827	10235	P	17 12		17 24		17 36	23.9

ECLISSI CON PIANETI VICINI ALLA LUNA
ECLIPSES WITH PLANETS NEAR THE MOON
2000-2100

```
GG MM AAAA : data nel formato giorno/mese/anno
HH MM SS : ore, minuti e secondi
DT : differenza TDT-UT
TIPO : T=totale P=parziale N=penombrale
T1 : inizio della fase di parzialità
T2 : inizio della fase di totalità
T3 : massimo dell'eclisse
T4 : fine della fase di totalità
T5 : fine della fase di parzialità
MPEN : magnitudine della fase di penombra
MUMB : magnitudine della fase d'ombra
DPEN : durata della penombra in minuti
DIST : distanza in gradi del pianeta al massimo avvicinamento
MAG : magnitudine del pianeta


GG MM AAAA : date in the format dd/mm/yyyy
HH MM SS: hours, minutes and seconds
DT : difference between Dynamical Time and Universal Time
TIPO : T=total P=partiale N=penumbral
T1 : partial eclipse begins
T2 : total eclipse begins
T3 : maximum eclipse
T4 : total eclipse ends
T5 : partial eclipse ends
MPEN : magnitude of penumbral eclipse
MUMB : magnitude of umbral eclipse
DPEN : duration of the penumbra in minuts
DIST : distance in ° of the planet from the Moon
MAG : magnitude of the planet
```

GG MM AAAA	DT	TIPO	T1	T2	T3	T4 DIST	T5 MAG	DUMB	
2008/02/21	100	T	1 44	3 2	3 27	3 52	5 10	2.145	1.106
2008/02/21					09:32	2.534	0.1	Saturn	
2013/04/25	164	P	19 55		20 9		20 22	0.987	0.015
2013/04/26					00:49	3.447	0.4	Saturn	
2034/09/28	429	P	2 34		2 48		3 1	0.991	0.014
2034/09/28					10:08	0.225	-2.8	Jupiter	
2044/03/13	546	T	17 54	19 5	19 39	20 12	21 23	2.230	1.203
2044/03/13					13:35	3.915	-1.3	Mars	
2059/11/19	740	P	12 12		13 2		13 51	1.204	0.208
2059/11/19					10:13	1.895	-2.8	Jupiter	
2059/11/19					17:35	3.414	0.0	Saturn	
2061/04/04	757	T	20 9	21 39	21 54	22 9	23 39	2.104	1.034
2061/04/04					15:16	2.096	-1.4	Mars	
2070/10/19	875	P	18 10		18 51		19 32	1.126	0.138
2070/10/19					15:03	0.862	-2.8	Jupiter	
2091/03/05	1127	T	14 18	15 22	15 58	16 35	17 39	2.254	1.283
2091/03/05					19:06	3.625	-1.3	Mars	

ECLISSI CON STELLE BRILLANTI VICINE ALLA LUNA
ECLIPSES WITH BRIGHT STARS NEAR THE MOON
2000-2100

```
GG MM AAAA : data nel formato giorno/mese/anno
HH MM SS : ore, minuti e secondi
DT : differenza TDT-UT
TIPO : T=totale P=parziale N=penombrale
T1 : inizio della fase di parzialità
T2 : inizio della fase di totalità
T3 : massimo dell'eclisse
T4 : fine della fase di totalità
T5 : fine della fase di parzialità
MPEN : magnitudine della fase di penombra
MUMB : magnitudine della fase d'ombra
DPEN : durata della penombra in minuti
DIST : distanza in gradi della stella al massimo avvicinamento
MAG : magnitudine della stella


GG MM AAAA : date in the format dd/mm/yyyy
HH MM SS: hours, minutes and seconds
DT : difference between Dynamical Time and Universal Time
TIPO : T=total P=partiale N=penumbral
T1 : partial eclipse begins
T2 : total eclipse begins
T3 : maximum eclipse
T4 : total eclipse ends
T5 : partial eclipse ends
MPEN : magnitude of penumbral eclipse
MUMB : magnitude of umbral eclipse
DPEN : duration of the penumbra in minuts
DIST : distance in ° of the star from the Moon
MAG : magnitude of the star
```

GG MM AAAA	DT	TIPO	T1	T2	T3	T4 DIST	T5 MAG	DUMB	
2008/02/20					23:55	0.667	1.4	Regulus	
2008/02/21	100	T	1 44	3 2	3 27	3 52	5 10	2.145	1.106
2014/04/15	176	T	5 59	7 8	7 47	8 26	9 34	2.318	
2014/04/15					05:13	1.648	1.1	Spica	
2054/02/22	669	T	5 11	6 15	6 51	7 28	8 32	2.249	1.277
2054/02/22					01:45	1.096	1.4	Regulus	
2073/02/22	904	T	5 45	6 50	7 25	7 59	9 5	2.222	1.250
2073/02/22					02:04	0.436	1.4	Regulus	
2079/04/16	980	P	3 29		5 11		6 52	2.010	0.945
2079/04/16					02:43	2.62	1.1	Spica	
2086/05/28	1068	P	11 9		12 44		14 19	1.849	0.818
2086/05/28					18:02	4.340	1.1	Antares	
2098/04/15	1215	T	17 17	18 20	19 5	19 49	20 53	2.445	1.437
2098/04/15					17:24	1.940	1.1	Spica	

ECLISSI CON OGGETTI MESSIER BRILLANTI VICINI ALLA LUNA
ECLIPSES WITH BRIGHT MESSIER'S OBJECTS NEAR THE MOON
2000-2100

```
GG MM AAAA : data nel formato giorno/mese/anno
HH MM SS : ore, minuti e secondi
DT : differenza TDT-UT
TIPO : T=totale P=parziale N=penombrale
T1 : inizio della fase di parzialità
T2 : inizio della fase di totalità
T3 : massimo dell'eclisse
T4 : fine della fase di totalità
T5 : fine della fase di parzialità
MPEN : magnitudine della fase di penombra
MUMB : magnitudine della fase d'ombra
DPEN : durata della penombra in minuti
DIST : distanza in gradi dell'oggetto al massimo avvicinamento
MAG : magnitudine dell'oggetto


GG MM AAAA : date in the format dd/mm/yyyy
HH MM SS: hours, minutes and seconds
DT : difference between Dynamical Time and Universal Time
TIPO : T=total P=partiale N=penumbral
T1 : partial eclipse begins
T2 : total eclipse begins
T3 : maximum eclipse
T4 : total eclipse ends
T5 : partial eclipse ends
MPEN : magnitude of penumbral eclipse
MUMB : magnitude of umbral eclipse
DPEN : duration of the penumbra in minuts
DIST : distance in ° of the object from the Moon
MAG : magnitude of the object
```

GG MM AAAA	DT	TIPO	T1	T2	T3	T4 DIST	T5 MAG	DUMB	
2018/01/31 2018/01/31	223	T	11 50	12 53	13 31 07:08	14 9 2.247	15 12 3.7	2.294 M44	1.315
2019/01/21 2019/01/21	235	T	3 35	4 42	5 13 15:49	5 44 0.577	6 52 3.7	2.168 M44	1.195
2021/11/19 2021/11/19	270	P	7 20		9 4 15:45	4.210	10 48 1.6	2.072 M45	0.974
2037/01/31 2037/01/31	458	T	12 23	13 30	14 2 07:28	14 33 1.589	15 40 3.7	2.180 M44	1.207
2046/01/22 2046/01/22	569	P	12 37		13 3 21:05	1.034	13 28 3.7	1.035 M44	0.053
2059/11/19 2059/11/19	740	P	12 12		13 2 19:31	2.864	13 51 1.6	1.204 M45	0.208
2065/01/22 2065/01/22	804	T	8 15	9 25	9 59 18:51	10 33 1.716	11 43 3.7	2.256 M44	1.223
2083/02/02 2083/02/02	1027	T	16 42	17 54	18 27 08:00	19 0 0.710	20 11 3.7	2.240 M44	1.205
2086/11/20 **2086/11/20**	1074	P	18 46		20 20 **23:09**	**3.792**	21 54 **1.6**	1.968 **M45**	0.987
2094/01/01 2094/01/31	1162	P	15 19		17 0 05:14	0.378	18 41 3.7	1.986 M44	0.887

NUMERO DI ECLISSI LUNARI IN UN ANNO
NUMBER OF LUNAR ECLIPSES IN ONE YEAR
0-3000

2 ECLISSI IN UN ANNO - 2 ECLIPSES IN ONE YEAR

2 3 4 6 7 10 11 13 14 15 17 18 20 21 22 24 25 26 28 29 31 32 33
35 36 39 40 42 43 44 47 48 49 50 51 53 54 57 58 60 61 62 64 66
68 69 71 72 73 75 76 78 79 80 82 83 86 87 89 90 91 94 96 97 98
100 101 102 104 105 107 108 109 111 114 115 116 118 119 120 122
123 125 126 127 129 130 132 133 134 136 137 138 140 141 142 143
144 145 147 148 151 152 154 155 156 159 160 162 163 165 166 169
170 171 172 173 174 176 178 180 181 183 184 187 188 189 190 191
192 194 195 198 199 200 201 202 203 205 206 207 209 210 212 213
214 216 217 218 219 220 221 224 225 227 228 229 230 231 232 234
235 236 237 238 239 241 243 245 246 247 248 249 250 252 253 254
255 256 257 259 260 263 264 265 266 267 268 270 271 272 273 274
275 276 277 278 279 281 282 283 284 285 286 289 290 292 293 294
295 296 297 299 300 301 303 304 305 306 308 310 311 312 313 314
315 317 318 319 321 322 323 324 325 328 329 330 332 333 335 336
337 339 340 341 343 344 346 347 348 350 351 352 354 355 357 358
359 361 362 364 365 366 368 369 370 371 373 375 376 377 379 380
382 383 384 386 387 388 389 390 393 394 395 397 398 400 401 402
404 405 406 407 408 409 411 412 413 415 416 417 419 420 422 423
424 426 427 429 430 431 433 434 435 438 440 441 442 444 445 447
448 449 451 452 453 455 458 459 460 462 463 466 467 469 470 471
473 474 476 477 478 480 481 482 484 485 487 488 489 491 492 495
496 498 499 500 503 505 506 507 509 510 513 514 516 517 518 520
523 524 525 527 528 531 532 534 535 536 538 539 541 542 543 545
546 547 549 550 552 553 554 556 557 560 561 563 564 565 568 570
571 572 574 575 578 579 581 582 583 585 588 589 590 592 593 594
596 597 599 600 601 603 604 607 608 610 611 612 615 617 618 619
621 622 625 626 628 629 630 632 635 636 637 639 640 643 644 646
647 648 650 651 653 654 655 657 658 659 661 662 664 665 666 668
669 672 673 675 676 677 680 682 683 684 686 687 690 691 693 694
695 697 700 701 702 704 705 708 709 710 711 712 713 715 716 719
720 722 723 724 726 727 728 729 730 731 733 734 737 738 740 741
742 745 746 748 749 751 752 755 756 757 758 759 760 762 764 766
767 769 770 773 774 775 776 777 778 780 781 784 785 786 787 788
789 791 792 793 794 795 796 798 799 800 802 803 804 805 806 807
810 811 812 813 814 815 816 817 818 820 821 822 823 824 825 827
829 831 832 833 834 835 836 838 839 840 841 842 843 844 845 846
849 850 851 852 853 854 856 857 858 860 861 862 863 864 865 867
868 869 870 871 872 875 876 878 879 880 881 882 883 885 886 887
889 890 892 894 896 897 898 899 900 901 903 904 905 907 908 909
910 911 914 915 916 918 919 921 922 923 925 926 927 928 929 930
932 933 934 936 937 938 940 941 943 944 945 946 947 948 950 951
952 954 955 956 957 959 961 962 963 964 965 966 968 969 970 972
973 974 975 976 979 980 981 983 984 986 987 988 990 991 992 994
995 997 998 999 1001 1002 1003 1005 1006 1008 1009 1010 1012
1013 1015 1016 1017 1019 1020 1021 1024 1026 1027 1028 1030 1031
1033 1034 1035 1037 1038 1039 1041 1044 1045 1046 1048 1049 1051
1052 1053 1055 1056 1057 1059 1060 1062 1063 1064 1066 1067 1068
1070 1071 1073 1074 1075 1077 1078 1081 1082 1084 1085 1086 1089
1091 1092 1093 1095 1096 1099 1100 1102 1103 1104 1106 1109 1110
1111 1113 1114 1115 1117 1118 1120 1121 1122 1124 1125 1127 1128
1129 1131 1132 1133 1136 1138 1139 1140 1142 1143 1146 1147 1149
1150 1151 1153 1156 1157 1158 1160 1161 1164 1165 1167 1168 1169
1171 1172 1174 1175 1176 1178 1179 1180 1182 1183 1185 1186 1187

```
1189 1190 1193 1194 1196 1197 1198 1201 1203 1204 1205 1207 1208
1211 1212 1214 1215 1216 1218 1221 1222 1223 1225 1226 1229 1230
1232 1233 1234 1236 1237 1239 1240 1241 1243 1244 1245 1247 1248
1250 1251 1252 1254 1255 1258 1259 1261 1262 1263 1266 1268 1269
1270 1272 1273 1276 1277 1279 1280 1281 1283 1285 1286 1287 1288
1290 1291 1294 1295 1297 1298 1299 1301 1302 1305 1306 1308 1309
1310 1312 1313 1314 1315 1316 1317 1319 1320 1321 1323 1324 1326
1327 1328 1331 1332 1333 1334 1335 1337 1338 1339 1341 1342 1343
1344 1345 1346 1348 1350 1352 1353 1354 1355 1356 1357 1359 1360
1361 1362 1363 1364 1366 1367 1370 1371 1372 1373 1374 1375 1377
1378 1379 1380 1381 1382 1384 1385 1386 1388 1389 1390 1391 1392
1393 1396 1397 1398 1399 1400 1402 1403 1404 1406 1407 1408 1409
1410 1411 1413 1415 1417 1418 1419 1420 1421 1422 1424 1425 1426
1428 1429 1431 1432 1435 1436 1437 1438 1439 1440 1442 1443 1444
1446 1447 1448 1449 1450 1451 1453 1454 1455 1456 1457 1458 1461
1462 1464 1465 1466 1467 1468 1469 1471 1472 1473 1474 1475 1476
1477 1478 1480 1482 1483 1484 1485 1486 1487 1489 1490 1491 1493
1494 1495 1496 1497 1500 1501 1502 1504 1505 1507 1508 1509 1511
1512 1513 1514 1515 1516 1518 1519 1520 1522 1523 1524 1526 1527
1529 1530 1531 1532 1533 1534 1536 1537 1538 1540 1541 1542 1543
1545 1547 1548 1549 1551 1552 1554 1555 1556 1558 1559 1560 1561
1562 1565 1566 1567 1569 1570 1572 1573 1574 1576 1577 1578 1580
1581 1584 1585 1587 1588 1589 1590 1592 1594 1595 1596 1598 1599
1602 1603 1605 1606 1607 1609 1612 1613 1614 1616 1617 1620 1621
1623 1624 1625 1627 1628 1630 1631 1632 1634 1635 1636 1638 1639
1641 1642 1643 1645 1646 1649 1650 1652 1653 1654 1657 1659 1660
1661 1663 1664 1667 1668 1670 1671 1672 1674 1675 1677 1678 1679
1681 1682 1683 1685 1686 1688 1689 1690 1692 1693 1695 1696 1697
1699 1700 1701 1704 1706 1707 1708 1710 1711 1714 1715 1717 1718
1719 1721 1724 1725 1726 1728 1729 1732 1733 1735 1736 1737 1739
1740 1742 1743 1744 1746 1747 1748 1750 1751 1753 1754 1755 1757
1758 1761 1762 1764 1765 1766 1769 1771 1772 1773 1775 1776 1779
1780 1782 1783 1784 1786 1789 1790 1791 1793 1794 1797 1798 1800
1801 1802 1804 1805 1807 1808 1809 1811 1812 1813 1815 1816 1818
1819 1820 1822 1823 1826 1827 1829 1830 1831 1834 1836 1837 1838
1840 1841 1844 1845 1847 1848 1849 1851 1853 1854 1855 1856 1858
1859 1862 1863 1865 1866 1867 1869 1870 1873 1874 1876 1877 1878
1880 1881 1883 1884 1885 1887 1888 1889 1891 1892 1894 1895 1896
1899 1900 1901 1902 1903 1905 1906 1907 1909 1910 1911 1912 1913
1914 1916 1918 1919 1920 1921 1923 1924 1925 1927 1928 1929 1930
1931 1932 1934 1935 1937 1938 1939 1941 1942 1943 1945 1946 1947
1948 1949 1950 1952 1953 1954 1956 1957 1959 1960 1961 1964 1965
1966 1967 1968 1970 1971 1972 1974 1975 1976 1977 1978 1979 1981
1983 1985 1986 1987 1988 1989 1990 1992 1993 1994 1995 1996 1997
1999 2000 2003 2004 2005 2006 2007 2008 2010 2011 2012 2014 2015
2017 2018 2019 2021 2022 2023 2024 2025 2026 2029 2030 2032 2033
2034 2035 2036 2037 2039 2040 2041 2043 2044 2045 2046 2047 2050
2051 2052 2053 2054 2055 2057 2058 2059 2061 2062 2063 2064 2065
2068 2069 2070 2071 2072 2073 2076 2077 2079 2080 2081 2082 2083
2084 2086 2087 2088 2089 2090 2091 2093 2095 2097 2098 2099 2100
2101 2102 2104 2105 2106 2108 2109 2110 2111 2112 2115 2116 2117
2118 2119 2120 2122 2123 2124 2126 2127 2128 2129 2130 2131 2133
2134 2135 2137 2138 2141 2142 2144 2145 2146 2148 2149 2152 2153
2155 2156 2157 2158 2160 2162 2163 2164 2166 2167 2170 2171 2173
2174 2175 2176 2177 2180 2181 2182 2184 2185 2188 2189 2191 2192
```

2193 2195 2196 2198 2199 2200 2202 2203 2204 2206 2207 2209 2210
2211 2213 2214 2216 2217 2218 2220 2221 2222 2225 2227 2228 2229
2231 2232 2234 2235 2236 2238 2239 2240 2242 2245 2246 2247 2249
2250 2252 2253 2254 2256 2257 2258 2260 2261 2263 2264 2265 2267
2268 2269 2271 2272 2274 2275 2276 2278 2279 2282 2283 2285 2286
2287 2290 2292 2293 2294 2296 2297 2300 2301 2303 2304 2305 2307
2310 2311 2312 2314 2315 2318 2319 2321 2322 2323 2325 2326 2328
2329 2330 2332 2333 2334 2336 2337 2339 2340 2341 2343 2344 2347
2348 2350 2351 2352 2355 2357 2358 2359 2361 2362 2365 2366 2368
2369 2370 2372 2375 2376 2377 2379 2380 2381 2383 2384 2386 2387
2388 2390 2391 2393 2394 2395 2397 2398 2399 2401 2402 2404 2405
2406 2408 2409 2410 2412 2413 2415 2416 2417 2419 2422 2423 2424
2426 2427 2428 2430 2431 2433 2434 2435 2437 2439 2440 2441 2442
2444 2445 2446 2448 2449 2451 2452 2453 2455 2456 2458 2459 2460
2462 2463 2464 2467 2469 2470 2471 2473 2474 2475 2477 2478 2480
2481 2482 2484 2486 2487 2488 2489 2491 2492 2493 2495 2496 2497
2498 2499 2500 2502 2503 2505 2506 2507 2509 2510 2511 2513 2514
2515 2516 2517 2518 2520 2521 2522 2524 2525 2527 2528 2529 2532
2533 2534 2535 2536 2538 2539 2540 2542 2543 2544 2545 2546 2547
2549 2551 2553 2554 2556 2557 2558 2560 2561 2562 2563 2564 2565
2567 2568 2571 2572 2573 2574 2575 2576 2578 2579 2580 2581 2582
2583 2584 2585 2586 2587 2589 2590 2591 2592 2593 2594 2597 2598
2599 2600 2601 2602 2603 2604 2605 2607 2608 2609 2610 2611 2612
2614 2616 2618 2619 2620 2621 2622 2623 2625 2626 2627 2628 2629
2630 2631 2632 2633 2636 2637 2638 2639 2640 2641 2643 2644 2645
2646 2647 2648 2649 2650 2651 2652 2654 2655 2656 2657 2658 2659
2662 2663 2665 2666 2667 2668 2669 2670 2673 2674 2676 2677 2679
2681 2683 2684 2685 2686 2687 2688 2691 2692 2694 2695 2697 2698
2701 2702 2703 2705 2706 2709 2710 2712 2713 2714 2715 2716 2717
2719 2720 2721 2723 2724 2725 2727 2728 2730 2731 2732 2733 2734
2735 2738 2739 2741 2742 2743 2746 2748 2749 2750 2752 2753 2756
2757 2759 2760 2761 2763 2766 2767 2768 2770 2771 2772 2774 2775
2777 2778 2779 2781 2782 2784 2785 2786 2788 2789 2790 2793 2795
2796 2797 2799 2800 2803 2804 2806 2807 2808 2811 2813 2814 2815
2817 2818 2821 2822 2824 2825 2826 2828 2831 2832 2833 2835 2836
2837 2839 2840 2842 2843 2844 2846 2847 2849 2850 2851 2853 2854
2855 2858 2860 2861 2862 2864 2865 2868 2869 2871 2872 2873 2875
2878 2879 2880 2882 2883 2886 2887 2889 2890 2891 2893 2894 2896
2897 2898 2900 2901 2902 2904 2905 2907 2908 2909 2911 2912 2915
2916 2918 2919 2920 2923 2925 2926 2927 2929 2930 2933 2934 2936
2937 2938 2940 2943 2944 2945 2947 2948 2951 2952 2954 2955 2956
2958 2959 2961 2962 2963 2965 2966 2967 2969 2970 2972 2973 2974
2976 2977 2978 2980 2981 2983 2984 2985 2988 2990 2991 2992 2994
2995 2996 2998 2999 2997

3 ECLISSI IN UN ANNO - 3 ECLIPSES IN ONE YEAR

1 8 30 37 46 55 65 67 77 84 85 88 93 95 99 106 112 113 117 124
135 149 153 157 158 161 167 175 177 179 182 185 193 196 197 208
211 222 223 226 240 242 244 258 261 262 287 288 291 302 307 309
320 326 327 331 338 342 349 353 356 360 363 367 372 374 378 381
385 391 392 396 399 414 418 425 436 437 443 446 456 464 465 493
494 501 502 504 511 512 519 521 522 529 530 537 558 559 567 576
577 586 587 606 614 623 627 633 634 641 645 663 670 671 674 679
681 688 692 698 699 703 706 718 721 732 735 739 744 747 750 753

763 765 768 771 779 782 783 797 809 826 828 830 847 848 859 873
874 877 888 891 893 895 906 912 913 917 920 924 935 939 942 953
958 960 967 977 978 982 985 993 1004 1011 1022 1023 1032 1040
1042 1050 1058 1069 1076 1079 1080 1087 1088 1097 1098 1107 1108
1134 1135 1144 1145 1154 1162 1184 1191 1192 1200 1202 1209 1219
1220 1227 1231 1242 1249 1256 1257 1260 1265 1267 1274 1278 1284
1292 1296 1303 1304 1307 1325 1330 1336 1349 1351 1365 1368 1369
1383 1394 1395 1401 1412 1414 1416 1427 1430 1433 1434 1445 1459
1460 1463 1479 1481 1492 1498 1499 1503 1506 1510 1521 1525 1539
1544 1550 1563 1568 1579 1583 1586 1591 1597 1601 1604 1608 1610
1618 1619 1622 1626 1644 1647 1648 1655 1656 1662 1665 1666 1673
1691 1703 1713 1722 1730 1731 1759 1760 1768 1770 1777 1778 1787
1788 1795 1796 1799 1817 1824 1825 1833 1835 1842 1852 1857 1860
1871 1872 1875 1882 1893 1898 1904 1917 1922 1936 1940 1955 1958
1962 1963 1969 1980 1982 1984 1998 2001 2002 2013 2016 2027 2028
2031 2042 2048 2049 2060 2066 2067 2074 2075 2078 2092 2094 2107
2113 2125 2136 2139 2140 2143 2147 2151 2159 2161 2165 2168 2169
2178 2179 2183 2186 2187 2194 2201 2212 2223 2224 2230 2241 2243
2251 2270 2281 2289 2298 2299 2308 2309 2316 2317 2345 2346 2353
2354 2363 2364 2373 2374 2392 2403 2414 2420 2421 2432 2438 2450
2457 2461 2465 2466 2468 2476 2479 2483 2485 2501 2504 2508 2519
2523 2526 2530 2531 2537 2548 2550 2552 2555 2566 2569 2570 2595
2596 2613 2615 2617 2634 2660 2661 2664 2672 2675 2678 2680 2682
2690 2693 2696 2699 2704 2708 2711 2722 2737 2740 2744 2745 2751
2755 2762 2764 2780 2791 2792 2798 2802 2809 2810 2820 2829 2856
2857 2866 2867 2876 2884 2885 2913 2914 2921 2922 2924 2931 2932
2941 2942 2949 2950 2979 2987 2989 2997 3000

4 ECLISSI IN UN ANNO - 4 ECLIPSES IN ONE YEAR

5   9   12   16   19   23   34   38   41   45   52   56   59   63   70   81   92 103 110 121 128
131 139 146 150 164 168 186 215 233 251 269 280 298 316 334 345
403 410 421 428 432 439 450 454 457 461 468 472 479 483 486 490
497 508 515 526 533 540 544 548 551 555 562 566 569 573 580 584
591 598 602 605 609 613 616 620 624 631 638 642 649 652 656 667
678 685 689 696 707 714 717 736 743 754 761 772 801 808 819 837
855 866 884 902 931 949 971 989 996 1000 1007 1014 1018 1025
1029 1036 1043 1047 1054 1061 1065 1072 1083 1090 1094 1101 1105
1112 1116 1119 1123 1126 1130 1137 1141 1148 1152 1155 1159 1163
1166 1170 1173 1177 1188 1195 1199 1206 1210 1213 1217 1224 1228
1235 1238 1253 1264 1271 1275 1282 1289 1293 1300 1318 1322 1329
1340 1347 1358 1376 1387 1405 1423 1441 1452 1470 1488 1517 1528
1535 1546 1553 1557 1564 1571 1575 1582 1593 1600 1611 1615 1629
1633 1637 1640 1651 1658 1669 1680 1684 1687 1698 1702 1705 1709
1712 1716 1720 1723 1727 1734 1738 1741 1745 1752 1756 1763 1767
1774 1781 1785 1792 1803 1806 1810 1814 1821 1828 1832 1839 1843
1846 1850 1861 1864 1868 1886 1890 1897 1908 1915 1926 1933 1944
1951 1973 1991 2009 2020 2038 2056 2085 2096 2103 2114 2121 2150
2154 2172 2190 2197 2205 2208 2215 2219 2226 2233 2237 2244 2248
2255 2259 2266 2273 2277 2280 2284 2288 2291 2295 2302 2306 2313
2320 2324 2327 2331 2335 2338 2342 2349 2356 2360 2367 2371 2378
2382 2385 2389 2396 2407 2411 2418 2425 2429 2436 2443 2447 2454
2472 2490 2494 2512 2541 2559 2577 2588 2606 2624 2635 2642 2671
2689 2700 2707 2726 2729 2736 2747 2754 2758 2765 2769 2773 2776

```
2787 2794 2801 2805 2812 2816 2819 2823 2827 2830 2834 2838 2841
2845 2852 2859 2863 2870 2874 2877 2881 2888 2892 2895 2899 2903
2906 2910 2917 2928 2935 2939 2946 2953 2957 2960 2964 2971 2975
2982 2986 2993
```

5 ECLISSI IN UN ANNO - 5 ECLIPSES IN ONE YEAR

```
27 74 204 475 595 660 725 790 1181 1246 1311 1676 1694 1749 1879
2132 2262 2400 2653 2718 2783 2848 2968
```

TIPOLOGIA DELLE ECLISSI LUNARI IN UN ANNO
TYPE OF LUNAR ECLIPSES IN ONE YEAR
0-3000

2 ECLISSI IN UN ANNO

2 ECLIPSES IN ONE YEAR

P = parziale
T = totale
N = penombra

P = partial
T = total
N = penumbral

2	PP	61	TT	142	PN		
3	TT	62	PP	143	PP		
4	PP	64	PP	144	TT		
6	PP	66	PN	145	PT		
7	TT	68	TT	147	PP		
10	PT	69	PP	148	TT		
11	TP	71	PP	151	PT		
13	PP	72	TT	152	TP		
14	TT	73	PP	154	PN		
15	PP	75	PT	155	TT		
17	PP	76	TP	156	PP		
18	TT	78	PP	159	TP		
20	NP	79	TT	160	PN		
21	TT	80	PP	162	TT		
22	TP	82	PP	163	TT		
24	PP	83	TT	165	PP		
25	TT	86	TT	166	TT		
26	PP	87	TP	169	PT		
28	PT	89	PP	170	TP		
29	TP	90	TT	171	PN		
31	PP	91	PP	172	PN		
32	TT	94	TP	173	TT		
33	PP	96	NP	174	PT		
35	PP	97	TT	176	PP		
36	TT	98	PP	178	PN		
39	TT	100	PP	180	TT		
40	TP	101	TT	181	TT		
42	PP	102	PP	183	PP		
43	TT	104	TT	184	TT		
44	PP	105	TP	187	PT		
47	TP	107	PP	188	TP		
48	PN	108	TT	189	PN		
49	PP	109	PP	190	PN		
50	TT	111	PP	191	TT		
51	PP	114	NP	192	PT		
53	PP	115	TT	194	PP		
54	TT	116	TP	195	TT		
57	TT	118	PP	198	TT		
58	TP	119	TT	199	TT		
60	PP	120	PP	200	NN		
		122	PT	201	PP		
		123	TP	202	TT		
		125	PP	203	PP		
		126	TT	205	PT		
		127	PP	206	TP		
		129	PP	207	PN		
		130	TT	209	TT		
		132	NP	210	PT		
		133	TT	212	PP		
		134	TP	213	TT		
		136	PP	214	PP		
		137	TT	216	PT		
		138	PP	217	TT		
		140	PT	218	NN		
		141	TP	219	NP		

ID	Value	ID	Value	ID	Value	ID	Value
220	TT	290	PP	364	PT		
221	TP	292	PT	365	TT		
224	TP	293	TT	366	PP		
225	PN	294	PN	368	TP		
227	TT	295	PN	369	TT		
228	TT	296	TT	370	NP		
229	NN	297	PT	371	NP		
230	PP	299	PT	373	PP		
231	TT	300	TT	375	PP		
232	TP	301	PP	376	TT		
234	PT	303	TP	377	PP		
235	TT	304	TT	379	PT		
236	PN	305	NP	380	TT		
237	NP	306	NP	382	PT		
238	TT	308	PP	383	TT		
239	TT	310	PT	384	PP		
241	PP	311	TT	386	PP		
243	PN	312	PN	387	TT		
245	TT	313	PN	388	NP		
246	TT	314	TT	389	NN		
247	NN	315	PT	390	TT		
248	PN	317	PT	393	PP		
249	TT	318	TT	394	TT		
250	TP	319	PP	395	PP		
252	PT	321	TP	397	PT		
253	TT	322	TT	398	TT		
254	PP	323	NP	400	PT		
255	NP	324	NP	401	TT		
256	TT	325	TT	402	PP		
257	TT	328	PT	404	PP		
259	PP	329	TT	405	TT		
260	TT	330	PN	406	PP		
263	PT	332	TT	407	NN		
264	TT	333	TT	408	TT		
265	NP	335	PT	409	TT		
266	PN	336	TT	411	PP		
267	TT	337	PP	412	TT		
268	TT	339	TP	413	PP		
270	PT	340	TT	415	PP		
271	TT	341	NP	416	TT		
272	PP	343	TT	417	PN		
273	NN	344	TP	419	TT		
274	PT	346	PT	420	PP		
275	TT	347	TT	422	PP		
276	PN	348	PP	423	TT		
277	PN	350	TT	424	PP		
278	TT	351	TT	426	TP		
279	PP	352	NP	427	TT		
281	PT	354	TT	429	PP		
282	TT	355	PP	430	TT		
283	PP	357	PP	431	PP		
284	NN	358	TT	433	PP		
285	TT	359	PP	434	TT		
286	TT	361	TT	435	PP		
289	TT	362	TT	438	TP		

440	PP	524	TT	608	PP		
441	TT	525	PP	610	PP		
442	PP	527	PP	611	TT		
444	TP	528	TT	612	PP		
445	TT	531	TT	615	TP		
447	PP	532	TP	617	PP		
448	TT	534	PP	618	TT		
449	PP	535	TT	619	PP		
451	PP	536	PP	621	PP		
452	TT	538	PP	622	TT		
453	PP	539	TT	625	TT		
455	TT	541	PP	626	PP		
458	PP	542	TT	628	PP		
459	TT	543	PP	629	TT		
460	PP	545	PP	630	PP		
462	PP	546	TT	632	PP		
463	TT	547	PP	635	PP		
466	TT	549	TT	636	TT		
467	PP	550	TP	637	PP		
469	PP	552	PP	639	PP		
470	TT	553	TT	640	TT		
471	PP	554	PP	643	TT		
473	PT	556	PP	644	TP		
474	TT	557	TT	646	PP		
476	PP	560	TT	647	TT		
477	TT	561	TP	648	PP		
478	PP	563	PP	650	PP		
480	PP	564	TT	651	TT		
481	TT	565	PP	653	NP		
482	PP	568	TP	654	TT		
484	TT	570	PP	655	PP		
485	PP	571	TT	657	PP		
487	PP	572	PP	658	TT		
488	TT	574	PP	659	PP		
489	PP	575	TT	661	TT		
491	PP	578	TT	662	TP		
492	TT	579	TP	664	PP		
495	TT	581	PP	665	TT		
496	PP	582	TT	666	PP		
498	PP	583	PP	668	PP		
499	TT	585	PP	669	TT		
500	PP	588	PP	672	TT		
503	TP	589	TT	673	TP		
505	PP	590	PP	675	PP		
506	TT	592	PP	676	TT		
507	PP	593	TT	677	PP		
509	PP	594	PP	680	TP		
510	TT	596	TT	682	NP		
513	TT	597	TP	683	TT		
514	PP	599	PP	684	PP		
516	PP	600	TT	686	PP		
517	TT	601	PP	687	TT		
518	PP	603	PP	690	TT		
520	PT	604	TT	691	TP		
523	PP	607	TT	693	PP		

694	TT	776	PP	844	NN
695	PP	777	TT	845	PP
697	PP	778	PT	846	TT
700	NP	780	PP	849	PT
701	TT	781	TT	850	TT
702	TP	784	TT	851	PN
704	PP	785	TT	852	PN
705	TT	786	NN	853	TT
708	PT	787	PP	854	PT
709	TP	788	TT	856	PT
710	PN	789	PP	857	TT
711	PN	791	PT	858	PP
712	TT	792	TT	860	TT
713	PP	793	PN	861	TT
715	PP	794	NP	862	NN
716	TT	795	TT	863	PP
719	TT	796	TT	864	TT
720	TP	798	PP	865	TP
722	PP	799	TT	867	PT
723	TT	800	PP	868	TT
724	PP	802	TT	869	PN
726	PT	803	TT	870	PN
727	TP	804	NP	871	TT
728	PN	805	NP	872	PT
729	PN	806	TT	875	TT
730	TT	807	TP	876	PP
731	PT	810	TT	878	TT
733	PP	811	PN	879	TT
734	TT	812	NP	880	PP
737	TT	813	TT	881	PP
738	TP	814	TT	882	TT
740	PP	815	NN	883	TP
741	TT	816	PN	885	PT
742	PP	817	TT	886	TT
745	TP	818	PP	887	PN
746	PN	820	PT	889	TT
748	TT	821	TT	890	TT
749	PT	822	NP	892	NP
751	PP	823	NN	894	PP
752	TT	824	TT	896	PT
755	PT	825	TT	897	TT
756	TP	827	PP	898	PP
757	PN	829	PN	899	NP
758	PP	831	PT	900	TT
759	TT	832	TT	901	TT
760	PP	833	NN	903	PT
762	PP	834	PN	904	TT
764	PN	835	TT	905	PN
766	TT	836	PT	907	TP
767	TT	838	PT	908	TT
769	PP	839	TT	909	NP
770	TT	840	PP	910	NP
773	PT	841	NN	911	TT
774	TP	842	TT	914	PP
775	PN	843	TT	915	TT

916	PP	988	PP	1067	TT	
918	TT	990	PP	1068	PP	
919	TT	991	TT	1070	TT	
921	PT	992	PP	1071	PP	
922	TT	994	TT	1073	PP	
923	PN	995	TT	1074	TT	
925	TP	997	PP	1075	PP	
926	TT	998	TT	1077	PT	
927	NP	999	PP	1078	TT	
928	NP	1001	TP	1081	TT	
929	TT	1002	TT	1082	PP	
930	TP	1003	PP	1084	PP	
932	PP	1005	TT	1085	TT	
933	TT	1006	PP	1086	PP	
934	PP	1008	PP	1089	TP	
936	TT	1009	TT	1091	PP	
937	TT	1010	PP	1092	TT	
938	PN	1012	TP	1093	PP	
940	TT	1013	TT	1095	PP	
941	PN	1015	PP	1096	TT	
943	PP	1016	TT	1099	TT	
944	TT	1017	PP	1100	PP	
945	NP	1019	PP	1102	PP	
946	NN	1020	TT	1103	TT	
947	TT	1021	PP	1104	PP	
948	TT	1024	PP	1106	PP	
950	PP	1026	PP	1109	PP	
951	TT	1027	TT	1110	TT	
952	PP	1028	PP	1111	PP	
954	PT	1030	TP	1113	PP	
955	TT	1031	TT	1114	TT	
956	PN	1033	PP	1115	PP	
957	NN	1034	TT	1117	TT	
959	PN	1035	PP	1118	TP	
961	PP	1037	PP	1120	PP	
962	TT	1038	TT	1121	TT	
963	PP	1039	PP	1122	PP	
964	NN	1041	PT	1124	PP	
965	TT	1044	PP	1125	TT	
966	TT	1045	TT	1127	PP	
968	PP	1046	PP	1128	TT	
969	TT	1048	PP	1129	PP	
970	PP	1049	TT	1131	PP	
972	PP	1051	PP	1132	TT	
973	TT	1052	TT	1133	PP	
974	PN	1053	PP	1136	TP	
975	NN	1055	PP	1138	PP	
976	TT	1056	TT	1139	TT	
979	PP	1057	PP	1140	PP	
980	TT	1059	PT	1142	PP	
981	PP	1060	TT	1143	TT	
983	TP	1062	PP	1146	TT	
984	TT	1063	TT	1147	PP	
986	PP	1064	PP	1149	PP	
987	TT	1066	PP	1150	TT	

1151	PP	1237	TT	1319	PP
1153	PP	1239	NP	1320	TT
1156	PP	1240	TT	1321	PP
1157	TT	1241	TP	1323	TT
1158	PP	1243	PP	1324	TT
1160	PP	1244	TT	1326	PP
1161	TT	1245	PP	1327	TT
1164	TT	1247	PT	1328	PP
1165	TP	1248	TP	1331	TP
1167	PP	1250	PP	1332	PN
1168	TT	1251	TT	1333	PP
1169	PP	1252	PP	1334	TT
1171	PP	1254	PP	1335	PT
1172	TT	1255	TT	1337	PP
1174	PP	1258	TT	1338	TT
1175	TT	1259	TP	1339	PP
1176	PP	1261	PP	1341	TT
1178	PP	1262	TT	1342	TT
1179	TT	1263	PP	1343	NN
1180	PP	1266	TP	1344	NP
1182	TT	1268	PP	1345	TT
1183	TP	1269	TT	1346	PP
1185	PP	1270	PP	1348	PP
1186	TT	1272	PP	1350	PN
1187	PP	1273	TT	1352	TT
1189	PP	1276	TT	1353	TT
1190	TT	1277	TP	1354	NN
1193	TT	1279	PP	1355	PP
1194	PP	1280	TT	1356	TT
1196	PP	1281	PP	1357	PP
1197	TT	1283	PP	1359	PT
1198	PP	1285	PN	1360	TT
1201	TP	1286	PP	1361	NN
1203	PP	1287	TT	1362	NP
1204	TT	1288	PT	1363	TT
1205	PP	1290	PP	1364	TP
1207	PP	1291	TT	1366	PP
1208	TT	1294	PT	1367	TT
1211	TT	1295	TP	1370	TT
1212	PP	1297	PP	1371	TT
1214	PP	1298	TT	1372	NN
1215	TT	1299	PP	1373	PN
1216	PP	1301	PP	1374	TT
1218	PP	1302	TT	1375	PP
1221	NP	1305	TT	1377	PT
1222	TT	1306	TT	1378	TT
1223	PP	1308	PP	1379	PN
1225	PP	1309	TT	1380	NP
1226	TT	1310	PP	1381	TT
1229	TT	1312	PT	1382	TT
1230	TP	1313	TP	1384	PP
1232	PP	1314	PN	1385	TT
1233	TT	1315	PP	1386	PP
1234	PP	1316	TT	1388	PT
1236	PP	1317	PT	1389	TT

1390	PN	1462	PN	1532	NN	
1391	PN	1464	TP	1533	TT	
1392	TT	1465	TT	1534	TT	
1393	PT	1466	NP	1536	PP	
1396	TT	1467	NP	1537	TT	
1397	PN	1468	TT	1538	PP	
1398	NP	1469	TP	1540	PP	
1399	TT	1471	PT	1541	TT	
1400	TT	1472	TT	1542	PN	
1402	PP	1473	PP	1543	NP	
1403	TT	1474	NN	1545	PP	
1404	PP	1475	TT	1547	PP	
1406	PT	1476	TT	1548	TT	
1407	TT	1477	NN	1549	PP	
1408	PN	1478	PP	1551	TP	
1409	PN	1480	PN	1552	TT	
1410	TT	1482	TP	1554	PP	
1411	TT	1483	TT	1555	TT	
1413	NP	1484	NP	1556	PP	
1415	PN	1485	NP	1558	PP	
1417	TT	1486	TT	1559	TT	
1418	TT	1487	TP	1560	PP	
1419	PN	1489	PT	1561	NN	
1420	PP	1490	TT	1562	TT	
1421	TT	1491	PP	1565	PP	
1422	PP	1493	TT	1566	TT	
1424	PT	1494	TT	1567	PP	
1425	TT	1495	NN	1569	TP	
1426	PN	1496	PN	1570	TT	
1428	TT	1497	TT	1572	PP	
1429	TT	1500	PP	1573	TT	
1431	NP	1501	TT	1574	PP	
1432	TT	1502	NP	1576	PP	
1435	PT	1504	TT	1577	TT	
1436	TT	1505	TT	1578	PP	
1437	PN	1507	PT	1580	TT	
1438	PN	1508	TT	1581	TT	
1439	TT	1509	PP	1584	TT	
1440	PT	1511	PT	1585	PP	
1442	PT	1512	TT	1587	TP	
1443	TT	1513	PP	1588	TT	
1444	PN	1514	NN	1589	NP	
1446	TP	1515	TT	1590	NP	
1447	TT	1516	TT	1592	PP	
1448	NP	1518	PP	1594	PP	
1449	NP	1519	TT	1595	TT	
1450	TT	1520	PP	1596	PP	
1451	TP	1522	TT	1598	PT	
1453	PT	1523	TT	1599	TT	
1454	TT	1524	PN	1602	TT	
1455	PN	1526	TT	1603	PP	
1456	PN	1527	PP	1605	PP	
1457	TT	1529	PT	1606	TT	
1458	TT	1530	TT	1607	NP	
1461	TT	1531	PP	1609	PT	

1612	PP	1693	TT	1779	TT
1613	TT	1695	PP	1780	PP
1614	PP	1696	TT	1782	PP
1616	PT	1697	PP	1783	TT
1617	TT	1699	PP	1784	PP
1620	TT	1700	TT	1786	PT
1621	PP	1701	PP	1789	PP
1623	PP	1704	TP	1790	TT
1624	TT	1706	PP	1791	PP
1625	PP	1707	TT	1793	PP
1627	PT	1708	PP	1794	TT
1628	TT	1710	PP	1797	TT
1630	PP	1711	TT	1798	TP
1631	TT	1714	TT	1800	PP
1632	PP	1715	PP	1801	TT
1634	PP	1717	PP	1802	PP
1635	TT	1718	TT	1804	PP
1636	PP	1719	PP	1805	TT
1638	TT	1721	PT	1807	PP
1639	PP	1724	PP	1808	TT
1641	PP	1725	TT	1809	PP
1642	TT	1726	PP	1811	PP
1643	PP	1728	PP	1812	TT
1645	PT	1729	TT	1813	PP
1646	TT	1732	TT	1815	TT
1649	TT	1733	PP	1816	TP
1650	PP	1735	PP	1818	PP
1652	PP	1736	TT	1819	TT
1653	TT	1737	PP	1820	PP
1654	PP	1739	PT	1822	PP
1657	TP	1740	TT	1823	TT
1659	PP	1742	PP	1826	TT
1660	TT	1743	TT	1827	PP
1661	PP	1744	PP	1829	PP
1663	PP	1746	PP	1830	TT
1664	TT	1747	TT	1831	PP
1667	TT	1748	PP	1834	TP
1668	PP	1750	TT	1836	PP
1670	PP	1751	PP	1837	TT
1671	TT	1753	PP	1838	PP
1672	PP	1754	TT	1840	PP
1674	PT	1755	PP	1841	TT
1675	TT	1757	PP	1844	TT
1677	PP	1758	TT	1845	TP
1678	TT	1761	TT	1847	PP
1679	PP	1762	PP	1848	TT
1681	PP	1764	PP	1849	PP
1682	TT	1765	TT	1851	PP
1683	PP	1766	PP	1853	PN
1685	TT	1769	TP	1854	PP
1686	PP	1771	PP	1855	TT
1688	PP	1772	TT	1856	PT
1689	TT	1773	PP	1858	PP
1690	PP	1775	PP	1859	TT
1692	PP	1776	TT	1862	TT

1863	TP	1938	TT	2010	PT
1865	PP	1939	TP	2011	TT
1866	TT	1941	PP	2012	PN
1867	PP	1942	TT	2014	TT
1869	PP	1943	PP	2015	TT
1870	TT	1945	PT	2017	NP
1873	TT	1946	TT	2018	TT
1874	PT	1947	PN	2019	TP
1876	PP	1948	PN	2021	TP
1877	TT	1949	TT	2022	TT
1878	PP	1950	TT	2023	NP
1880	TT	1952	PP	2024	NP
1881	TP	1953	TT	2025	TT
1883	PP	1954	TP	2026	TP
1884	TT	1956	PT	2029	TT
1885	PP	1957	TT	2030	PN
1887	PP	1959	PN	2032	TT
1888	TT	1960	TT	2033	TT
1889	PP	1961	PP	2034	NP
1891	TT	1964	TT	2035	NP
1892	PT	1965	PN	2036	TT
1894	PP	1966	NN	2037	TP
1895	TT	1967	TT	2039	PP
1896	PP	1968	TT	2040	TT
1899	TP	1970	PP	2041	PP
1900	PN	1971	TT	2043	TT
1901	NP	1972	TP	2044	TT
1902	TT	1974	PT	2045	NN
1903	PP	1975	TT	2046	PP
1905	PP	1976	PN	2047	TT
1906	TT	1977	PN	2050	TT
1907	PP	1978	TT	2051	TT
1909	TT	1979	PT	2052	NP
1910	TT	1981	NP	2053	NN
1911	NN	1983	PN	2054	TT
1912	PP	1985	TT	2055	TP
1913	TT	1986	TT	2057	PP
1914	PP	1987	NN	2058	TT
1916	PP	1988	PP	2059	PP
1918	PN	1989	TT	2061	TT
1919	NP	1990	TP	2062	TT
1920	TT	1992	PT	2063	PN
1921	TP	1993	TT	2064	PP
1923	PP	1994	PN	2065	TT
1924	TT	1995	PN	2068	PT
1925	PP	1996	TT	2069	TT
1927	TT	1997	PT	2070	NP
1928	TT	1999	NP	2071	NN
1929	NN	2000	TT	2072	TT
1930	PP	2003	TT	2073	TT
1931	TT	2004	TT	2076	TT
1932	PP	2005	NP	2077	PP
1934	PP	2006	NP	2079	PT
1935	TT	2007	TT	2080	TT
1937	NP	2008	TP	2081	PN

2082	PN	2156	TT	2236	PP	
2083	TT	2157	PP	2238	PP	
2084	TP	2158	NP	2239	TT	
2086	PP	2160	PP	2240	PP	
2087	TT	2162	PP	2242	PT	
2088	PP	2163	TT	2245	PP	
2089	NN	2164	PP	2246	TT	
2090	TT	2166	PT	2247	PP	
2091	TT	2167	TT	2249	PP	
2093	NP	2170	TT	2250	TT	
2095	PP	2171	PP	2252	PP	
2097	PT	2173	PP	2253	TT	
2098	TT	2174	TT	2254	PP	
2099	PN	2175	PP	2256	PP	
2100	NN	2176	NP	2257	TT	
2101	TT	2177	PT	2258	PP	
2102	TT	2180	PP	2260	PT	
2104	PP	2181	TT	2261	TT	
2105	TT	2182	PP	2263	PP	
2106	PP	2184	PT	2264	TT	
2108	TP	2185	TT	2265	PP	
2109	TT	2188	TT	2267	PP	
2110	NP	2189	PP	2268	TT	
2111	NP	2191	PP	2269	PP	
2112	PT	2192	TT	2271	TT	
2115	PP	2193	PP	2272	PP	
2116	TT	2195	PT	2274	PP	
2117	PP	2196	TT	2275	TT	
2118	NN	2198	PP	2276	PP	
2119	TT	2199	TT	2278	PT	
2120	TT	2200	PP	2279	TT	
2122	PP	2202	PT	2282	TT	
2123	TT	2203	TT	2283	PP	
2124	PP	2204	PN	2285	PP	
2126	TP	2206	TT	2286	TT	
2127	TT	2207	PP	2287	PP	
2128	NP	2209	PP	2290	PP	
2129	NP	2210	TT	2292	PP	
2130	PT	2211	PP	2293	TT	
2131	TP	2213	PT	2294	PP	
2133	PP	2214	TT	2296	PP	
2134	TT	2216	PP	2297	TT	
2135	PP	2217	TT	2300	TT	
2137	TT	2218	PP	2301	PP	
2138	TT	2220	PP	2303	PP	
2141	TT	2221	TT	2304	TT	
2142	PP	2222	PN	2305	PP	
2144	TP	2225	PP	2307	PT	
2145	TT	2227	PP	2310	PP	
2146	PP	2228	TT	2311	TT	
2148	PT	2229	PP	2312	PP	
2149	TP	2231	PP	2314	PP	
2152	TT	2232	TT	2315	TT	
2153	PP	2234	PP	2318	TT	
2155	TT	2235	TT	2319	PP	

2321	PP	2402	TP	2481	TT
2322	TT	2404	PP	2482	PP
2323	PP	2405	TT	2484	NP
2325	PT	2406	PP	2486	NN
2326	TT	2408	PP	2487	NP
2328	PP	2409	TT	2488	TT
2329	TT	2410	PP	2489	TP
2330	PP	2412	TT	2491	PP
2332	PP	2413	PT	2492	TT
2333	TT	2415	PP	2493	PP
2334	PP	2416	TT	2495	TT
2336	TT	2417	PP	2496	TT
2337	TP	2419	PT	2497	NN
2339	PP	2422	PP	2498	PN
2340	TT	2423	TT	2499	TT
2341	PP	2424	PP	2500	PP
2343	PP	2426	PP	2502	NP
2344	TT	2427	TT	2503	TT
2347	TT	2428	PP	2505	NP
2348	PP	2430	TT	2506	TT
2350	PP	2431	PT	2507	TT
2351	TT	2433	PP	2509	PP
2352	PP	2434	TT	2510	TT
2355	TP	2435	PP	2511	PP
2357	PP	2437	PP	2513	PT
2358	TT	2439	PN	2514	TT
2359	PP	2440	PP	2515	PN
2361	PP	2441	TT	2516	PN
2362	TT	2442	PP	2517	TT
2365	TT	2444	PP	2518	PT
2366	TP	2445	TT	2520	NP
2368	PP	2446	PP	2521	TT
2369	TT	2448	TT	2522	TP
2370	PP	2449	TT	2524	TT
2372	PP	2451	PP	2525	TT
2375	PP	2452	TT	2527	PP
2376	TT	2453	PP	2528	TT
2377	PP	2455	PP	2529	PP
2379	PP	2456	TT	2532	TT
2380	TT	2458	NP	2533	PN
2381	PP	2459	TT	2534	PN
2383	TT	2460	PP	2535	TT
2384	TP	2462	PP	2536	PT
2386	PP	2463	TT	2538	NP
2387	TT	2464	PP	2539	TT
2388	PP	2467	TT	2540	TP
2390	PP	2469	PP	2542	TT
2391	TT	2470	TT	2543	TT
2393	PP	2471	PP	2544	NN
2394	TT	2473	PP	2545	PP
2395	PP	2474	TT	2546	TT
2397	PP	2475	PP	2547	PP
2398	TT	2477	TT	2549	PP
2399	PP	2478	TT	2551	PN
2401	TT	2480	PP	2553	TT

2554	PT	2622	TT	2694	TP
2556	NP	2623	TP	2695	TT
2557	TT	2625	PP	2697	NP
2558	TP	2626	TT	2698	PT
2560	PT	2627	PP	2701	PP
2561	TT	2628	NN	2702	TT
2562	PN	2629	TT	2703	PP
2563	PP	2630	TT	2705	PT
2564	TT	2631	PN	2706	TT
2565	TT	2632	NP	2709	TT
2567	PP	2633	TT	2710	PP
2568	TT	2636	PT	2712	TP
2571	TT	2637	TT	2713	TT
2572	TT	2638	PN	2714	NP
2573	NP	2639	PN	2715	NP
2574	NP	2640	TT	2716	PT
2575	TT	2641	TT	2717	TP
2576	TP	2643	PP	2719	PP
2578	PT	2644	TT	2720	TT
2579	TT	2645	PP	2721	PP
2580	PP	2646	NN	2723	PT
2581	NP	2647	TT	2724	TT
2582	TT	2648	TT	2725	PN
2583	TT	2649	PN	2727	TT
2584	NN	2650	NP	2728	PP
2585	PP	2651	TT	2730	PP
2586	TT	2652	TP	2731	TT
2587	TP	2654	PT	2732	NP
2589	TT	2655	TT	2733	NP
2590	TT	2656	PN	2734	PT
2591	NP	2657	PN	2735	TP
2592	NP	2658	TT	2738	TT
2593	TT	2659	TT	2739	PP
2594	TP	2662	TT	2741	PT
2597	TT	2663	PP	2742	TT
2598	PP	2665	TP	2743	PN
2599	NN	2666	TT	2746	PP
2600	TT	2667	PP	2748	PP
2601	TT	2668	NP	2749	TT
2602	NN	2669	TT	2750	PP
2603	PP	2670	TP	2752	PT
2604	TT	2673	TT	2753	TT
2605	TP	2674	PP	2756	TT
2607	PP	2676	TT	2757	PP
2608	TT	2677	TT	2759	PP
2609	NP	2679	NP	2760	TT
2610	NN	2681	PP	2761	PN
2611	TT	2683	PP	2763	PT
2612	TT	2684	TT	2766	PP
2614	NP	2685	PP	2767	TT
2616	PP	2686	NP	2768	PP
2618	TT	2687	PT	2770	PT
2619	TT	2688	TP	2771	TT
2620	PN	2691	TT	2772	PN
2621	PN	2692	PP	2774	TT

Year	Code	Year	Code	Year	Code
2775	PP	2860	PP	2945	PP
2777	PP	2861	TT	2947	PP
2778	TT	2862	PP	2948	TT
2779	PP	2864	PT	2951	TT
2781	PT	2865	TT	2952	PP
2782	TT	2868	TT	2954	PP
2784	PP	2869	PP	2955	TT
2785	TT	2871	PP	2956	PP
2786	PP	2872	TT	2958	PP
2788	PP	2873	PP	2959	TT
2789	TT	2875	PT	2961	PP
2790	PP	2878	PP	2962	TT
2793	PP	2879	TT	2963	PP
2795	PP	2880	PP	2965	PP
2796	TT	2882	PP	2966	TT
2797	PP	2883	TT	2967	PP
2799	PT	2886	TT	2969	TT
2800	TT	2887	PP	2970	TP
2803	TT	2889	PP	2972	PP
2804	PP	2890	TT	2973	TT
2806	PP	2891	PP	2974	PP
2807	TT	2893	PT	2976	PP
2808	PP	2894	TT	2977	TT
2811	PP	2896	PP	2978	PP
2813	PP	2897	TT	2980	TT
2814	TT	2898	PP	2981	PP
2815	PP	2900	PP	2983	PP
2817	PP	2901	TT	2984	TT
2818	TT	2902	PP	2985	PP
2821	TT	2904	TT	2988	TT
2822	PP	2905	TP	2990	PP
2824	PP	2907	PP	2991	TT
2825	TT	2908	TT	2992	PP
2826	PP	2909	PP	2994	PP
2828	PT	2911	PP	2995	TT
2831	PP	2912	TT	2996	PP
2832	TT	2915	TT	2998	TT
2833	PP	2916	PP	2999	PT
2835	PP	2918	PP		
2836	TT	2919	TT		
2837	PP	2920	PP		
2839	TT	2923	TP		
2840	PP	2925	PP		
2842	PP	2926	TT		
2843	TT	2927	PP		
2844	PP	2929	PP		
2846	PT	2930	TT		
2847	TT	2933	TT		
2849	PP	2934	PP		
2850	TT	2936	PP		
2851	PP	2937	TT		
2853	PP	2938	PP		
2854	TT	2940	PT		
2855	PP	2943	PP		
2858	PP	2944	TT		

3 ECLISSI IN UN ANNO

3 ECLIPSES IN ONE YEAR

P = parziale
T = totale
N = penombra

P = partial
T = total
N = penumbral

1	PNN	331	PNN	645	NNN
8	PPN	338	NNN	663	NNN
30	NPN	342	NPN	670	PPN
37	PPN	349	NNN	671	NNP
46	PPT	353	NPT	674	NNN
55	PPN	356	NNN	679	PPT
65	TTP	360	NNN	681	NNN
67	PNP	363	PNN	688	PPN
77	NNN	367	NNN	692	NNN
84	PPN	372	TTT	698	TTP
85	NNP	374	NNN	699	PNN
88	NNN	378	NNN	703	NNN
93	PPT	381	PNN	706	PPN
95	PNN	385	NNN	718	NNP
99	NNN	391	TTP	721	NNN
106	NNN	392	NNN	732	NNN
112	TTP	396	NNN	735	PPN
113	PNN	399	PNN	739	NNN
117	NNN	414	NNN	744	PPT
124	NNN	418	NNT	747	PNN
135	NNN	425	NNN	750	NNN
149	PPN	436	NNN	753	PPN
153	NPN	437	TTT	763	TTP
157	NNN	443	NNN	765	NNN
158	PPT	446	PPN	768	NNN
161	NNP	456	TTP	771	PNN
167	PPN	464	PPN	779	NNN
175	NNN	465	PNP	782	PPN
177	TTP	493	PPN	783	NNN
179	NNP	494	NPP	797	NNN
182	NNN	501	NNN	809	PPT
185	PPN	502	PTT	826	NNN
193	NNN	504	NNN	828	TTT
196	PPN	511	PPN	830	NNP
197	NNN	512	NNP	847	TPN
208	PNN	519	NNN	848	NNP
211	NNN	521	TTP	859	NNN
222	NNN	522	NNN	873	NNN
223	PPT	529	PPN	874	NPT
226	NNN	530	NNP	877	NNN
240	NNN	537	NNN	888	PNN
242	TTP	558	PPN	891	NNP
244	NNN	559	NNP	893	TTT
258	NNN	567	PPT	895	NNN
261	PPN	576	PPN	906	NNN
262	NNN	577	NNP	912	TPP
287	NNN	586	TTP	913	NNN
288	NPT	587	PNN	917	NNN
291	NNN	606	PNP	920	NNP
302	NNN	614	PPT	924	NNN
307	TTT	623	PPN	935	NNN
309	NNN	627	NNN	939	PPT
320	NNN	633	TTP	942	NNN
326	TPP	634	PNN	953	NNN
327	NNN	641	PPN	958	TTT

960	NNN	1304	NNP	1648	NPP		
967	PNN	1307	NNN	1655	NNN		
977	TTN	1325	NNN	1656	PTT		
978	NNN	1330	PPT	1662	NNN		
982	NNN	1336	NNN	1665	PNN		
985	PPN	1349	TTP	1666	NPP		
993	NNN	1351	NNP	1673	NNN		
1004	NPP	1365	NNN	1691	NNN		
1011	NNN	1368	PPN	1703	PTT		
1022	NPN	1369	NNP	1713	NPP		
1023	PTT	1383	NNN	1722	TTP		
1032	NPN	1394	NNN	1730	PPN		
1040	NNN	1395	NPT	1731	NPP		
1042	TTP	1401	NNN	1759	PNN		
1050	PPN	1412	NNN	1760	NPP		
1058	NNN	1414	TTT	1768	PTT		
1069	NNP	1416	NNP	1770	NNN		
1076	NNN	1427	PNN	1777	PPN		
1079	PNN	1430	NNP	1778	NNP		
1080	NPP	1433	TPN	1787	TTP		
1087	NNN	1434	NNN	1788	NNN		
1088	PTT	1445	NNN	1795	PPN		
1097	PNN	1459	NNN	1796	NNP		
1098	NNP	1460	PPT	1799	NNN		
1107	TTP	1463	NNN	1817	NNN		
1108	NNN	1479	TTT	1824	PPN		
1134	NNN	1481	NNN	1825	NPP		
1135	PTT	1492	NNN	1833	PPT		
1144	PPN	1498	TPN	1835	NPN		
1145	NPP	1499	NNN	1842	PPN		
1154	TTP	1503	NNN	1852	TTP		
1162	PPN	1506	PNN	1857	NNN		
1184	NNN	1510	NNN	1860	PPN		
1191	PPN	1521	NNN	1871	PPN		
1192	NPP	1525	NPT	1872	PNP		
1200	PTT	1539	NNN	1875	NNN		
1202	NNN	1544	TTT	1882	NNN		
1209	PPN	1550	NNN	1893	NNN		
1219	TTP	1563	TTP	1898	PPT		
1220	NNN	1568	NNN	1904	NNN		
1227	PPN	1579	NNN	1917	TTT		
1231	NNN	1583	NPP	1922	NNN		
1242	NNN	1586	NNN	1936	TPN		
1249	NNN	1591	PTT	1940	NNN		
1256	PPN	1597	NNN	1955	NNP		
1257	NNP	1601	NPP	1958	NPN		
1260	NNN	1604	NNN	1962	NNN		
1265	PPT	1608	NPN	1963	NPT		
1267	PNN	1610	TPP	1969	NNN		
1274	PPN	1618	PNN	1980	NNN		
1278	NNN	1619	NPP	1982	TTT		
1284	TTP	1622	NNN	1984	NNN		
1292	PPN	1626	NNN	1998	NNN		
1296	NPN	1644	NNN	2001	TPN		
1303	PPN	1647	PNN	2002	NNN		

2013	PNN	2353	NNN	2696	NNP		
2016	NNN	2354	PTT	2699	TPP		
2027	NNN	2363	PPN	2704	NNN		
2028	PPT	2364	NNP	2708	NPP		
2031	NNN	2373	TTP	2711	NNN		
2042	NPN	2374	NPN	2722	NNN		
2048	TPN	2392	PPN	2737	NPP		
2049	NNN	2403	NNN	2740	NNN		
2060	NNN	2414	NNN	2744	NNP		
2066	TPN	2420	TTP	2745	PTT		
2067	NNN	2421	NPN	2751	NNN		
2074	NNN	2432	NNN	2755	NPP		
2075	NPP	2438	TTP	2762	NNN		
2078	NNN	2450	NNN	2764	TPP		
2092	NNN	2457	PPN	2780	NNN		
2094	PTT	2461	NNN	2791	NNP		
2107	NNN	2465	NNN	2792	PTT		
2113	TPP	2466	NTT	2798	NNN		
2125	NNN	2468	NNN	2802	NPP		
2136	NNN	2476	NNP	2809	NNP		
2139	NNN	2479	NNN	2810	PTT		
2140	NPP	2483	NNN	2820	NPP		
2143	NNN	2485	TTT	2829	TPP		
2147	NPN	2501	NNN	2856	NNP		
2151	NPP	2504	TPN	2857	PTT		
2159	PTT	2508	NNN	2866	PNN		
2161	NNN	2519	NNN	2867	NPP		
2165	NNN	2523	NNN	2876	TPP		
2168	PNN	2526	NNN	2884	PNN		
2169	NPP	2530	NNN	2885	NNP		
2178	TPP	2531	PPT	2913	PNN		
2179	NNN	2537	NNN	2914	NPP		
2183	NNN	2548	NNN	2921	NNN		
2186	PNN	2550	TTT	2922	PTT		
2187	NPP	2552	PNN	2924	NNN		
2194	NNN	2555	NNN	2931	PPN		
2201	NNN	2566	NNN	2932	NPP		
2212	NNN	2569	TPN	2941	TTP		
2223	NNN	2570	NNN	2942	NNN		
2224	PTT	2595	NNN	2949	PPN		
2230	NNN	2596	NPT	2950	NPP		
2241	NNN	2613	NNN	2979	NPP		
2243	TTP	2615	TTT	2987	PTT		
2251	PPN	2617	NNN	2989	NNN		
2270	NPP	2634	TPP	2997	NPP		
2281	NPP	2660	NNN	3000	NNN		
2289	PTT	2661	NPP				
2298	PPN	2664	NNN				
2299	NPP	2672	NPP				
2308	TTP	2675	NNN				
2309	NNN	2678	NNP				
2316	PPN	2680	PTT				
2317	NPP	2682	NNN				
2345	PNN	2690	NPP				
2346	NPP	2693	NNN				

4 ECLISSI IN UN
ANNO

4 ECLIPSES IN ONE
YEAR

P = parziale
T = totale
N = penombra

P = partial
T = total
N = penumbral

5	NNNN	432	NNNN	772	NNNP	
9	NNNP	439	NNNN	801	NNNN	
12	NPNN	450	NNNN	808	NNNN	
16	NNNN	454	NNNN	819	NNNN	
19	PPNN	457	NNNN	837	NNNN	
23	NNNN	461	NNNN	855	NNNN	
34	NNNN	468	NNNN	866	NNNP	
38	NNNP	472	NNNN	884	NNNP	
41	NNNN	479	NNNN	902	NNNP	
45	NNNN	483	NPNP	931	PNNN	
52	NNNN	486	NNNN	949	PNNN	
56	NNNP	490	NNNN	971	NNNN	
59	NNNN	497	NNNN	989	NNNN	
63	NNNN	508	NNNN	996	NNNN	
70	NNNN	515	NNNN	1000	NNNN	
81	NNNN	526	NNNN	1007	NNNN	
92	NNNN	533	NNNN	1014	NNPN	
103	NNNP	540	PNNN	1018	NNNN	
110	NNNN	544	NNNN	1025	NNNN	
121	NNNP	548	NNNP	1029	NNNN	
128	NNNN	551	NNNN	1036	NNNN	
131	PPNN	555	NNNN	1043	NNNN	
139	NNNP	562	NNNN	1047	NNNN	
146	NNNN	566	NNNN	1054	NNNN	
150	NNNP	569	NPNN	1061	PNNN	
164	NNNN	573	NNNN	1065	NNNN	
168	NNNP	580	NNNN	1072	NNNN	
186	NNNP	584	NNNN	1083	NNNN	
215	NNNN	591	NNNN	1090	NNNN	
233	NNNN	598	NNNN	1094	NNNN	
251	NNNN	602	NNNN	1101	NNNN	
269	NNNN	605	PPNN	1105	NNNN	
280	NNNN	609	NNNN	1112	NNNN	
298	NNNN	613	NNNN	1116	NNNP	
316	NNNN	616	NPNN	1119	NNNN	
334	NNNN	620	NNNN	1123	NNNN	
345	PNNN	624	NPNP	1126	PPNN	
403	NNNN	631	NNNN	1130	NNNN	
410	PNNN	638	NNNN	1137	NNNN	
421	NNNN	642	NNNP	1141	NNNN	
428	PNPN	649	NNNN	1148	NNNN	
		652	PPNN	1152	NNNN	
		656	NNNN	1155	NPNN	
		667	NNNN	1159	NNNN	
		678	NNNN	1163	NPNP	
		685	NNNN	1166	NNNN	
		689	NNNP	1170	NNNN	
		696	NNNN	1173	PPNN	
		707	NNNP	1177	NNNN	
		714	NNNN	1188	NNNN	
		717	PPNN	1195	NNNN	
		736	NNNP	1199	NNNN	
		743	NNNN	1206	NNNN	
		754	NNNP	1210	NNNP	
		761	NNNN	1213	NNNN	

1217	NNNN	1712	PNPN	2197	PNNN
1224	NNNN	1716	NNNN	2205	NNPP
1228	NNNP	1720	NNNN	2208	NNNN
1235	NNNN	1723	NNNN	2215	PNNN
1238	PPNN	1727	NNNN	2219	NNNN
1253	NNNN	1734	NNNN	2226	NNNN
1264	NNNN	1738	NNNN	2233	PNNN
1271	NNNN	1741	PNNN	2237	NNNN
1275	NNNP	1745	NNNN	2244	NNNN
1282	NNNN	1752	NNNN	2248	NNNN
1289	NNNN	1756	NNNN	2255	NNNN
1293	NNNP	1763	NNNN	2259	NNNN
1300	NNNN	1767	NNNN	2266	NNNN
1318	NNNN	1774	NNNN	2273	NNNN
1322	NNNN	1781	NNNN	2277	NNNN
1329	NNNN	1785	NNNN	2280	PNNN
1340	NNNN	1792	NNNN	2284	NNNN
1347	NNNN	1803	NNNN	2288	NNPN
1358	NNNN	1806	PNNN	2291	NNNN
1376	NNNN	1810	NNNN	2295	NNNN
1387	NNNP	1814	NNNP	2302	NNNN
1405	NNNP	1821	NNNN	2306	NNNN
1423	NNNP	1828	NNNN	2313	NNNN
1441	NNNP	1832	NNNN	2320	NNNN
1452	NNNN	1839	NNNN	2324	NNNN
1470	PNNN	1843	NNNP	2327	PNNN
1488	PNNN	1846	NNNN	2331	NNNN
1517	NNNN	1850	NNNN	2335	NNNP
1528	NNNN	1861	NNNP	2338	NNNN
1535	NNNN	1864	NNNN	2342	NNNN
1546	NNNN	1868	NNNN	2349	NNNN
1553	NNPN	1886	NNNN	2356	NNNN
1557	NNNN	1890	NNNP	2360	NNNN
1564	NNNN	1897	NNNN	2367	NNNN
1571	NNPN	1908	NNNN	2371	NNNN
1575	NNNN	1915	NNNN	2378	NNNN
1582	PNNN	1926	NNNN	2382	NNNP
1593	NNNN	1933	NNNN	2385	NNNN
1600	PNNN	1944	NNNN	2389	NNNN
1611	NNNN	1951	NNNN	2396	NNNN
1615	NNNN	1973	NNNP	2407	NNNN
1629	PNNN	1991	NNNP	2411	NPNP
1633	NNNN	2009	NNNP	2418	NNNN
1637	NNNP	2020	NNNN	2425	NNNN
1640	NNNN	2038	NNNN	2429	NPNP
1651	NNNN	2056	NNNN	2436	NNNN
1658	NNNN	2085	NNNN	2443	NNNN
1669	NNNN	2096	NNNN	2447	NNNN
1680	NNNN	2103	NNNN	2454	NNNN
1684	NNPP	2114	NNNN	2472	NNNN
1687	NNNN	2121	NNNN	2490	NNNN
1698	NNNN	2150	PNNN	2494	NNNP
1702	NNNN	2154	NNNN	2512	NNNP
1705	NNNN	2172	NNNN	2541	NNNN
1709	NNNN	2190	NNNN	2559	NNNN

2577	NNNN	2870	NNNN	5 ECLISSI IN UN	
2588	NNNN	2874	NNNN	ANNO	
2606	NNNN	2877	NNNN		
2624	NNNN	2881	NNNN	5 ECLIPSES IN ONE	
2635	NNNN	2888	NNNN	YEAR	
2642	NNNN	2892	NNNN		
2671	PNNN	2895	PNNN	P = parziale	
2689	PNNN	2899	NNNN	T = totale	
2700	NNNN	2903	NNNP	N = penombra	
2707	PNNN	2906	NNNN		
2726	NNPP	2910	NNNN	P = partial	
2729	NNNN	2917	NNNN	T = total	
2736	PNNN	2928	NNNN	N = penumbral	
2747	NNNN	2935	NNNN		
2754	PNNN	2939	NNNN	27	NNNNP
2758	NNNN	2946	NNNN	74	NNNNP
2765	NNNN	2953	NNNN	204	NNNNP
2769	NNNN	2957	NNNN	475	PNPNN
2773	NNPP	2960	PNPN	595	NNNNP
2776	NNNN	2964	NNNN	660	NNNNP
2787	NNNN	2971	NNNN	725	NNNNP
2794	NNNN	2975	NNNN	790	NNNNP
2801	PNNN	2982	NNNN	1181	NNNNP
2805	NNNN	2986	NNNN	1246	NNNNP
2812	NNNN	2993	NNNN	1311	NNNNP
2816	NNNN			1676	PNNNN
2819	PNPN			1694	PNPNN
2823	NNNN			1749	NNPNP
2827	NNPN			1879	NNNNP
2830	NNNN			2132	PNNNN
2834	NNNN			2262	PNNNN
2838	NNPP			2400	NNNNP
2841	NNNN			2653	PNNNN
2845	NNNN			2718	PNNNN
2852	NNNN			2783	PNNNN
2859	NNNN			2848	PNNNN
2863	NNNN			2968	NNNNP

ECLISSI LUNARI IN UN ANNO ORDINATE PER GRUPPI
LUNAR ECLIPSES IN ONE YEAR : GROUPS
0-3000

2 ECLISSI TOTALI IN UN ANNO - 2 TOTAL ECLIPSES IN ONE YEAR

```
3    7    14   18   21   25   32   36   39   43   50   54   57   61   68   72   79   83   86   90   97   101
104  108  115  119  126  130  133  137  144  148  155  162  163  166  173  180
181  184  191  195  198  199  202  209  213  217  220  227  228  231  235  238
239  245  246  249  253  256  257  260  264  267  268  271  275  278  282  285
286  289  293  296  300  304  311  314  318  322  325  329  332  333  336  340
343  347  350  351  354  358  361  362  365  369  376  380  383  387  390  394
398  401  405  408  409  412  416  419  423  427  430  434  441  445  448  452
455  459  463  466  470  474  477  481  484  488  492  495  499  506  510  513
517  524  528  531  535  539  542  546  549  553  557  560  564  571  575  578
582  589  593  596  600  604  607  611  618  622  625  629  636  640  643  647
651  654  658  661  665  669  672  676  683  687  690  694  701  705  712  716
719  723  730  734  737  741  748  752  759  766  767  770  777  781  784  785
788  792  795  796  799  802  803  806  810  813  814  817  821  824  825  832
835  839  842  843  846  850  853  857  860  861  864  868  871  875  878  879
882  886  889  890  897  900  901  904  908  911  915  918  919  922  926  929
933  936  937  940  944  947  948  951  955  962  965  966  969  973  976  980
984  987  991  994  995  998  1002 1005 1009 1013 1016 1020 1027 1031
1034 1038 1045 1049 1052 1056 1060 1063 1067 1070 1074 1078 1081
1085 1092 1096 1099 1103 1110 1114 1117 1121 1125 1128 1132 1139
1143 1146 1150 1157 1161 1164 1168 1172 1175 1179 1182 1186 1190
1193 1197 1204 1208 1211 1215 1222 1226 1229 1233 1237 1240 1244
1251 1255 1258 1262 1269 1273 1276 1280 1287 1291 1298 1302 1305
1306 1309 1316 1320 1323 1324 1327 1334 1338 1341 1342 1345 1352
1353 1356 1360 1363 1367 1370 1371 1374 1378 1381 1382 1385 1389
1392 1396 1399 1400 1403 1407 1410 1411 1417 1418 1421 1425 1428
1429 1432 1436 1439 1443 1447 1450 1454 1457 1458 1461 1465 1468
1472 1475 1476 1483 1486 1490 1493 1494 1497 1501 1504 1505 1508
1512 1515 1516 1519 1522 1523 1526 1530 1533 1534 1537 1541 1548
1552 1555 1559 1562 1566 1570 1573 1577 1580 1581 1584 1588 1595
1599 1602 1606 1613 1617 1620 1624 1628 1631 1635 1638 1642 1646
1649 1653 1660 1664 1667 1671 1675 1678 1682 1685 1689 1693 1696
1700 1707 1711 1714 1718 1725 1729 1732 1736 1740 1743 1747 1750
1754 1758 1761 1765 1772 1776 1779 1783 1790 1794 1797 1801 1805
1808 1812 1815 1819 1823 1826 1830 1837 1841 1844 1848 1855 1859
1862 1866 1870 1873 1877 1880 1884 1888 1891 1895 1902 1906 1909
1910 1913 1920 1924 1927 1928 1931 1935 1938 1942 1946 1949 1950
1953 1957 1960 1964 1967 1968 1971 1975 1978 1985 1986 1989 1993
1996 2000 2003 2004 2007 2011 2014 2015 2018 2022 2025 2029 2032
2033 2036 2040 2043 2044 2047 2050 2051 2054 2058 2061 2062 2065
2069 2072 2073 2076 2080 2083 2087 2090 2091 2098 2101 2102 2105
2109 2116 2119 2120 2123 2127 2134 2137 2138 2141 2145 2152 2155
2156 2163 2167 2170 2174 2181 2185 2188 2192 2196 2199 2203 2206
2210 2214 2217 2221 2228 2232 2235 2239 2246 2250 2253 2257 2261
2264 2268 2271 2275 2279 2282 2286 2293 2297 2300 2304 2311 2315
2318 2322 2326 2329 2333 2336 2340 2344 2347 2351 2358 2362 2365
2369 2376 2380 2383 2387 2391 2394 2398 2401 2405 2409 2412 2416
2423 2427 2430 2434 2441 2445 2448 2449 2452 2456 2459 2463 2467
2470 2474 2477 2478 2481 2488 2492 2495 2496 2499 2503 2506 2507
2510 2514 2517 2521 2524 2525 2528 2532 2535 2539 2542 2543 2546
2553 2557 2561 2564 2565 2568 2571 2572 2575 2579 2582 2583 2586
2589 2590 2593 2597 2600 2601 2604 2608 2611 2612 2618 2619 2622
2626 2629 2630 2633 2637 2640 2641 2644 2647 2648 2651 2655 2658
```

```
2659 2662 2666 2669 2673 2676 2677 2684 2691 2695 2702 2706 2709
2713 2720 2724 2727 2731 2738 2742 2749 2753 2756 2760 2767 2771
2774 2778 2782 2785 2789 2796 2800 2803 2807 2814 2818 2821 2825
2832 2836 2839 2843 2847 2850 2854 2861 2865 2868 2872 2879 2883
2886 2890 2894 2897 2901 2904 2908 2912 2915 2919 2926 2930 2933
2937 2944 2948 2951 2955 2959 2962 2966 2969 2973 2977 2980 2984
2988 2991 2995 2998
```

2 ECLISSI PARZIALI IN UN ANNO - 2 PARTIAL ECLIPSES IN ONE YEAR

```
   2    4    6   13   15   17   24   26   31   33   35   42   44   49   51   53   60   62   64   69   71   73
  78   80   82   89   91   98  100  102  107  109  111  118  120  125  127  129  136
 138  143  147  156  165  176  183  194  201  203  212  214  230  241  254  259
 272  279  283  290  301  308  319  337  348  355  357  359  366  373  375  377
 384  386  393  395  402  404  406  411  413  415  420  422  424  429  431  433
 435  440  442  447  449  451  453  458  460  462  467  469  471  476  478  480
 482  485  487  489  491  496  498  500  505  507  509  514  516  518  523  525
 527  534  536  538  541  543  545  547  552  554  556  563  565  570  572  574
 581  583  585  588  590  592  594  599  601  603  608  610  612  617  619  621
 626  628  630  632  635  637  639  646  648  650  655  657  659  664  666  668
 675  677  684  686  693  695  697  704  713  715  722  724  733  740  742  751
 758  760  762  769  776  780  787  789  798  800  818  827  840  845  858  863
 876  880  881  894  898  914  916  932  934  943  950  952  961  963  968  970
 972  979  981  986  988  990  992  997  999 1003 1006 1008 1010 1015
1017 1019 1021 1024 1026 1028 1033 1035 1037 1039 1044 1046 1048
1051 1053 1055 1057 1062 1064 1066 1068 1071 1073 1075 1082 1084
1086 1091 1093 1095 1100 1102 1104 1106 1109 1111 1113 1115 1120
1122 1124 1127 1129 1131 1133 1138 1140 1142 1147 1149 1151 1153
1156 1158 1160 1167 1169 1171 1174 1176 1178 1180 1185 1187 1189
1194 1196 1198 1203 1205 1207 1212 1214 1216 1218 1223 1225 1232
1234 1236 1243 1245 1250 1252 1254 1261 1263 1268 1270 1272 1279
1281 1283 1286 1290 1297 1299 1301 1308 1310 1315 1319 1321 1326
1328 1333 1337 1339 1346 1348 1355 1357 1366 1375 1384 1386 1402
1404 1420 1422 1473 1478 1491 1500 1509 1513 1518 1520 1527 1531
1536 1538 1540 1545 1547 1549 1554 1556 1558 1560 1565 1567 1572
1574 1576 1578 1585 1592 1594 1596 1603 1605 1612 1614 1621 1623
1625 1630 1632 1634 1636 1639 1641 1643 1650 1652 1654 1659 1661
1663 1668 1670 1672 1677 1679 1681 1683 1686 1688 1690 1692 1695
1697 1699 1701 1706 1708 1710 1715 1717 1719 1724 1726 1728 1733
1735 1737 1742 1744 1746 1748 1751 1753 1755 1757 1762 1764 1766
1771 1773 1775 1780 1782 1784 1789 1791 1793 1800 1802 1804 1807
1809 1811 1813 1818 1820 1822 1827 1829 1831 1836 1838 1840 1847
1849 1851 1854 1858 1865 1867 1869 1876 1878 1883 1885 1887 1889
1894 1896 1903 1905 1907 1912 1914 1916 1923 1925 1930 1932 1934
1941 1943 1952 1961 1970 1988 2039 2041 2046 2057 2059 2064 2077
2086 2088 2095 2104 2106 2115 2117 2122 2124 2133 2135 2142 2146
2153 2157 2160 2162 2164 2171 2173 2175 2180 2182 2189 2191 2193
2198 2200 2207 2209 2211 2216 2218 2220 2225 2227 2229 2231 2234
2236 2238 2240 2245 2247 2249 2252 2254 2256 2258 2263 2265 2267
2269 2272 2274 2276 2283 2285 2287 2290 2292 2294 2296 2301 2303
2305 2310 2312 2314 2319 2321 2323 2328 2330 2332 2334 2339 2341
2343 2348 2350 2352 2357 2359 2361 2368 2370 2372 2375 2377 2379
2381 2386 2388 2390 2393 2395 2397 2399 2404 2406 2408 2410 2415
2417 2422 2424 2426 2428 2433 2435 2437 2440 2442 2444 2446 2451
```

2453 2455 2460 2462 2464 2469 2471 2473 2475 2480 2482 2491 2493
2500 2509 2511 2527 2529 2545 2547 2549 2563 2567 2580 2585 2598
2603 2607 2616 2625 2627 2643 2645 2663 2667 2674 2681 2683 2685
2692 2701 2703 2710 2719 2721 2728 2730 2739 2746 2748 2750 2757
2759 2766 2768 2775 2777 2779 2784 2786 2788 2790 2793 2795 2797
2804 2806 2808 2811 2813 2815 2817 2822 2824 2826 2831 2833 2835
2837 2840 2842 2844 2849 2851 2853 2855 2858 2860 2862 2869 2871
2873 2878 2880 2882 2887 2889 2891 2896 2898 2900 2902 2907 2909
2911 2916 2918 2920 2925 2927 2929 2934 2936 2938 2943 2945 2947
2952 2954 2956 2958 2961 2963 2965 2967 2972 2974 2976 2978 2981
2983 2985 2990 2992 2994 2996

2 ECLISSI PENOMBRALI IN UN ANNO - 2 PENUMBRAL ECLIPSES IN ONE YEAR

200 218 229 247 273 284 389 407 786 815 823 833 841 844 862 946
957 964 975 1343 1354 1361 1372 1474 1477 1495 1514 1532 1561
1911 1929 1966 1987 2045 2053 2071 2089 2100 2118 2486 2497 2544
2584 2599 2602 2610 2628 2646

3 ECLISSI TOTALI IN UN ANNO - 3 TOTAL ECLIPSES IN ONE YEAR

307 372 437 828 893 958 1414 1479 1544 1917 1982 2485 2550 2615

3 ECLISSI PARZIALI IN UN ANNO - 3 PARTIAL ECLIPSES IN ONE YEAR

Nessuna - None

3 ECLISSI PENOMBRALI IN UN ANNO - 3 PENUMBRAL ECLIPSES IN ONE YEAR

77 88 99 106 117 124 135 157 175 182 193 197 211 222 226 240 244
258 262 287 291 302 309 320 327 338 349 356 360 367 374 378 385
392 396 414 425 436 443 501 504 519 522 537 627 645 663 674 681
692 703 721 732 739 750 765 768 779 783 797 826 859 873 877 895
906 913 917 924 935 942 953 960 978 982 993 1011 1040 1058 1076
1087 1108 1134 1184 1202 1220 1231 1242 1249 1260 1278 1307 1325
1336 1365 1383 1394 1401 1412 1434 1445 1459 1463 1481 1492 1499
1503 1510 1521 1539 1550 1568 1579 1586 1597 1604 1622 1626 1644
1655 1662 1673 1691 1770 1788 1799 1817 1857 1875 1882 1893 1904
1922 1940 1962 1969 1980 1984 1998 2002 2016 2027 2031 2049 2060
2067 2074 2078 2092 2107 2125 2136 2139 2143 2161 2165 2179 2183
2194 2201 2212 2223 2230 2241 2309 2353 2403 2414 2432 2450 2461
2465 2468 2479 2483 2501 2508 2519 2523 2526 2530 2537 2548 2555
2566 2570 2595 2613 2617 2660 2664 2675 2682 2693 2704 2711 2722
2740 2751 2762 2780 2798 2921 2924 2942 2989 3000

4 ECLISSI PENOMBRALI IN UN ANNO - 4 PENUMBRAL ECLIPSES IN ONE YEAR

5 16 23 34 41 45 52 59 63 70 81 92 110 128 146 164 215 233 251
269 280 298 316 334 403 421 432 439 450 454 457 461 468 472 479
486 490 497 508 515 526 533 544 551 555 562 566 573 580 584 591
598 602 609 613 620 631 638 649 656 667 678 685 696 714 743 761
801 808 819 837 855 971 989 996 1000 1007 1018 1025 1029 1036

```
1043 1047 1054 1065 1072 1083 1090 1094 1101 1105 1112 1119 1123
1130 1137 1141 1148 1152 1159 1166 1170 1177 1188 1195 1199 1206
1213 1217 1224 1235 1253 1264 1271 1282 1289 1300 1318 1322 1329
1340 1347 1358 1376 1452 1517 1528 1535 1546 1557 1564 1575 1593
1611 1615 1633 1640 1651 1658 1669 1680 1687 1698 1702 1705 1709
1716 1720 1723 1727 1734 1738 1745 1752 1756 1763 1767 1774 1781
1785 1792 1803 1810 1821 1828 1832 1839 1846 1850 1864 1868 1886
1897 1908 1915 1926 1933 1944 1951 2020 2038 2056 2085 2096 2103
2114 2121 2154 2172 2190 2208 2219 2226 2237 2244 2248 2255 2259
2266 2273 2277 2284 2291 2295 2302 2306 2313 2320 2324 2331 2338
2342 2349 2356 2360 2367 2371 2378 2385 2389 2396 2407 2418 2425
2436 2443 2447 2454 2472 2490 2541 2559 2577 2588 2606 2624 2635
2642 2700 2729 2747 2758 2765 2769 2776 2787 2794 2805 2812 2816
2823 2830 2834 2841 2845 2852 2859 2863 2870 2874 2877 2881 2888
2892 2899 2906 2910 2917 2928 2935 2939 2946 2953 2957 2964 2971
2975 2982 2986 2993
```

NUMERO DELLE ECLISSI LUNARI
NUMBER OF LUNAR ECLIPSES
0-3000

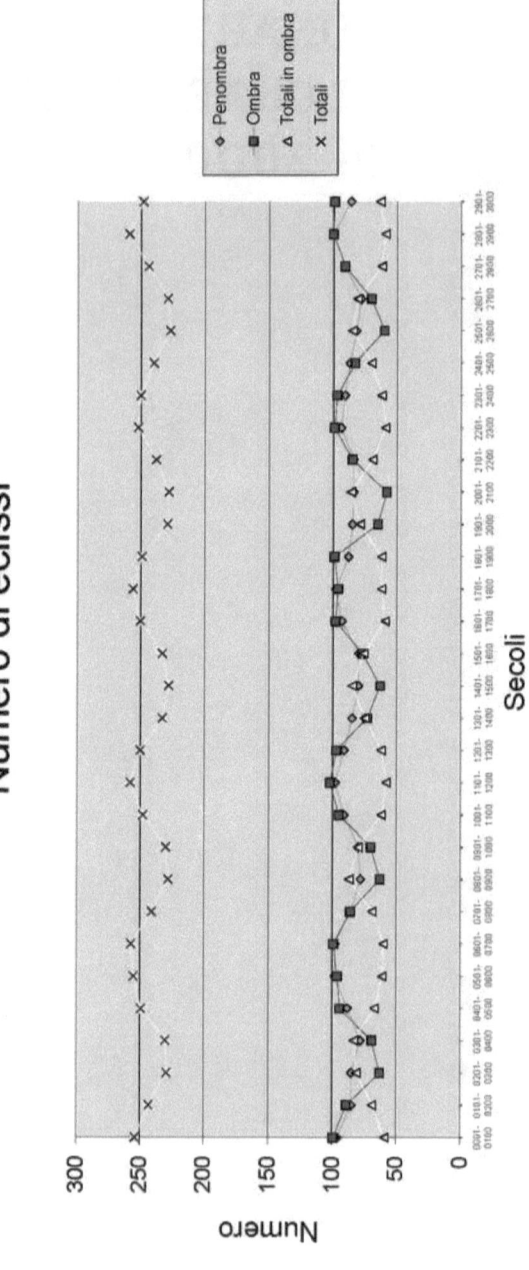

PERIODI SENZA ECLISSI LUNARI IN OMBRA
YEARS WITHOUT UMBRAL LUNAR ECLIPSES
0-3000

```
  27   74  204  475  595  660  725  790 1181 1246 1311 1676 1694 1749 1879
2132 2262 2400 2653 2718 2783 2848 2968

   5    9   12   16   19   23   34   38   41   45   52   56   59   63   70   81   92  103  110  121  128
 131  139  146  150  164  168  186  215  233  251  269  280  298  316  334  345
 403  410  421  428  432  439  450  454  457  461  468  472  479  483  486  490
 497  508  515  526  533  540  544  548  551  555  562  566  569  573  580  584
 591  598  602  605  609  613  616  620  624  631  638  642  649  652  656  667
 678  685  689  696  707  714  717  736  743  754  761  772  801  808  819  837
 855  866  884  902  931  949  971  989  996 1000 1007 1014 1018 1025
1029 1036 1043 1047 1054 1061 1065 1072 1083 1090 1094 1101 1105
1112 1116 1119 1123 1126 1130 1137 1141 1148 1152 1155 1159 1163
1166 1170 1173 1177 1188 1195 1199 1206 1210 1213 1217 1224 1228
1235 1238 1253 1264 1271 1275 1282 1289 1293 1300 1318 1322 1329
1340 1347 1358 1376 1387 1405 1423 1441 1452 1470 1488 1517 1528
1535 1546 1553 1557 1564 1571 1575 1582 1593 1600 1611 1615 1629
1633 1637 1640 1651 1658 1669 1680 1684 1687 1698 1702 1705 1709
1712 1716 1720 1723 1727 1734 1738 1741 1745 1752 1756 1763 1767
1774 1781 1785 1792 1803 1806 1810 1814 1821 1828 1832 1839 1843
1846 1850 1861 1864 1868 1886 1890 1897 1908 1915 1926 1933 1944
1951 1973 1991 2009 2020 2038 2056 2085 2096 2103 2114 2121 2150
2154 2172 2190 2197 2205 2208 2215 2219 2226 2233 2237 2244 2248
2255 2259 2266 2273 2277 2280 2284 2288 2291 2295 2302 2306 2313
2320 2324 2327 2331 2335 2338 2342 2349 2356 2360 2367 2371 2378
2382 2385 2389 2396 2407 2411 2418 2425 2429 2436 2443 2447 2454
2472 2490 2494 2512 2541 2559 2577 2588 2606 2624 2635 2642 2671
2689 2700 2707 2726 2729 2736 2747 2754 2758 2765 2769 2773 2776
2787 2794 2801 2805 2812 2816 2819 2823 2827 2830 2834 2838 2841
2845 2852 2859 2863 2870 2874 2877 2881 2888 2892 2895 2899 2903
2906 2910 2917 2928 2935 2939 2946 2953 2957 2960 2964 2971 2975
2982 2986 2993

   1    8   30   37   55   67   77   84   85   88   95   99  106  113  117  124  135  149  153
 157  161  167  175  179  182  185  193  196  197  208  211  222  226  240  244
 258  261  262  287  291  302  309  320  327  331  338  342  349  356  360  363
 367  374  378  381  385  392  396  399  414  425  436  443  446  464  465  493
 494  501  504  511  512  519  522  529  530  537  558  559  576  577  587  606
 623  627  634  641  645  663  670  671  674  681  688  692  699  703  706  718
 721  732  735  739  747  750  753  765  768  771  779  782  783  797  826  830
 848  859  873  877  888  891  895  906  913  917  920  924  935  942  953  960
 967  978  982  985  993 1004 1011 1022 1032 1040 1050 1058 1069 1076
1079 1080 1087 1097 1098 1108 1134 1144 1145 1162 1184 1191 1192
1202 1209 1220 1227 1231 1242 1249 1256 1257 1260 1267 1274 1278
1292 1296 1303 1304 1307 1325 1336 1351 1365 1368 1369 1383 1394
1401 1412 1416 1427 1430 1434 1445 1459 1463 1481 1492 1499 1503
1506 1510 1521 1539 1550 1568 1579 1583 1586 1597 1601 1604 1608
1618 1619 1622 1626 1644 1647 1648 1655 1662 1665 1666 1673 1691
1713 1730 1731 1759 1760 1770 1777 1778 1788 1795 1796 1799 1817
1824 1825 1835 1842 1857 1860 1871 1872 1875 1882 1893 1904 1922
1940 1955 1958 1962 1969 1980 1984 1998 2002 2013 2016 2027 2031
2042 2049 2060 2067 2074 2075 2078 2092 2107 2125 2136 2139 2140
2143 2147 2151 2161 2165 2168 2169 2179 2183 2186 2187 2194 2201
2212 2223 2230 2241 2251 2270 2281 2298 2299 2309 2316 2317 2345
2346 2353 2363 2364 2374 2392 2403 2414 2421 2432 2450 2457 2461
2465 2468 2476 2479 2483 2501 2508 2519 2523 2526 2530 2537 2548
```

```
2552 2555 2566 2570 2595 2613 2617 2660 2661 2664 2672 2675 2678
2682 2690 2693 2696 2704 2708 2711 2722 2737 2740 2744 2751 2755
2762 2780 2791 2798 2802 2809 2820 2856 2866 2867 2884 2885 2913
2914 2921 2924 2931 2932 2942 2949 2950 2979 2989 2997 3000

2    4    6   13   15   17   20   24   26   31   33   35   42   44   48   49   51   53   60   62   64   66
69   71   73   78   80   82   89   91   96   98  100  102  107  109  111  114  118  120
125  127  129  132  136  138  142  143  147  154  156  160  165  171  172  176
178  183  189  190  194  200  201  203  207  212  214  218  219  225  229  230
236  237  241  243  247  248  254  255  259  265  266  272  273  276  277  279
283  284  290  294  295  301  305  306  308  312  313  319  323  324  330  337
341  348  352  355  357  359  366  370  371  373  375  377  384  386  388  389
393  395  402  404  406  407  411  413  415  417  420  422  424  429  431  433
435  440  442  447  449  451  453  458  460  462  467  469  471  476  478  480
482  485  487  489  491  496  498  500  505  507  509  514  516  518  523  525
527  534  536  538  541  543  545  547  552  554  556  563  565  570  572  574
581  583  585  588  590  592  594  599  601  603  608  610  612  617  619  621
626  628  630  632  635  637  639  646  648  650  653  655  657  659  664  666
668  675  677  682  684  686  693  695  697  700  704  710  711  713  715  722
724  728  729  733  740  742  746  751  757  758  760  762  764  769  775  776
780  786  787  789  793  794  798  800  804  805  811  812  815  816  818  822
823  827  829  833  834  840  841  844  845  851  852  858  862  863  869  870
876  880  881  887  892  894  898  899  905  909  910  914  916  923  927  928
932  934  938  941  943  945  946  950  952  956  957  959  961  963  964  968
970  972  974  975  979  981  986  988  990  992  997  999 1003 1006 1008
1010 1015 1017 1019 1021 1024 1026 1028 1033 1035 1037 1039 1044
1046 1048 1051 1053 1055 1057 1062 1064 1066 1068 1071 1073 1075
1082 1084 1086 1091 1093 1095 1100 1102 1104 1106 1109 1111 1113
1115 1120 1122 1124 1127 1129 1131 1133 1138 1140 1142 1147 1149
1151 1153 1156 1158 1160 1167 1169 1171 1174 1176 1178 1180 1185
1187 1189 1194 1196 1198 1203 1205 1207 1212 1214 1216 1218 1221
1223 1225 1232 1234 1236 1239 1243 1245 1250 1252 1254 1261 1263
1268 1270 1272 1279 1281 1283 1285 1286 1290 1297 1299 1301 1308
1310 1314 1315 1319 1321 1326 1328 1332 1333 1337 1339 1343 1344
1346 1348 1350 1354 1355 1357 1361 1362 1366 1372 1373 1375 1379
1380 1384 1386 1390 1391 1397 1398 1402 1404 1408 1409 1413 1415
1419 1420 1422 1426 1431 1437 1438 1444 1448 1449 1455 1456 1462
1466 1467 1473 1474 1477 1478 1480 1484 1485 1491 1495 1496 1500
1502 1509 1513 1514 1518 1520 1524 1527 1531 1532 1536 1538 1540
1542 1543 1545 1547 1549 1554 1556 1558 1560 1561 1565 1567 1572
1574 1576 1578 1585 1589 1590 1592 1594 1596 1603 1605 1607 1612
1614 1621 1623 1625 1630 1632 1634 1636 1639 1641 1643 1650 1652
1654 1659 1661 1663 1668 1670 1672 1677 1679 1681 1683 1686 1688
1690 1692 1695 1697 1699 1701 1706 1708 1710 1715 1717 1719 1724
1726 1728 1733 1735 1737 1742 1744 1746 1748 1751 1753 1755 1757
1762 1764 1766 1771 1773 1775 1780 1782 1784 1789 1791 1793 1800
1802 1804 1807 1809 1811 1813 1818 1820 1822 1827 1829 1831 1836
1838 1840 1847 1849 1851 1853 1854 1858 1865 1867 1869 1876 1878
1883 1885 1887 1889 1894 1896 1900 1901 1903 1905 1907 1911 1912
1914 1916 1918 1919 1923 1925 1929 1930 1932 1934 1937 1941 1943
1947 1948 1952 1959 1961 1965 1966 1970 1976 1977 1981 1983 1987
1988 1994 1995 1999 2005 2006 2012 2017 2023 2024 2030 2034 2035
2039 2041 2045 2046 2052 2053 2057 2059 2063 2064 2070 2071 2077
2081 2082 2086 2088 2089 2093 2095 2099 2100 2104 2106 2110 2111
2115 2117 2118 2122 2124 2128 2129 2133 2135 2142 2146 2153 2157
```

```
2158 2160 2162 2164 2171 2173 2175 2176 2180 2182 2189 2191 2193
2198 2200 2204 2207 2209 2211 2216 2218 2220 2222 2225 2227 2229
2231 2234 2236 2238 2240 2245 2247 2249 2252 2254 2256 2258 2263
2265 2267 2269 2272 2274 2276 2283 2285 2287 2290 2292 2294 2296
2301 2303 2305 2310 2312 2314 2319 2321 2323 2328 2330 2332 2334
2339 2341 2343 2348 2350 2352 2357 2359 2361 2368 2370 2372 2375
2377 2379 2381 2386 2388 2390 2393 2395 2397 2399 2404 2406 2408
2410 2415 2417 2422 2424 2426 2428 2433 2435 2437 2439 2440 2442
2444 2446 2451 2453 2455 2458 2460 2462 2464 2469 2471 2473 2475
2480 2482 2484 2486 2487 2491 2493 2497 2498 2500 2502 2505 2509
2511 2515 2516 2520 2527 2529 2533 2534 2538 2544 2545 2547 2549
2551 2556 2562 2563 2567 2573 2574 2580 2581 2584 2585 2591 2592
2598 2599 2602 2603 2607 2609 2610 2614 2616 2620 2621 2625 2627
2628 2631 2632 2638 2639 2643 2645 2646 2649 2650 2656 2657 2663
2667 2668 2674 2679 2681 2683 2685 2686 2692 2697 2701 2703 2710
2714 2715 2719 2721 2725 2728 2730 2732 2733 2739 2743 2746 2748
2750 2757 2759 2761 2766 2768 2772 2775 2777 2779 2784 2786 2788
2790 2793 2795 2797 2804 2806 2808 2811 2813 2815 2817 2822 2824
2826 2831 2833 2835 2837 2840 2842 2844 2849 2851 2853 2855 2858
2860 2862 2869 2871 2873 2878 2880 2882 2887 2889 2891 2896 2898
2900 2902 2907 2909 2911 2916 2918 2920 2925 2927 2929 2934 2936
2938 2943 2945 2947 2952 2954 2956 2958 2961 2963 2965 2967 2972
2974 2976 2978 2981 2983 2985 2990 2992 2994 2996
```

ECLISSI TOTALI CONSECUTIVE DI SOLE E LUNA
CONSECUTIVE SOLAR AND LUNAR TOTAL ECLIPSES
2000-2100

Generalmente un'eclissi solare, totale o anulare, è seguita o preceduta da un'eclissi lunare (una parziale o una/due penombrali). Molto raramente un'eclissi totale o anulare solare è seguita da un'eclissi lunare anche essa totale.

Usually a solar eclipse, total or annular, is preceded or followed by a lunar eclipse (a partial or one/two penumbral). In very rare case a total o annular solar eclipse is accompanied by a lunar total eclipse.

```
Data-Date   Ora-Time (TDT)

16/05/2003  03:40   T lunare
31/05/2003  04:09   A

09/11/2003  01:19   T lunare
23/11/2003  22:50   T

07/02/2008  03:56   A
21/02/2008  03:26   T lunare

15/04/2014  07:46   T lunare
29/04/2014  06:04   A

20/03/2015  09:46   T
04/04/2015  12:00   T lunare

26/05/2021  11:19   T lunare
10/06/2021  10:43   A

17/02/2026  12:13   A
03/03/2026  11:33   T lunare

25/04/2032  15:13   T lunare
09/05/2032  13:26   A

30/03/2033  18:02   T
14/04/2033  19:12   T lunare

25/03/2043  14:30   T lunare
09/04/2043  18:57   T

19/09/2043  01:50   T lunare
03/10/2043  03:01   A

28/02/2044  20:24   A
13/03/2044  19:37   T lunare

23/08/2044  01:17   T
07/09/2044  11:19   T lunare

06/05/2050  22:30   T lunare
20/05/2050  20:42   H

04/04/2061  21:52   T lunare
20/04/2061  02:56   T

29/09/2061  09:36   T lunare
13/10/2061  10:32   A

03/08/2073  17:15   T
17/08/2073  17:40   T lunare

10/10/2079  17:28   T lunare
24/10/2079  18:11   A
```

```
Data-Date    Ora-Time (TDT)

08/09/2090   22:49    T lunare
23/09/2090   16:56    T

15/08/2091   00:34    T
29/08/2091   00:35    T lunare

21/10/2097   01:27    T lunare
04/11/2097   02:01    A


T=totale - total
A=anulare - annular
H=ibrida - hybrid
```

DUO LUNARI
LUNAR DUOS
0-3000

Un duo è un paio di eclissi separate da una sola lunazione (mese sinodico). Sono riportati tutti i duo dall'anno 0 al 3000.
In taluni rari casi il duo avviene nello stesso mese.

A duo is a pair of eclipses separated by one lunation (synodic month). Are listed all duos from year 0 to 3000.
In some rare years the duo is in the same month.

ANNO = Year
MS = month
GG = day
ORA = time
T = type

N=penombra - penumbral
P=parziale - partial

ANNO MS GG	ORA	T	ANNO MS GG	ORA	T
0001/11/19	16:35	N	0001/12/19	05:26	N
0005/03/14	16:11	N	0005/04/13	03:17	N
0005/09/06	19:03	N	0005/10/06	06:08	N
0008/12/30	22:00	N	0009/01/29	08:59	N
0009/06/26	04:20	N	0009/07/25	19:24	N
0012/04/24	19:44	N	0012/05/24	02:38	P
0012/10/18	17:06	N	0012/11/17	12:17	N
0016/02/11	15:24	N	0016/03/12	08:15	N
0016/08/07	02:18	N	0016/09/05	11:36	N
0019/12/30	14:10	N	0019/12/01	01:12	N
0023/03/25	23:37	N	0023/04/24	10:36	N
0023/09/18	03:14	N	0023/10/17	14:33	N
0027/01/11	06:46	N	0027/02/09	17:20	N
0027/07/07	10:49	N	0027/08/06	02:13	N
0030/05/06	03:18	N	0030/06/04	10:03	P
0034/02/21	22:53	N	0034/03/23	15:12	N
0034/08/18	09:59	N	0034/09/16	19:48	N
0037/12/11	09:50	N	0038/01/09	22:50	N
0038/06/05	18:50	N	0038/07/05	04:19	N
0041/04/05	06:54	N	0041/05/04	17:50	N
0041/09/28	11:35	N	0041/10/27	23:04	N
0045/01/21	15:26	N	0045/02/20	01:33	N
0045/07/17	17:21	N	0045/08/16	09:08	N
0052/03/04	06:17	N	0052/04/02	22:04	N
0052/08/28	17:46	N	0052/09/27	04:06	N
0055/12/22	18:24	N	0056/01/21	07:23	N
0056/06/16	02:03	N	0056/07/15	11:28	N
0059/04/16	14:02	N	0059/05/16	00:58	N
0059/10/09	20:03	N	0059/11/08	07:41	N
0063/02/02	00:00	N	0063/03/03	09:39	N
0063/07/29	00:00	N	0063/08/27	16:12	N
0067/05/17	11:03	P	0067/06/15	18:12	N
0070/03/15	13:32	N	0070/04/14	04:47	N
0070/09/09	01:41	N	0070/10/08	12:33	N
0074/01/02	02:55	N	0074/01/31	15:49	N
0074/06/27	09:19	N	0074/07/26	18:44	N
0077/10/20	04:40	N	0077/11/18	16:22	N
0081/02/12	08:27	N	0081/03/13	17:37	N
0081/08/08	06:47	N	0081/09/06	23:25	N
0085/05/27	18:23	N	0085/06/26	01:39	N
0088/09/19	09:41	N	0088/10/18	21:05	N
0092/01/13	11:20	N	0092/02/12	00:06	N
0092/07/07	16:41	N	0092/08/06	02:09	N
0095/10/31	13:23	N	0095/11/30	01:08	N
0099/02/23	16:47	N	0099/03/25	01:30	N
0103/06/08	01:42	N	0103/07/07	09:09	N
0106/09/30	17:51	N	0106/10/30	05:44	N
0110/01/23	19:38	N	0110/02/22	08:15	N
0110/07/19	00:08	N	0110/08/17	09:43	N
0113/11/10	22:11	N	0113/12/10	09:54	N
0117/03/06	00:59	N	0117/04/04	09:15	N
0121/06/18	08:59	N	0121/07/17	16:42	N
0124/10/11	02:06	N	0124/11/09	14:26	N

ANNO MS GG	ORA	T	ANNO MS GG	ORA	T
0128/02/04	03:47	N	0128/03/04	16:14	N
0128/07/29	07:41	N	0128/08/27	17:26	N
0131/11/22	07:04	N	0131/12/21	18:40	N
0135/03/17	09:04	N	0135/04/15	16:56	N
0139/06/29	16:17	N	0139/07/29	00:20	N
0146/02/14	11:47	N	0146/03/16	00:03	N
0146/08/09	15:23	N	0146/09/08	01:19	N
0149/12/02	15:57	N	0150/01/01	03:23	N
0150/05/29	02:07	N	0150/06/27	16:47	N
0153/03/27	17:00	N	0153/04/26	00:30	P
0157/07/09	23:37	N	0157/08/08	08:03	N
0161/04/27	09:29	N	0161/05/26	19:11	N
0164/02/25	19:37	N	0164/03/26	07:42	N
0164/08/19	23:13	N	0164/09/18	09:22	N
0167/12/14	00:53	N	0168/01/12	12:05	N
0168/06/08	08:29	N	0168/07/07	23:19	N
0175/07/21	07:00	N	0175/08/19	15:53	N
0179/05/08	16:47	N	0179/06/07	02:09	N
0182/03/08	03:18	N	0182/04/06	15:13	N
0185/12/24	09:45	N	0186/01/22	20:39	N
0186/06/19	14:53	N	0186/07/19	05:57	N
0193/07/31	14:27	N	0193/08/29	23:50	N
0197/05/19	00:02	N	0197/06/17	09:10	N
0204/01/04	18:36	N	0204/02/03	05:09	N
0204/06/29	21:18	N	0204/07/29	12:38	N
0208/04/18	08:46	P	0208/05/17	16:14	N
0211/08/11	21:58	N	0211/09/10	07:52	N
0215/05/30	07:17	N	0215/06/28	16:15	N
0222/01/15	03:22	N	0222/02/13	13:30	N
0226/04/29	16:15	N	0226/05/28	23:40	N
0233/06/09	14:33	N	0233/07/08	23:24	N
0240/01/26	12:02	N	0240/02/24	21:45	N
0244/05/09	23:39	N	0244/06/08	07:05	N
0251/06/20	21:51	N	0251/07/20	06:39	N
0258/02/05	20:35	N	0258/03/07	05:51	N
0262/05/21	06:59	N	0262/06/19	14:31	N
0269/07/30	14:03	N	0269/07/01	05:12	N
0280/05/31	14:14	N	0280/06/29	21:56	N
0287/07/12	12:38	N	0287/08/10	21:34	N
0291/04/30	23:45	N	0291/05/30	14:33	N
0298/06/11	21:29	N	0298/07/11	05:25	N
0302/03/30	06:43	N	0302/04/28	16:57	N
0309/05/11	06:13	N	0309/06/09	20:59	N
0316/06/22	04:42	N	0316/07/21	12:57	N
0320/04/09	14:15	N	0320/05/09	00:01	N
0327/05/22	12:39	N	0327/06/21	03:27	N
0331/03/10	21:46	P	0331/04/09	06:13	N
0334/07/03	11:56	N	0334/08/01	20:32	N
0338/04/20	21:45	N	0338/05/20	07:06	N
0342/08/03	04:16	P	0342/09/01	12:07	N
0345/06/01	19:02	N	0345/07/01	09:55	N
0349/03/21	05:42	N	0349/04/19	13:55	N
0356/05/01	05:09	N	0356/05/30	14:09	N

ANNO MS GG	ORA	T	ANNO MS GG	ORA	T
0360/08/13	12:06	N	0360/09/11	20:19	N
0367/04/01	13:29	N	0367/04/30	21:32	N
0374/05/12	12:31	N	0374/06/10	21:14	N
0378/08/24	20:04	N	0378/09/23	04:39	N
0385/04/11	21:10	N	0385/05/11	05:04	N
0392/05/22	19:50	N	0392/06/21	04:21	N
0396/09/04	04:09	N	0396/10/03	13:07	N
0403/04/23	04:41	N	0403/05/22	12:31	N
0403/10/16	08:50	N	0403/11/14	23:59	N
0410/06/03	03:11	N	0410/07/02	11:33	N
0414/09/15	12:21	N	0414/10/14	21:43	N
0421/05/03	12:07	N	0421/06/01	19:57	N
0421/10/26	17:11	N	0421/11/25	08:19	N
0425/02/18	18:59	N	0425/03/20	06:40	N
0428/06/13	10:32	N	0428/07/12	18:49	P
0432/04/01	20:47	N	0432/05/01	12:14	N
0432/09/25	20:41	N	0432/10/25	06:25	N
0436/01/20	00:19	N	0436/02/18	10:24	N
0439/05/14	19:26	N	0439/06/13	03:20	N
0439/11/07	01:39	N	0439/12/06	16:44	N
0443/03/02	03:03	N	0443/03/31	14:08	N
0450/04/13	03:33	N	0450/05/12	18:49	N
0450/10/07	05:08	N	0450/11/05	15:13	N
0454/01/30	08:56	N	0454/02/28	18:45	N
0454/07/25	14:14	N	0454/08/24	03:30	N
0457/05/25	02:43	N	0457/06/23	10:44	N
0457/11/17	10:11	N	0457/12/17	01:07	N
0461/03/12	10:58	N	0461/04/10	21:30	N
0461/09/05	21:36	N	0461/10/05	13:18	N
0465/06/24	18:20	P	0465/07/24	01:09	N
0468/04/23	10:13	N	0468/05/23	01:19	N
0468/10/17	13:42	N	0468/11/16	00:05	N
0472/02/10	17:22	N	0472/03/11	02:54	N
0472/08/04	21:26	N	0472/09/03	10:51	N
0475/06/05	09:53	N	0475/07/04	18:07	P
0475/11/28	18:49	N	0475/12/28	09:32	N
0479/03/23	18:48	N	0479/04/22	04:48	N
0479/09/17	04:59	N	0479/10/16	21:16	N
0483/07/06	01:51	P	0483/08/04	08:53	N
0486/05/04	16:46	N	0486/06/03	07:44	N
0486/10/28	22:22	N	0486/11/27	09:00	N
0490/02/21	01:42	N	0490/03/22	10:58	N
0490/08/16	04:47	N	0490/09/14	18:21	N
0493/12/09	03:27	N	0494/01/07	17:53	N
0497/04/03	02:30	N	0497/05/02	12:01	N
0497/09/27	12:29	N	0497/10/27	05:20	N
0501/07/16	09:26	N	0501/08/14	16:44	N
0504/11/08	07:07	N	0504/12/07	17:56	N
0508/03/03	09:51	N	0508/04/01	18:51	N
0508/08/26	12:17	N	0508/09/25	02:02	N
0511/12/20	12:07	N	0512/01/19	02:11	N
0515/04/14	10:07	N	0515/05/13	19:11	N
0515/10/08	20:07	N	0515/11/07	13:29	N

ANNO MS GG	ORA	T	ANNO MS GG	ORA	T
0519/07/27	17:05	N	0519/08/26	00:42	N
0522/11/19	15:57	N	0522/12/19	02:53	N
0526/03/14	17:53	N	0526/04/13	02:39	N
0526/09/06	19:56	N	0526/10/06	09:51	N
0529/12/30	20:45	N	0530/01/29	10:23	N
0533/04/24	17:39	N	0533/05/24	02:20	N
0533/10/19	03:54	N	0533/11/17	21:42	N
0537/08/07	00:50	N	0537/09/05	08:47	N
0540/11/30	00:47	N	0540/12/29	11:46	N
0544/03/25	01:43	N	0544/04/23	10:17	N
0544/09/17	03:47	N	0544/10/16	17:52	N
0548/01/11	05:21	N	0548/02/09	18:30	N
0551/05/06	01:07	N	0551/06/04	09:30	N
0551/10/30	11:47	N	0551/11/29	05:56	N
0555/02/22	09:27	N	0555/03/24	02:18	N
0555/08/18	08:40	N	0555/09/16	17:01	N
0558/12/11	09:39	N	0559/01/09	20:37	N
0562/04/05	09:26	N	0562/05/04	17:52	N
0562/09/28	11:47	N	0562/10/28	02:00	N
0566/01/21	13:52	N	0566/02/20	02:29	N
0566/07/18	04:15	N	0566/08/16	17:49	N
0569/05/16	08:32	N	0569/06/14	16:40	P
0569/11/09	19:45	N	0569/12/09	14:12	N
0573/03/04	16:47	N	0573/04/03	09:18	N
0573/08/28	16:37	N	0573/09/27	01:22	N
0576/12/21	18:28	N	0577/01/20	05:22	N
0580/04/15	17:00	N	0580/05/15	01:20	N
0580/10/08	19:56	N	0580/11/07	10:16	N
0584/02/01	22:18	N	0584/03/02	10:21	N
0584/07/28	11:01	N	0584/08/27	01:07	N
0587/11/21	03:47	N	0587/12/20	22:26	N
0591/03/15	23:57	N	0591/04/14	16:08	N
0591/09/09	00:42	N	0591/10/08	09:52	N
0595/01/02	03:17	N	0595/01/31	14:02	N
0595/06/27	11:49	N	0595/07/27	00:14	N
0598/04/27	00:27	N	0598/05/26	08:45	N
0598/10/20	04:14	N	0598/11/18	18:37	N
0602/02/12	06:37	N	0602/03/13	18:07	N
0602/08/08	17:52	N	0602/09/07	08:33	N
0605/12/31	06:38	N	0605/12/01	11:52	N
0606/05/27	16:20	P	0606/06/25	22:53	N
0609/03/26	07:00	N	0609/04/24	22:51	N
0609/09/19	08:52	N	0609/10/18	18:27	N
0613/01/12	11:59	N	0613/02/10	22:33	N
0613/07/07	18:47	N	0613/08/06	07:12	N
0616/05/07	07:46	N	0616/06/05	16:06	P
0616/10/30	12:40	N	0616/11/29	03:03	N
0620/02/23	14:50	N	0620/03/24	01:45	N
0620/08/19	00:50	N	0620/09/17	16:05	N
0623/12/12	19:57	N	0624/01/11	14:43	N
0624/06/06	23:49	P	0624/07/06	06:25	N
0627/09/30	17:12	N	0627/10/30	03:10	N
0631/01/23	20:37	N	0631/02/22	06:58	N

ANNO MS GG	ORA	T	ANNO MS GG	ORA	T
0631/07/19	01:51	N	0631/08/17	14:19	N
0634/11/10	21:12	N	0634/12/10	11:30	N
0638/03/05	22:55	N	0638/04/04	09:16	N
0638/08/30	07:54	N	0638/09/28	23:45	N
0641/12/23	04:02	N	0642/01/21	22:43	N
0642/06/18	07:17	N	0642/07/17	14:00	N
0645/10/11	01:37	N	0645/11/09	11:57	N
0649/02/03	05:07	N	0649/03/04	15:14	N
0649/07/29	09:01	N	0649/08/27	21:35	N
0652/11/21	05:50	N	0652/12/20	19:59	N
0656/03/16	06:53	N	0656/04/14	16:42	N
0656/09/09	15:07	N	0656/10/09	07:33	N
0660/01/03	12:03	N	0660/02/02	06:35	N
0660/06/28	14:47	N	0660/07/27	21:41	N
0663/10/22	10:11	N	0663/11/20	20:50	N
0667/02/14	13:30	N	0667/03/15	23:21	N
0667/08/09	16:20	N	0667/09/08	05:02	N
0670/12/02	14:31	N	0671/01/01	04:27	N
0674/03/27	14:45	N	0674/04/26	00:04	N
0678/01/13	20:01	N	0678/02/12	14:20	N
0678/07/09	22:18	N	0678/08/08	05:26	N
0681/11/01	18:50	N	0681/12/01	05:44	N
0685/02/24	21:43	N	0685/03/26	07:20	N
0685/08/19	23:48	N	0685/09/18	12:40	N
0688/12/12	23:15	N	0689/01/11	12:53	N
0689/06/08	19:21	N	0689/07/08	07:59	N
0692/04/06	22:31	N	0692/05/06	07:23	N
0696/01/25	03:52	N	0696/02/23	21:54	N
0696/07/20	05:54	N	0696/08/18	13:20	N
0699/11/13	03:34	N	0699/12/12	14:40	N
0703/03/08	05:49	N	0703/04/06	15:12	N
0706/12/24	07:57	N	0707/01/22	21:14	N
0707/06/20	01:56	N	0707/07/19	14:55	N
0714/02/04	11:37	N	0714/03/06	05:19	N
0714/07/31	13:32	N	0714/08/29	21:19	N
0717/11/23	12:21	N	0717/12/22	23:34	N
0718/05/19	02:50	N	0718/06/17	15:07	N
0721/03/18	13:44	N	0721/04/16	22:54	N
0725/01/03	16:39	N	0725/02/02	05:30	N
0725/06/30	08:31	N	0725/07/29	21:53	N
0732/08/10	21:16	N	0732/09/09	05:26	N
0735/12/04	21:09	N	0736/01/03	08:26	N
0736/05/29	09:44	N	0736/06/27	21:46	N
0739/03/29	21:29	N	0739/04/28	06:30	N
0743/01/15	01:16	N	0743/02/13	13:38	N
0743/07/11	15:07	N	0743/08/10	04:57	N
0747/04/29	14:09	P	0747/05/28	20:55	N
0750/08/22	05:05	N	0750/09/20	13:40	N
0753/12/15	05:57	N	0754/01/13	17:14	N
0754/06/09	16:38	N	0754/07/09	04:30	N
0761/01/25	09:50	N	0761/02/23	21:42	N
0761/07/21	21:45	N	0761/08/20	12:04	N
0765/05/09	21:46	N	0765/06/08	04:24	N

ANNO MS GG	ORA	T	ANNO MS GG	ORA	T
0768/09/30	22:03	N	0768/09/01	13:02	N
0771/12/26	14:44	N	0772/01/25	01:58	N
0772/06/19	23:34	N	0772/07/19	11:20	N
0779/02/05	18:17	N	0779/03/07	05:36	N
0783/05/21	05:18	N	0783/06/19	11:52	N
0790/01/05	23:28	N	0790/02/04	10:33	N
0790/07/30	18:16	N	0790/07/01	06:34	N
0797/02/16	02:39	N	0797/03/17	13:25	N
0801/05/31	12:47	N	0801/06/29	19:22	N
0808/01/17	08:06	N	0808/02/15	19:02	N
0808/07/11	13:38	N	0808/08/10	01:21	N
0819/06/11	20:15	N	0819/07/11	02:55	N
0826/01/27	16:39	N	0826/02/26	03:22	N
0830/05/11	17:05	N	0830/06/10	05:48	N
0837/06/22	03:42	N	0837/07/21	10:31	N
0848/05/21	23:45	N	0848/06/20	12:36	N
0855/07/03	11:10	N	0855/08/01	18:12	N
0859/04/21	00:20	N	0859/05/20	12:56	N
0866/06/02	06:18	N	0866/07/01	19:23	N
0873/07/13	18:39	N	0873/08/12	01:58	N
0877/05/30	19:35	N	0877/05/01	07:25	N
0884/06/12	12:50	N	0884/07/12	02:11	N
0888/03/31	11:17	P	0888/04/29	18:40	N
0891/07/25	02:12	N	0891/08/23	09:52	P
0895/05/12	14:28	N	0895/06/11	02:17	N
0902/06/23	19:20	N	0902/07/23	09:01	N
0906/04/11	19:09	N	0906/05/11	02:16	N
0913/05/22	21:27	N	0913/06/21	08:58	N
0917/09/04	01:05	N	0917/10/03	10:28	N
0924/04/22	02:54	N	0924/05/21	09:48	N
0931/06/03	04:26	N	0931/07/02	15:44	N
0935/09/15	09:13	N	0935/10/14	18:53	N
0942/05/03	10:33	N	0942/06/01	17:18	N
0949/06/13	11:25	N	0949/07/12	22:34	N
0953/09/25	17:29	N	0953/10/25	03:25	N
0960/05/13	18:07	N	0960/06/12	00:47	N
0971/04/13	14:16	N	0971/05/13	03:34	N
0971/10/07	01:54	N	0971/11/05	12:05	N
0978/05/25	01:38	N	0978/06/23	08:17	N
0982/09/06	04:41	N	0982/10/05	16:56	N
0989/04/23	21:10	N	0989/05/23	10:25	N
0989/10/17	10:26	N	0989/11/15	20:49	N
0993/02/09	14:36	T	0993/03/10	23:41	N
0996/06/04	09:04	N	0996/07/03	15:47	N
1000/03/22	21:01	N	1000/04/21	10:21	N
1000/09/16	12:18	N	1000/10/16	01:09	N
1007/05/05	03:55	N	1007/06/03	17:12	N
1007/10/28	19:05	N	1007/11/27	05:38	N
1011/02/20	23:05	N	1011/03/22	07:47	N
1014/06/15	16:30	N	1014/07/14	23:20	P
1018/04/03	04:25	N	1018/05/02	17:12	N
1018/09/27	20:04	N	1018/10/27	09:29	N
1022/07/16	06:30	P	1022/08/14	14:27	N

ANNO MS GG	ORA	T	ANNO MS GG	ORA	T
1025/05/15	10:33	N	1025/06/13	23:55	N
1025/11/08	03:49	N	1025/12/07	14:29	N
1029/03/03	07:25	N	1029/04/01	15:45	N
1029/08/26	18:51	N	1029/09/25	11:15	N
1036/04/13	11:44	N	1036/05/13	00:00	N
1036/10/08	03:55	N	1036/11/06	17:53	N
1040/07/26	14:05	N	1040/08/24	22:12	N
1043/05/26	17:06	N	1043/06/25	06:37	N
1043/11/19	12:39	N	1043/12/18	23:22	N
1047/03/14	15:39	N	1047/04/12	23:37	N
1047/09/07	02:03	N	1047/10/06	18:43	N
1054/04/24	18:56	N	1054/05/24	06:45	N
1054/10/19	11:55	N	1054/11/18	02:22	N
1058/08/06	21:46	N	1058/09/05	06:06	N
1061/11/29	21:31	N	1061/12/29	08:13	N
1065/03/24	23:42	N	1065/04/23	07:21	N
1065/09/17	09:26	N	1065/10/17	02:22	N
1072/05/05	02:06	N	1072/06/03	13:30	N
1072/10/29	19:59	N	1072/11/28	10:53	N
1076/08/17	05:33	N	1076/09/15	14:08	N
1079/12/11	06:26	N	1080/01/09	17:03	N
1083/04/05	07:40	N	1083/05/04	15:02	N
1083/09/28	16:58	N	1083/10/28	10:08	N
1087/07/18	10:54	N	1087/08/16	21:08	N
1090/05/16	09:12	N	1090/06/14	20:15	N
1090/11/10	04:10	N	1090/12/09	19:26	N
1094/03/05	03:02	N	1094/04/03	17:29	N
1094/08/28	13:27	N	1094/09/26	22:19	N
1097/12/21	15:20	N	1098/01/20	01:48	N
1101/04/15	15:28	N	1101/05/14	22:36	N
1101/10/09	00:42	N	1101/11/07	18:03	N
1105/02/01	00:35	N	1105/03/02	16:05	N
1105/07/28	17:59	N	1105/08/27	04:44	N
1108/11/20	12:23	N	1108/12/20	03:58	N
1112/03/15	10:26	N	1112/04/14	00:42	N
1112/09/07	21:29	N	1112/10/07	06:39	N
1116/01/31	10:29	N	1116/01/02	00:14	N
1119/04/26	23:11	N	1119/05/26	06:09	N
1119/10/20	08:33	N	1119/11/19	02:02	N
1123/02/12	08:36	N	1123/03/13	23:31	N
1123/08/09	01:09	N	1123/09/07	12:27	N
1126/12/01	20:40	N	1126/12/31	12:29	N
1130/03/26	17:41	N	1130/04/25	07:48	N
1130/09/19	05:38	N	1130/10/18	15:06	N
1134/01/12	09:03	N	1134/02/10	19:02	N
1137/05/07	06:45	N	1137/06/05	13:37	N
1137/10/30	16:35	N	1137/11/29	10:07	N
1141/02/22	16:32	N	1141/03/24	06:50	N
1141/08/19	08:24	N	1141/09/17	20:16	N
1144/12/12	04:57	N	1145/01/10	20:54	N
1148/04/06	00:44	N	1148/05/05	14:44	N
1148/09/29	13:56	N	1148/10/28	23:42	N
1152/01/23	17:49	N	1152/02/22	03:30	N

ANNO MS GG	ORA	T	ANNO MS GG	ORA	T
1152/07/18	08:46	N	1152/08/16	23:51	N
1155/05/18	14:17	N	1155/06/16	21:06	P
1155/11/11	00:43	N	1155/12/10	18:15	N
1159/03/06	00:21	N	1159/04/04	14:02	N
1159/08/30	15:44	N	1159/09/29	04:12	N
1162/12/23	13:14	N	1163/01/22	05:15	N
1163/06/18	04:13	P	1163/07/17	11:37	N
1166/04/17	07:40	N	1166/05/16	21:34	N
1166/10/10	22:22	N	1166/11/09	08:23	N
1170/02/03	02:28	N	1170/03/04	11:49	N
1170/07/29	15:30	N	1170/08/28	06:46	N
1173/11/21	08:57	N	1173/12/21	02:24	N
1177/03/16	08:02	N	1177/04/14	21:07	N
1177/09/09	23:11	N	1177/10/09	12:16	N
1181/01/02	21:27	N	1181/02/01	13:28	N
1181/06/28	11:40	N	1181/07/27	19:06	N
1184/10/21	06:55	N	1184/11/19	17:10	N
1188/02/14	11:02	N	1188/03/14	20:02	N
1188/08/08	22:20	N	1188/09/07	13:49	N
1191/12/02	17:15	N	1192/01/01	10:32	N
1195/03/27	15:37	N	1195/04/26	04:07	N
1195/09/21	06:45	N	1195/10/20	20:26	N
1199/01/14	05:37	N	1199/02/12	21:34	N
1199/07/09	19:09	N	1199/08/08	02:40	N
1202/11/01	15:34	N	1202/12/01	01:59	N
1206/02/24	19:27	N	1206/03/26	04:06	N
1206/08/20	05:20	N	1206/09/18	21:03	N
1209/12/13	01:38	N	1210/01/11	18:39	N
1210/06/09	01:34	N	1210/07/08	11:02	N
1213/04/06	23:05	N	1213/05/06	11:03	N
1213/10/01	14:26	N	1213/10/31	04:41	N
1217/01/24	13:40	N	1217/02/23	05:29	N
1217/07/20	02:42	N	1217/08/18	10:22	N
1220/11/12	00:19	N	1220/12/11	10:52	N
1224/03/07	03:46	N	1224/04/05	12:03	N
1224/08/30	12:29	N	1224/09/29	04:26	N
1227/12/24	10:00	N	1228/01/23	02:41	N
1228/06/19	08:32	N	1228/07/18	18:17	N
1231/10/12	22:15	N	1231/11/11	13:03	N
1235/02/04	21:37	N	1235/03/06	13:17	N
1235/07/31	10:18	N	1235/08/29	18:11	N
1238/11/23	09:09	N	1238/12/22	19:45	N
1242/03/18	11:55	N	1242/04/16	19:54	N
1246/01/03	18:23	N	1246/02/02	10:38	N
1246/06/30	15:29	N	1246/07/30	01:36	N
1249/10/23	06:11	N	1249/11/21	21:28	N
1253/02/15	05:24	N	1253/03/16	20:53	N
1253/08/10	18:02	N	1253/09/09	02:09	N
1256/12/03	18:02	N	1257/01/02	04:37	N
1260/03/28	19:56	N	1260/04/27	03:38	N
1264/01/15	02:43	N	1264/02/13	18:29	N
1264/07/10	22:27	N	1264/08/09	08:59	N
1267/11/03	14:13	N	1267/12/03	05:56	N

ANNO MS GG	ORA	T	ANNO MS GG	ORA	T
1271/02/26	13:03	N	1271/03/28	04:20	N
1271/08/22	01:50	N	1271/09/20	10:15	N
1274/12/15	02:55	N	1275/01/13	13:26	N
1275/06/09	23:47	N	1275/07/09	14:17	N
1278/04/09	03:49	N	1278/05/08	11:16	N
1282/01/25	11:00	N	1282/02/24	02:14	N
1282/07/22	05:25	N	1282/08/20	16:26	N
1289/03/08	20:31	N	1289/04/07	11:35	N
1289/09/30	18:30	N	1289/09/01	09:47	N
1292/12/25	11:48	N	1293/01/23	22:11	N
1293/06/20	06:19	N	1293/07/19	20:47	N
1296/04/19	11:35	N	1296/05/18	18:50	P
1300/02/05	19:10	N	1300/03/06	09:50	N
1300/08/01	12:26	N	1300/08/30	23:59	N
1304/05/20	01:59	N	1304/06/18	09:18	N
1307/09/12	17:50	N	1307/10/12	02:53	N
1311/01/05	20:40	N	1311/02/04	06:51	N
1311/07/31	03:22	N	1311/07/01	12:53	N
1318/02/16	03:15	N	1318/03/17	17:20	N
1318/08/12	19:31	N	1318/09/11	07:37	N
1322/05/31	09:28	N	1322/06/29	16:38	N
1325/09/23	02:01	N	1325/10/22	11:23	N
1329/01/16	05:28	N	1329/02/14	15:24	N
1329/07/11	19:30	N	1329/08/10	10:04	N
1336/08/23	02:41	N	1336/09/21	15:24	N
1340/06/10	16:54	N	1340/07/10	00:00	N
1347/01/27	14:11	N	1347/02/25	23:50	N
1347/07/23	02:13	N	1347/08/21	16:53	N
1351/05/11	23:08	N	1351/06/10	08:44	N
1358/06/22	00:21	N	1358/07/21	07:27	N
1365/02/06	22:48	N	1365/03/08	08:08	N
1369/05/22	06:12	N	1369/06/20	15:55	N
1376/07/02	07:48	N	1376/07/31	14:59	N
1383/02/18	07:18	N	1383/03/19	16:19	N
1387/06/02	13:09	N	1387/07/01	23:04	N
1394/07/13	15:19	N	1394/08/11	22:37	N
1401/02/28	15:41	N	1401/03/30	00:22	N
1405/06/12	20:05	N	1405/07/12	06:15	N
1412/07/23	22:52	N	1412/08/22	06:22	N
1416/05/11	21:18	N	1416/06/10	11:52	N
1423/06/24	02:56	N	1423/07/23	13:26	N
1427/04/11	15:32	P	1427/05/10	23:35	N
1430/08/04	06:30	N	1430/09/02	14:14	P
1434/05/23	03:55	N	1434/06/21	18:16	N
1441/07/04	09:48	N	1441/08/02	20:41	N
1445/04/21	23:16	N	1445/05/21	06:58	N
1452/06/02	10:30	N	1452/07/02	00:41	N
1459/07/15	16:39	N	1459/08/14	03:59	N
1463/05/03	06:56	N	1463/06/01	14:20	N
1470/06/13	17:05	N	1470/07/13	07:10	N
1481/05/13	14:30	N	1481/06/11	21:41	N
1488/06/23	23:42	N	1488/07/23	13:43	N
1492/04/12	20:04	N	1492/05/12	06:18	N

ANNO MS GG	ORA	T	ANNO MS GG	ORA	T
1499/05/24	22:02	N	1499/06/23	05:02	N
1503/09/06	05:45	N	1503/10/05	15:16	N
1510/04/24	03:24	N	1510/05/23	13:35	N
1517/06/04	05:31	N	1517/07/03	12:25	N
1521/09/16	13:38	N	1521/10/15	23:39	N
1528/05/04	10:34	N	1528/06/02	20:47	N
1528/10/27	15:46	N	1528/11/26	04:00	N
1535/06/15	12:59	N	1535/07/14	19:51	N
1539/09/27	21:39	N	1539/10/27	08:08	N
1546/05/15	17:38	N	1546/06/14	03:55	N
1546/11/08	00:19	N	1546/12/07	12:36	N
1550/03/03	03:29	N	1550/04/01	12:52	N
1553/06/25	20:27	N	1553/07/25	03:22	P
1557/04/13	18:12	N	1557/05/13	09:21	N
1557/10/08	05:46	N	1557/11/06	16:43	N
1564/05/26	00:35	N	1564/06/24	11:01	N
1564/11/18	08:59	N	1564/12/17	21:14	N
1568/03/13	11:42	N	1568/04/11	20:37	N
1571/07/07	03:56	N	1571/08/05	10:57	P
1575/04/25	01:04	N	1575/05/24	15:49	N
1575/10/19	14:00	N	1575/11/18	01:23	N
1579/08/06	19:36	N	1579/09/05	05:59	N
1582/06/06	07:27	N	1582/07/05	18:06	N
1582/12/09	17:43	N	1583/01/08	05:53	N
1586/04/03	19:47	N	1586/05/03	04:15	N
1593/05/15	07:53	T	1593/06/13	22:18	N
1593/11/08	22:20	N	1593/12/08	10:06	N
1597/08/27	03:07	N	1597/09/25	13:39	N
1600/06/26	14:16	N	1600/07/26	01:11	N
1600/12/20	02:30	N	1601/01/18	14:30	N
1604/04/14	03:45	N	1604/05/13	11:48	N
1608/07/27	11:31	P	1608/08/25	19:18	N
1611/05/26	14:36	N	1611/06/25	04:43	N
1611/11/20	06:46	N	1611/12/19	18:53	N
1615/03/15	08:15	N	1615/04/13	19:37	N
1615/09/07	10:46	N	1615/10/06	21:29	N
1618/12/31	11:18	N	1619/01/29	23:05	N
1622/04/25	11:36	N	1622/05/24	19:17	N
1626/08/07	18:55	N	1626/09/06	03:04	N
1629/11/30	15:16	N	1629/12/30	03:39	N
1633/03/25	16:04	N	1633/04/24	03:16	N
1633/09/17	18:34	N	1633/10/17	05:28	N
1637/01/10	20:08	N	1637/02/09	07:37	N
1640/05/05	19:22	N	1640/06/04	02:44	N
1640/10/29	17:26	N	1640/11/28	12:11	N
1644/08/18	02:24	N	1644/09/16	10:59	N
1647/12/11	23:50	N	1648/01/10	12:25	N
1651/04/05	23:45	N	1651/05/05	10:48	N
1651/09/29	02:30	N	1651/10/28	13:37	N
1655/01/22	04:54	N	1655/02/20	16:03	N
1658/05/17	03:01	N	1658/06/15	10:07	N
1658/11/10	01:09	N	1658/12/09	20:10	N
1662/08/29	09:56	N	1662/09/27	18:59	N

ANNO MS GG	ORA	T	ANNO MS GG	ORA	T
1665/12/22	08:25	N	1666/01/20	21:09	N
1669/04/16	07:15	N	1669/05/15	18:11	N
1669/10/09	10:35	N	1669/11/07	21:54	N
1673/02/01	13:38	N	1673/03/03	00:24	N
1676/05/27	10:37	N	1676/06/25	17:32	N
1676/11/20	08:58	N	1676/12/20	04:11	N
1680/03/15	06:41	N	1680/04/13	23:18	N
1680/09/08	17:35	N	1680/10/08	03:06	N
1684/01/02	17:00	N	1684/02/01	05:48	N
1687/04/27	14:36	N	1687/05/27	01:28	N
1687/10/20	18:50	N	1687/11/19	06:19	N
1691/02/12	22:16	N	1691/03/14	08:36	N
1694/06/07	18:08	N	1694/07/07	00:55	P
1694/12/01	16:54	N	1694/12/31	12:14	N
1698/03/26	14:06	N	1698/04/25	06:11	N
1698/09/20	01:18	N	1698/10/19	11:20	N
1702/01/14	01:33	N	1702/02/12	14:21	N
1702/07/09	09:41	N	1702/08/07	19:20	N
1705/05/08	21:48	N	1705/06/07	08:39	N
1705/11/30	14:50	N	1705/11/01	03:12	N
1709/02/24	06:50	N	1709/03/25	16:43	N
1709/08/20	08:28	N	1709/09/19	00:30	N
1712/06/19	01:38	N	1712/07/18	08:22	P
1712/12/13	00:54	N	1713/01/11	20:15	N
1716/04/06	21:22	N	1716/05/06	12:57	N
1716/10/01	09:10	N	1716/10/30	19:42	N
1720/01/25	10:04	N	1720/02/23	22:48	N
1720/07/19	16:55	N	1720/08/18	02:32	N
1723/05/20	04:52	N	1723/06/18	15:45	N
1723/11/12	11:42	N	1723/12/11	23:26	N
1727/03/07	15:16	N	1727/04/06	00:42	N
1727/08/31	15:12	N	1727/09/30	07:40	N
1730/12/24	08:58	N	1731/01/23	04:14	N
1734/04/18	04:32	N	1734/05/17	19:38	N
1734/10/12	17:08	N	1734/11/11	04:10	N
1738/02/04	18:29	N	1738/03/06	07:07	N
1738/07/31	00:13	N	1738/08/29	09:51	N
1741/11/22	20:19	N	1741/12/22	08:05	N
1745/03/17	23:37	N	1745/04/16	08:35	N
1745/09/10	22:02	N	1745/10/10	14:57	N
1749/01/03	17:03	N	1749/02/02	12:09	N
1749/06/30	09:09	P	1749/07/29	16:31	N
1752/04/28	11:35	N	1752/05/28	02:14	N
1752/10/23	01:13	N	1752/11/21	12:44	N
1756/02/16	02:48	N	1756/03/16	15:18	N
1756/08/10	07:36	N	1756/09/08	17:19	N
1759/12/04	05:02	N	1760/01/02	16:47	N
1763/03/29	07:49	N	1763/04/27	16:20	N
1763/09/22	05:03	N	1763/10/21	22:22	N
1767/01/15	01:08	N	1767/02/13	19:59	N
1767/07/11	16:27	N	1767/08/10	00:03	N
1770/11/03	09:24	N	1770/12/02	21:22	N
1774/02/26	10:59	N	1774/03/27	23:19	N

ANNO MS GG	ORA	T	ANNO MS GG	ORA	T
1774/08/21	15:06	N	1774/09/20	00:57	N
1777/12/14	13:49	N	1778/01/13	01:29	N
1781/04/08	15:55	N	1781/05/08	00:01	N
1781/10/02	12:11	N	1781/11/01	05:56	N
1785/01/25	09:11	N	1785/02/24	03:42	N
1785/07/21	23:45	N	1785/08/20	07:38	N
1788/11/13	17:42	N	1788/12/13	06:04	N
1792/03/08	19:02	N	1792/04/07	07:12	N
1792/08/31	22:42	N	1792/09/30	08:43	N
1795/12/25	22:37	N	1796/01/24	10:09	N
1799/04/19	23:52	N	1799/05/19	07:36	N
1803/02/06	17:10	N	1803/03/08	11:17	N
1803/08/03	07:05	N	1803/09/01	15:19	N
1806/11/26	02:05	N	1806/12/25	14:48	N
1810/03/21	02:55	N	1810/04/19	14:54	N
1810/09/13	06:27	N	1810/10/12	16:39	N
1814/01/06	07:28	N	1814/02/04	18:47	N
1817/05/01	07:44	N	1817/05/30	15:07	N
1821/02/17	01:05	N	1821/03/18	18:45	N
1821/08/13	14:26	N	1821/09/11	23:05	N
1824/12/06	10:32	N	1825/01/04	23:32	N
1828/03/31	10:39	N	1828/04/29	22:28	N
1828/09/23	14:19	N	1828/10/23	00:45	N
1832/01/17	16:18	N	1832/02/16	03:21	N
1832/07/12	23:16	N	1832/08/11	14:15	N
1835/05/12	15:29	N	1835/06/10	22:36	P
1839/02/28	08:54	N	1839/03/30	02:03	N
1839/08/24	21:52	N	1839/09/23	06:57	N
1842/12/17	19:02	N	1843/01/16	08:14	N
1843/06/12	07:22	N	1843/07/11	16:50	N
1846/04/11	18:11	N	1846/05/11	05:54	N
1846/10/04	22:21	N	1846/11/03	08:59	N
1850/01/28	01:06	N	1850/02/26	11:48	N
1850/07/24	05:40	N	1850/08/22	20:55	N
1857/09/04	05:22	N	1857/10/03	14:57	N
1860/12/28	03:34	N	1861/01/26	16:54	N
1861/06/22	14:35	N	1861/07/21	23:50	N
1864/04/22	01:36	N	1864/05/21	13:12	N
1864/10/15	06:31	N	1864/11/13	17:21	N
1868/02/08	09:50	N	1868/03/08	20:10	N
1868/08/03	12:09	N	1868/09/02	03:41	N
1872/05/22	23:18	P	1872/06/21	06:43	N
1875/09/15	12:58	N	1875/10/14	23:03	N
1879/01/08	12:04	N	1879/02/07	01:29	N
1879/07/03	21:51	N	1879/08/02	06:58	N
1882/10/26	14:49	N	1882/11/25	01:51	N
1886/02/18	18:29	N	1886/03/20	04:24	N
1886/08/14	18:42	N	1886/09/13	10:35	N
1890/06/03	06:45	N	1890/07/02	14:09	N
1893/09/25	20:39	N	1893/10/25	07:16	N
1897/01/18	20:33	N	1897/02/17	09:58	N
1897/07/14	05:05	N	1897/08/12	14:09	N
1904/03/31	12:32	N	1904/03/02	03:02	N

ANNO MS GG	ORA	T	ANNO MS GG	ORA	T
1908/06/14	14:06	N	1908/07/13	21:34	N
1915/01/31	04:57	N	1915/03/01	18:19	N
1915/07/26	12:24	N	1915/08/24	21:27	N
1922/03/13	11:28	N	1922/04/11	20:32	N
1926/06/25	21:25	N	1926/07/25	05:00	N
1933/02/10	13:17	N	1933/03/12	02:33	N
1933/08/05	19:46	N	1933/09/04	04:52	N
1940/03/23	19:48	N	1940/04/22	04:26	N
1944/07/06	04:40	N	1944/08/04	12:26	N
1951/02/21	21:29	N	1951/03/23	10:37	N
1951/08/17	03:14	N	1951/09/15	12:27	N
1958/04/04	04:00	N	1958/05/03	12:13	P
1962/07/17	11:54	N	1962/08/15	19:57	N
1969/08/27	10:48	N	1969/09/25	20:10	N
1973/06/15	20:50	N	1973/07/15	11:39	N
1980/07/27	19:08	N	1980/08/26	03:31	N
1984/05/15	04:40	N	1984/06/13	14:26	N
1991/06/27	03:15	N	1991/07/26	18:08	N
1998/08/08	02:25	N	1998/09/06	11:10	N
2002/05/26	12:03	N	2002/06/24	21:27	N
2009/07/07	09:39	N	2009/08/06	00:39	N
2013/04/25	20:07	P	2013/05/25	04:10	N
2016/08/18	09:42	N	2016/09/16	18:54	N
2020/06/05	19:25	N	2020/07/05	04:30	N
2027/07/18	16:03	N	2027/08/17	07:14	N
2031/05/07	03:51	N	2031/06/05	11:44	N
2038/06/17	02:43	N	2038/07/16	11:34	N
2042/09/29	10:44	P	2042/10/28	19:33	N
2049/05/17	11:25	N	2049/06/15	19:12	N
2056/06/27	10:01	N	2056/07/26	18:41	N
2060/10/09	18:51	N	2060/11/08	04:02	N
2067/05/28	18:54	N	2067/06/27	02:39	N
2074/07/08	17:19	N	2074/08/07	01:53	N
2078/10/21	03:05	N	2078/11/19	12:37	N
2085/06/08	02:15	N	2085/07/07	10:02	N
2092/07/19	00:39	N	2092/08/17	09:11	N
2096/05/07	11:21	N	2096/06/06	02:40	N
2096/10/31	11:27	N	2096/11/29	21:19	N
2103/06/20	09:32	N	2103/07/19	17:25	N
2107/04/07	17:26	N	2107/05/07	04:27	N
2114/05/19	18:04	N	2114/06/18	09:13	N
2114/11/12	19:55	N	2114/12/12	06:05	N
2121/06/30	16:46	N	2121/07/30	00:48	N
2125/04/18	01:14	N	2125/05/17	11:42	N
2132/05/30	00:38	N	2132/06/28	15:41	N
2132/11/23	04:31	N	2132/12/22	14:55	N
2136/03/18	07:49	N	2136/04/16	17:04	N
2139/07/11	23:57	N	2139/08/10	08:13	N
2143/04/29	08:56	N	2143/05/28	18:54	N
2147/08/11	15:52	P	2147/09/09	23:06	N
2150/06/10	07:10	N	2150/07/09	22:08	N
2150/12/04	13:10	N	2151/01/02	23:46	N
2154/03/29	16:00	N	2154/04/28	00:59	N

ANNO MS GG	ORA	T	ANNO MS GG	ORA	T
2154/09/21	19:24	N	2154/10/21	09:21	N
2161/05/09	16:32	N	2161/06/08	02:03	N
2165/08/21	23:29	N	2165/09/20	07:00	N
2168/12/14	21:54	N	2169/01/13	08:38	N
2172/04/09	00:03	N	2172/05/08	08:47	N
2172/10/31	17:03	N	2172/10/02	02:56	N
2179/05/21	00:03	N	2179/06/19	09:10	N
2183/09/02	07:09	N	2183/10/01	14:59	N
2186/12/26	06:40	N	2187/01/24	17:29	N
2190/04/20	07:57	N	2190/05/19	16:29	N
2190/10/13	10:37	N	2190/11/12	00:54	N
2194/02/05	11:28	N	2194/03/07	01:02	N
2197/05/31	07:29	N	2197/06/29	16:16	N
2201/09/13	14:56	N	2201/10/12	23:07	N
2205/01/06	15:28	N	2205/02/05	02:16	N
2208/05/01	15:42	N	2208/05/31	00:03	N
2208/10/24	18:29	N	2208/11/23	08:55	N
2212/02/17	19:56	N	2212/03/18	08:59	N
2215/06/12	14:52	N	2215/07/11	23:23	N
2219/04/30	16:43	N	2219/04/01	00:10	N
2219/09/24	22:48	N	2219/10/24	07:22	N
2223/01/18	00:15	N	2223/02/16	11:00	N
2226/05/12	23:19	N	2226/06/11	07:33	N
2226/11/05	02:30	N	2226/12/04	17:02	N
2230/02/28	04:19	N	2230/03/29	16:50	N
2233/06/22	22:14	N	2233/07/22	06:32	N
2237/04/11	07:22	N	2237/05/10	23:37	N
2237/10/05	06:49	N	2237/11/03	15:45	N
2241/01/28	09:00	N	2241/02/26	19:38	N
2244/05/23	06:48	N	2244/06/21	14:59	N
2244/11/15	10:40	N	2244/12/15	01:16	N
2248/03/10	12:36	N	2248/04/09	00:33	N
2248/09/04	01:30	N	2248/10/03	15:43	N
2255/04/22	14:27	N	2255/05/22	06:24	N
2255/10/16	14:55	N	2255/11/15	00:15	N
2259/02/08	17:42	N	2259/03/10	04:10	N
2259/08/04	01:53	N	2259/09/02	14:38	N
2262/06/03	14:11	N	2262/07/02	22:22	N
2262/11/26	18:57	N	2262/12/26	09:34	N
2266/03/21	20:47	N	2266/04/20	08:10	N
2266/09/15	08:26	N	2266/10/14	23:13	N
2273/05/02	21:22	N	2273/06/01	13:04	N
2273/10/26	23:10	N	2273/11/25	08:52	N
2277/02/19	02:19	N	2277/03/20	12:34	N
2277/08/14	08:51	N	2277/09/12	21:39	N
2280/06/13	21:28	N	2280/07/13	05:42	N
2280/12/07	03:22	N	2281/01/05	17:56	N
2284/04/01	04:51	N	2284/04/30	15:41	N
2284/09/25	15:29	N	2284/10/25	06:51	N
2288/01/19	11:09	N	2288/02/18	05:37	N
2288/07/14	13:21	P	2288/08/12	20:05	N
2291/05/14	04:09	N	2291/06/12	19:37	N
2291/11/07	07:31	N	2291/12/06	17:34	N

ANNO MS GG	ORA	T	ANNO MS GG	ORA	T
2295/03/02	10:50	N	2295/03/31	20:52	N
2295/08/25	15:56	N	2295/09/24	04:49	N
2298/12/18	11:52	N	2299/01/17	02:19	N
2302/04/13	12:48	N	2302/05/12	23:06	N
2302/10/07	22:38	N	2302/11/06	14:35	N
2306/07/26	20:50	N	2306/08/25	03:42	N
2309/11/18	15:59	N	2309/12/18	02:21	N
2313/03/13	19:14	N	2313/04/12	05:00	N
2313/09/05	23:08	N	2313/10/05	12:08	N
2316/12/29	20:26	N	2317/01/28	10:42	N
2320/04/23	20:38	N	2320/05/23	06:26	N
2320/10/18	05:56	N	2320/11/16	22:26	N
2324/02/11	03:05	N	2324/03/11	21:17	N
2324/08/06	04:19	N	2324/09/04	11:23	N
2327/11/30	00:33	N	2327/12/29	11:11	N
2331/03/25	03:29	N	2331/04/23	13:01	N
2331/09/17	06:29	N	2331/10/16	19:37	N
2335/01/10	05:03	N	2335/02/08	19:02	N
2338/05/05	04:23	N	2338/06/03	13:42	N
2338/10/29	13:22	N	2338/11/28	06:24	N
2342/02/21	10:56	N	2342/03/23	04:55	N
2342/08/17	11:52	N	2342/09/15	19:11	N
2345/12/10	09:11	N	2346/01/08	20:01	N
2349/04/04	11:36	N	2349/05/03	20:54	N
2349/09/27	13:59	N	2349/10/27	03:17	N
2353/01/20	13:40	N	2353/02/19	03:20	N
2356/05/15	12:00	N	2356/06/13	20:55	N
2356/11/08	20:55	N	2356/12/08	14:26	N
2360/03/03	18:40	N	2360/04/02	12:21	N
2360/08/27	19:27	N	2360/09/26	03:05	N
2363/12/21	17:54	N	2364/01/20	04:52	N
2367/04/15	19:34	N	2367/05/15	04:39	N
2367/10/08	21:38	N	2367/11/07	11:05	N
2371/01/31	22:17	N	2371/03/02	11:32	N
2371/07/28	15:56	N	2371/08/27	04:56	N
2374/05/26	19:34	N	2374/06/25	04:06	P
2378/03/15	02:17	N	2378/04/13	19:40	N
2378/09/08	03:08	N	2378/10/07	11:07	N
2382/01/30	13:41	N	2382/01/01	02:38	N
2385/04/26	03:23	N	2385/05/25	12:17	N
2385/10/19	05:26	N	2385/11/17	19:03	N
2389/02/11	06:50	N	2389/03/12	19:38	N
2389/08/07	22:34	N	2389/09/06	11:59	N
2396/03/25	09:45	N	2396/04/24	02:47	N
2396/09/18	10:55	N	2396/10/17	19:16	N
2400/01/12	11:24	N	2400/02/10	22:28	N
2400/07/06	23:25	N	2400/08/05	11:44	N
2403/05/07	11:03	N	2403/06/05	19:48	N
2407/02/22	15:20	N	2407/03/24	03:39	N
2407/08/19	05:13	N	2407/09/17	19:06	N
2411/06/07	03:20	P	2411/07/06	10:05	N
2414/09/29	18:47	N	2414/10/29	03:32	N
2418/01/22	20:08	N	2418/02/21	07:08	N

ANNO MS GG	ORA	T	ANNO MS GG	ORA	T
2418/07/18	06:17	N	2418/08/16	18:29	N
2421/05/17	18:34	N	2421/06/16	03:15	P
2425/03/04	23:45	N	2425/04/03	11:33	N
2425/08/29	11:56	N	2425/09/28	02:19	N
2429/06/17	10:53	P	2429/07/16	17:33	N
2432/10/10	02:46	N	2432/11/08	11:56	N
2436/02/03	04:50	N	2436/03/03	15:44	N
2436/07/28	13:12	N	2436/08/27	01:20	N
2443/03/16	08:03	N	2443/04/14	19:18	N
2443/09/09	18:43	N	2443/10/09	09:39	N
2447/06/28	18:22	N	2447/07/28	01:01	N
2450/10/21	10:52	N	2450/11/19	20:27	N
2454/02/13	13:28	N	2454/03/15	00:13	N
2454/08/08	20:10	N	2454/09/07	08:17	N
2461/03/26	16:16	N	2461/04/25	02:59	N
2465/07/09	01:50	N	2465/08/07	08:31	N
2468/10/31	19:06	N	2468/11/30	05:03	N
2472/02/24	22:00	N	2472/03/25	08:34	N
2472/08/19	03:15	N	2472/09/17	15:24	N
2479/04/07	00:21	N	2479/05/06	10:31	N
2483/07/20	09:16	N	2483/08/18	16:03	N
2490/03/07	06:26	N	2490/04/05	16:47	N
2490/08/30	10:25	N	2490/09/28	22:40	N
2494/06/19	06:50	N	2494/07/18	19:22	N
2501/07/31	16:43	N	2501/08/29	23:41	N
2508/03/18	14:45	N	2508/04/17	00:52	N
2512/06/30	13:27	N	2512/07/30	02:12	N
2519/08/12	00:12	N	2519/09/10	07:24	N
2526/03/29	22:55	N	2526/04/28	08:48	N
2530/07/11	20:02	N	2530/08/10	09:01	N
2537/08/22	07:43	N	2537/09/20	15:12	N
2541/06/09	20:49	N	2541/07/09	09:12	N
2548/07/22	02:35	N	2548/08/20	15:53	N
2552/05/10	00:13	P	2552/06/08	07:30	N
2555/09/02	15:19	N	2555/10/01	23:08	N
2559/06/21	03:46	N	2559/07/20	15:51	N
2566/08/31	22:47	N	2566/08/02	09:07	N
2570/05/21	08:00	N	2570/06/19	15:02	N
2577/07/30	22:32	N	2577/07/01	10:42	N
2588/05/31	15:41	N	2588/06/29	22:32	N
2595/07/12	17:38	N	2595/08/11	05:18	N
2606/06/12	23:16	N	2606/07/12	06:00	N
2613/07/24	00:36	N	2613/08/22	12:08	N
2617/11/05	06:53	N	2617/12/04	17:05	N
2624/06/23	06:47	N	2624/07/22	13:28	N
2635/05/24	03:53	N	2635/06/22	16:51	N
2635/11/16	15:19	N	2635/12/16	01:43	N
2642/07/04	14:15	N	2642/08/02	20:57	N
2653/06/03	10:43	N	2653/07/02	23:43	N
2653/11/26	23:51	N	2653/12/26	10:25	N
2660/07/14	21:41	N	2660/08/13	04:28	N
2664/05/31	23:50	N	2664/05/02	10:24	N
2671/06/14	17:26	N	2671/07/14	06:30	N

ANNO MS GG	ORA	T	ANNO MS GG	ORA	T
2671/12/08	08:30	N	2672/01/06	19:10	N
2675/04/02	12:01	N	2675/05/01	20:30	N
2678/07/26	05:05	N	2678/08/24	12:01	P
2682/05/13	17:41	N	2682/06/12	06:36	N
2689/06/25	00:03	N	2689/07/24	13:15	N
2689/12/18	17:13	N	2690/01/17	03:57	N
2693/04/12	20:14	N	2693/05/12	04:22	N
2696/08/05	12:32	N	2696/09/03	19:39	P
2700/05/25	00:53	N	2700/06/23	13:21	N
2700/11/18	17:56	N	2700/12/18	07:43	N
2704/09/06	02:51	N	2704/10/05	11:19	N
2707/07/07	06:36	N	2707/08/05	19:59	N
2707/12/31	02:00	N	2708/01/29	12:44	N
2711/04/25	04:20	N	2711/05/24	12:08	N
2718/06/05	07:59	N	2718/07/04	20:02	N
2718/11/30	01:59	N	2718/12/29	16:13	N
2722/09/17	10:33	N	2722/10/16	19:15	N
2726/01/10	10:50	N	2726/02/08	21:29	N
2729/05/05	12:18	N	2729/06/03	19:47	N
2729/10/28	23:34	N	2729/11/27	16:54	N
2736/06/15	15:03	N	2736/07/15	02:44	N
2736/12/10	10:07	N	2737/01/09	00:44	N
2740/09/27	18:22	N	2740/10/27	03:18	N
2744/01/21	19:40	N	2744/02/20	06:11	N
2747/05/16	20:08	N	2747/06/15	03:23	N
2747/11/09	07:09	N	2747/12/09	00:41	N
2751/08/29	00:01	N	2751/09/27	10:13	N
2754/06/26	22:05	N	2754/07/26	09:28	N
2754/12/21	18:19	N	2755/01/20	09:15	N
2758/04/15	16:44	N	2758/05/15	06:42	N
2758/10/09	02:18	N	2758/11/07	11:31	N
2762/02/01	04:30	N	2762/03/02	14:49	N
2765/05/27	03:52	N	2765/06/25	10:54	N
2765/11/19	14:53	N	2765/12/19	08:36	N
2769/03/14	14:17	N	2769/04/13	05:49	N
2769/09/08	07:11	N	2769/10/07	17:54	N
2773/01/01	02:33	N	2773/01/30	17:44	N
2776/04/26	00:04	N	2776/05/25	13:53	N
2776/10/19	10:22	N	2776/11/17	19:51	N
2780/02/12	13:18	N	2780/03/12	23:22	N
2783/06/07	11:30	N	2783/07/06	18:24	N
2783/11/30	22:45	N	2783/12/30	16:33	N
2787/03/25	22:09	N	2787/04/24	13:07	N
2787/09/19	14:27	N	2787/10/19	01:42	N
2791/01/12	10:50	N	2791/02/11	02:12	N
2794/05/07	07:14	N	2794/06/05	20:56	N
2794/10/30	18:35	N	2794/11/29	04:20	N
2798/02/22	22:01	N	2798/03/24	07:48	N
2801/06/17	19:03	N	2801/07/17	01:51	N
2801/12/11	06:45	N	2802/01/10	00:36	N
2805/04/05	05:57	N	2805/05/04	20:19	N
2805/09/29	21:47	N	2805/10/29	09:36	N
2809/01/22	19:07	N	2809/02/21	10:34	N

ANNO MS GG	ORA	T	ANNO MS GG	ORA	T
2812/05/17	14:15	N	2812/06/16	03:52	N
2812/11/10	02:54	N	2812/12/09	12:54	N
2816/03/05	06:41	N	2816/04/03	16:08	N
2816/08/28	22:23	N	2816/09/27	13:52	N
2819/06/29	02:32	N	2819/07/28	09:20	P
2819/12/22	14:52	N	2820/01/21	08:40	N
2823/04/16	13:36	N	2823/05/16	03:24	N
2823/10/11	05:14	N	2823/11/09	17:37	N
2827/02/03	03:21	N	2827/03/04	18:50	N
2827/07/29	16:32	P	2827/08/28	00:14	N
2830/05/28	21:07	N	2830/06/27	10:42	N
2830/11/21	11:22	N	2830/12/20	21:35	N
2834/03/16	15:14	N	2834/04/15	00:20	N
2834/09/09	05:09	N	2834/10/08	20:51	N
2838/01/01	23:04	N	2838/01/31	16:45	N
2841/04/26	21:10	N	2841/05/26	10:23	N
2841/10/21	12:47	N	2841/11/20	01:45	N
2845/02/13	11:32	N	2845/03/15	02:59	N
2845/08/08	23:58	N	2845/09/07	07:43	N
2848/06/08	03:52	N	2848/07/07	17:28	N
2848/12/31	06:19	N	2848/12/01	19:56	N
2852/03/26	23:41	N	2852/04/25	08:26	N
2852/09/19	12:02	N	2852/10/19	03:59	N
2856/01/13	07:18	N	2856/02/12	00:46	N
2859/05/08	04:36	N	2859/06/06	17:16	N
2859/11/01	20:28	N	2859/12/01	09:59	N
2863/02/24	19:38	N	2863/03/26	11:00	N
2863/08/20	07:28	N	2863/09/18	15:19	N
2866/12/13	04:36	N	2867/01/11	15:06	N
2870/04/07	07:59	N	2870/05/06	16:24	N
2870/09/30	19:05	N	2870/10/30	11:17	N
2874/01/23	15:36	N	2874/02/22	08:46	N
2874/07/20	14:18	N	2874/08/18	23:36	N
2877/05/18	11:56	N	2877/06/17	00:07	N
2877/11/12	04:15	N	2877/12/11	18:19	N
2881/03/07	03:37	N	2881/04/05	18:51	N
2881/08/30	15:01	N	2881/09/28	23:02	N
2884/12/23	13:20	N	2885/01/21	23:55	N
2888/04/17	16:11	N	2888/05/17	00:16	N
2888/10/11	02:16	N	2888/11/09	18:43	N
2892/02/03	23:52	N	2892/03/04	16:41	N
2892/07/30	21:18	N	2892/08/29	06:55	N
2895/11/23	12:09	N	2895/12/23	02:41	N
2899/03/18	11:28	N	2899/04/17	02:33	N
2899/09/10	22:40	N	2899/10/10	06:54	N
2903/01/04	22:08	N	2903/02/03	08:42	N
2906/04/30	00:14	N	2906/05/29	08:00	N
2906/10/23	09:38	N	2906/11/22	02:19	N
2910/02/15	08:08	N	2910/03/17	00:30	N
2910/08/12	04:19	N	2910/09/10	14:19	N
2913/12/04	20:08	N	2914/01/03	11:07	N
2917/03/29	19:11	N	2917/04/28	10:05	N
2917/09/22	06:25	N	2917/10/21	14:54	N

```
ANNO MS GG    ORA      T        ANNO MS GG    ORA      T

2921/01/15   06:58    N         2921/02/13   17:28    N
2924/05/10   08:10    N         2924/06/08   15:40    N
2928/02/26   16:19    N         2928/03/27   08:12    N
2928/08/22   11:20    N         2928/09/20   21:46    N
2931/12/16   04:13    N         2932/01/14   19:35    N
2935/04/10   02:45    N         2935/05/09   17:28    N
2935/10/03   14:16    N         2935/11/01   23:01    N
2939/01/26   15:47    N         2939/02/25   02:10    N
2939/07/22   13:07    N         2939/08/21   03:54    N
2942/05/21   15:58    N         2942/06/19   23:14    N
2946/03/09   00:27    N         2946/04/07   15:48    N
2946/09/02   18:24    N         2946/10/02   05:19    N
2949/12/26   12:22    N         2950/01/25   04:01    N
2953/04/20   10:07    N         2953/05/20   00:40    N
2953/10/13   22:15    N         2953/11/12   07:17    N
2957/02/06   00:36    N         2957/03/07   10:48    N
2957/08/31   10:27    N         2957/08/01   19:38    N
2960/05/31   23:39    N         2960/06/30   06:46    P
2964/03/19   08:29    N         2964/04/17   23:15    N
2964/09/13   01:31    N         2964/10/12   12:57    N
2968/01/06   20:33    N         2968/02/05   12:27    N
2968/07/30   21:30    N         2968/07/01   13:58    N
2971/05/31   07:45    N         2971/05/01   17:21    N
2971/10/25   06:21    N         2971/11/23   15:40    N
2975/02/17   09:22    N         2975/03/18   19:20    N
2975/08/13   02:12    N         2975/09/11   17:05    N
2982/03/30   16:25    N         2982/04/29   06:36    N
2982/09/24   08:43    N         2982/10/23   20:42    N
2986/01/17   04:45    N         2986/02/15   20:48    N
2986/07/12   21:23    N         2986/08/11   04:49    N
2989/11/04   14:35    N         2989/12/04   00:12    N
2993/02/27   18:05    N         2993/03/29   03:46    N
2993/08/23   08:50    N         2993/09/21   23:50    N
3000/10/05   16:00    N         3000/11/04   04:34    N
```

ANNI IN CUI IL DUO E' NELLO STESSO MESE
DUOS IN THE SAME MONTH

ANNO MESE TIPO

```
0019 12 N N
0074 01 N N
0269 07 N N
0356 05 N N
0367 04 N N
0443 03 N N
0595 01 N N
0605 12 N N
```

```
0768 09 N N
0790 07 N N
0877 05 N N
1116 01 N N
1126 12 N N
1213 10 N N
1289 09 N N
1300 08 N N
1311 07 N N
1376 07 N N
1694 12 N N
1705 11 N N
1716 10 N N
1817 05 N N
1904 03 N N
2172 10 N N
2208 05 N N
2219 04 N N
2284 04 N N
2295 03 N N
2382 01 N N
2566 08 N N
2577 07 N N
2664 05 N N
2773 01 N N
2838 01 N N
2848 12 N N
2957 08 N N
2968 07 N N
2971 05 N N
```

```
N=penombra - penumbral
P=parziale - partial
```

NUMERO DI DUO PER SECOLO

NUMER OF DUOS PRO CENTURY

1-100	45
101-200	31
201-300	18
301-400	19
401-500	39
501-600	44
601-700	46
701-800	31
801-900	17
901-1000	20
1001-1100	37
1101-1200	48
1201-1300	43
1301-1400	22
1401-1500	18
1501-1600	28
1601-1700	41
1701-1800	48
1801-1900	41
1901-2000	20
2001-2100	19
2101-2200	28
2201-2300	43
2301-2400	44
2401-2500	30
2501-2600	17
2601-2700	22
2701-2800	38
2801-2900	50
2901-3000	42

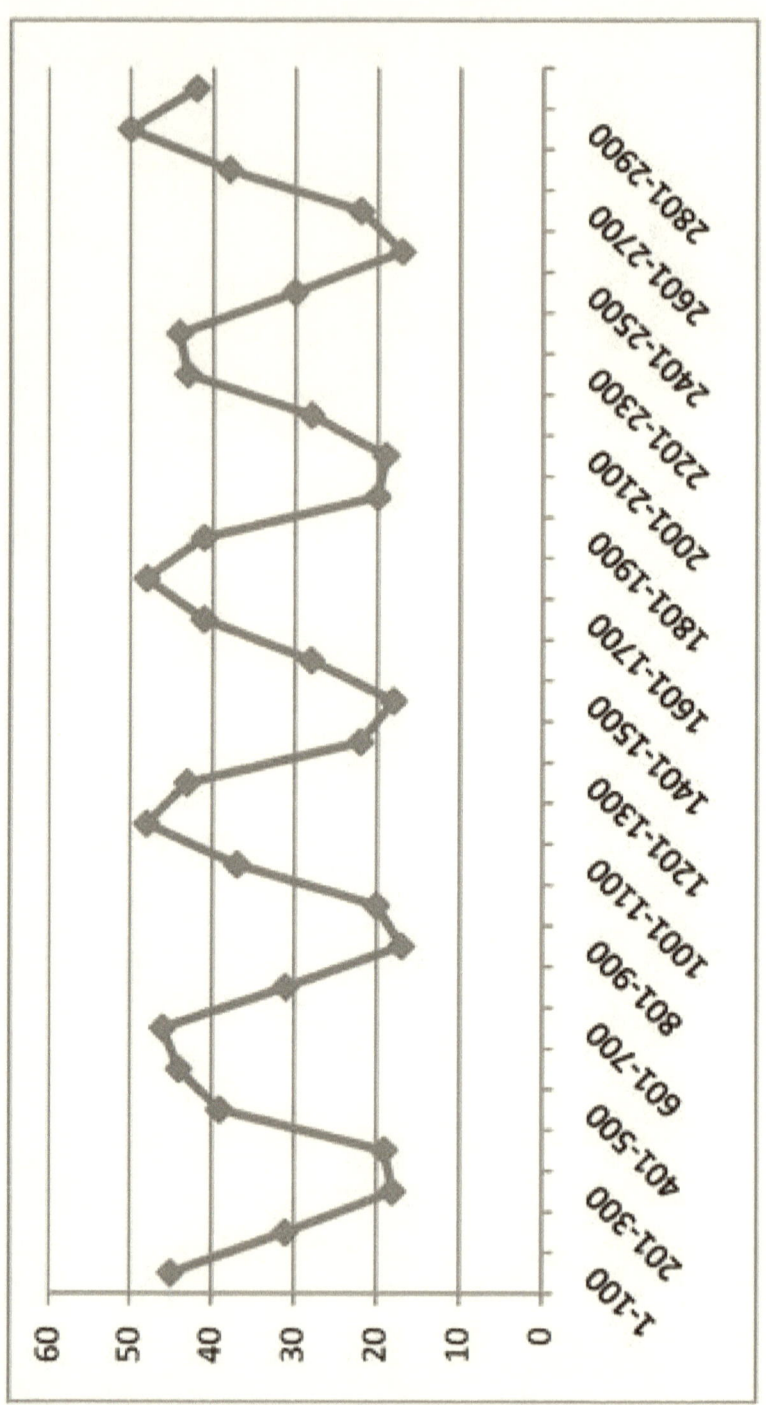

DOPPI DUO LUNARI
DOUBLE LUNAR DUOS
0-3000

Un duo è un paio di eclissi separate da una sola lunazione (mese sinodico). I doppi duo sono 2 duo consecutivi.
Sono riportati tutti i doppi duo dall'anno 0 al 3000.

A duo is a pair of eclipses separated by one lunation (synodic month). A double duo is a duo followed half a year later by another duo.
Are listed all double duos from year 0 to 3000.

ANNO = Year
MS = month
GG = day
ORA = time
T = type

N=penombra - penumbral
P=parziale - partial

ANNO/MS/GG	ORA	T	ANNO/MS/GG	ORA	T
0005/03/14	16:11	N	0070/03/15	13:32	N
0005/04/13	03:17	N	0070/04/14	04:47	N
0005/09/06	19:03	N	0070/09/09	01:41	N
0005/10/06	06:08	N	0070/10/08	12:33	N
0008/12/30	22:00	N	0074/01/02	02:55	N
0009/01/29	08:59	N	0074/01/31	15:49	N
0009/06/26	04:20	N	0074/06/27	09:19	N
0009/07/25	19:24	N	0074/07/26	18:44	N
0016/02/11	15:24	N	0081/02/12	08:27	N
0016/03/12	08:15	N	0081/03/13	17:37	N
0016/08/07	02:18	N	0081/08/08	06:47	N
0016/09/05	11:36	N	0081/09/06	23:25	N
0023/03/25	23:37	N	0092/01/13	11:20	N
0023/04/24	10:36	N	0092/02/12	00:06	N
0023/09/18	03:14	N	0092/07/07	16:41	N
0023/10/17	14:33	N	0092/08/06	02:09	N
0027/01/11	06:46	N	0110/01/23	19:38	N
0027/02/09	17:20	N	0110/02/22	08:15	N
0027/07/07	10:49	N	0110/07/19	00:08	N
0027/08/06	02:13	N	0110/08/17	09:43	N
0034/02/21	22:53	N	0128/02/04	03:47	N
0034/03/23	15:12	N	0128/03/04	16:14	N
0034/08/18	09:59	N	0128/07/29	07:41	N
0034/09/16	19:48	N	0128/08/27	17:26	N
0037/12/11	09:50	N	0146/02/14	11:47	N
0038/01/09	22:50	N	0146/03/16	00:03	N
0038/06/05	18:50	N	0146/08/09	15:23	N
0038/07/05	04:19	N	0146/09/08	01:19	N
0041/04/05	06:54	N	0149/12/02	15:57	N
0041/05/04	17:50	N	0150/01/01	03:23	N
0041/09/28	11:35	N	0150/05/29	02:07	N
0041/10/27	23:04	N	0150/06/27	16:47	N
0045/01/21	15:26	N	0164/02/25	19:37	N
0045/02/20	01:33	N	0164/03/26	07:42	N
0045/07/17	17:21	N	0164/08/19	23:13	N
0045/08/16	09:08	N	0164/09/18	09:22	N
0052/03/04	06:17	N	0167/12/14	00:53	N
0052/04/02	22:04	N	0168/01/12	12:05	N
0052/08/28	17:46	N	0168/06/08	08:29	N
0052/09/27	04:06	N	0168/07/07	23:19	N
0055/12/22	18:24	N	0185/12/24	09:45	N
0056/01/21	07:23	N	0186/01/22	20:39	N
0056/06/16	02:03	T	0186/06/19	14:53	N
0056/07/15	11:28	N	0186/07/19	05:57	N
0059/04/16	14:02	N	0204/01/04	18:36	N
0059/05/16	00:58	N	0204/02/03	05:09	N
0059/10/09	20:03	N	0204/06/29	21:18	N
0059/11/08	07:41	N	0204/07/29	12:38	N
0063/02/02	00:00	N	0403/04/23	04:41	N
0063/03/03	09:39	N	0403/05/22	12:31	N
0063/07/29	00:00	N	0403/10/16	08:50	N
0063/08/27	16:12	N	0403/11/14	23:59	N
			0421/05/03	12:07	N

ANNO MS GG	ORA	T	ANNO MS GG	ORA	T
0421/06/01	19:57	N	0508/08/26	12:17	N
0421/10/26	17:11	N	0508/09/25	02:02	N
0421/11/25	08:19	N	0515/04/14	10:07	N
0432/04/01	20:47	N	0515/05/13	19:11	N
0432/05/01	12:14	N	0515/10/08	20:07	N
0432/09/25	20:41	N	0515/11/07	13:29	N
0432/10/25	06:25	N	0526/03/14	17:53	N
0439/05/14	19:26	N	0526/04/13	02:39	N
0439/06/13	03:20	N	0526/09/06	19:56	N
0439/11/07	01:39	N	0526/10/06	09:51	N
0439/12/06	16:44	N	0533/04/24	17:39	N
0450/04/13	03:33	N	0533/05/24	02:20	N
0450/05/12	18:49	N	0533/10/19	03:54	N
0450/10/07	05:08	N	0533/11/17	21:42	N
0450/11/05	15:13	N	0544/03/25	01:43	N
0454/01/30	08:56	N	0544/04/23	10:17	N
0454/02/28	18:45	N	0544/09/17	03:47	N
0454/07/25	14:14	N	0544/10/16	17:52	N
0454/08/24	03:30	N	0551/05/06	01:07	N
0457/05/25	02:43	N	0551/06/04	09:30	N
0457/06/23	10:44	N	0551/10/30	11:47	N
0457/11/17	10:11	N	0551/11/29	05:56	N
0457/12/17	01:07	N	0555/02/22	09:27	N
0461/03/12	10:58	N	0555/03/24	02:18	N
0461/04/10	21:30	N	0555/08/18	08:40	N
0461/09/05	21:36	N	0555/09/16	17:01	N
0461/10/05	13:18	N	0562/04/05	09:26	N
0468/04/23	10:13	N	0562/05/04	17:52	N
0468/05/23	01:19	N	0562/09/28	11:47	N
0468/10/17	13:42	N	0562/10/28	02:00	N
0468/11/16	00:05	N	0566/01/21	13:52	N
0472/02/10	17:22	N	0566/02/20	02:29	N
0472/03/11	02:54	N	0566/07/18	04:15	N
0472/08/04	21:26	N	0566/08/16	17:49	N
0472/09/03	10:51	N	0573/03/04	16:47	N
0479/03/23	18:48	N	0573/04/03	09:18	N
0479/04/22	04:48	N	0573/08/28	16:37	N
0479/09/17	04:59	N	0573/09/27	01:22	N
0479/10/16	21:16	N	0580/04/15	17:00	N
0486/05/04	16:46	N	0580/05/15	01:20	N
0486/06/03	07:44	N	0580/10/08	19:56	N
0486/10/28	22:22	N	0580/11/07	10:16	N
0486/11/27	09:00	N	0584/02/01	22:18	N
0490/02/21	01:42	N	0584/03/02	10:21	N
0490/03/22	10:58	N	0584/07/28	11:01	N
0490/08/16	04:47	N	0584/08/27	01:07	N
0490/09/14	18:21	N	0591/03/15	23:57	N
0497/04/03	02:30	N	0591/04/14	16:08	N
0497/05/02	12:01	N	0591/09/09	00:42	N
0497/09/27	12:29	N	0591/10/08	09:52	N
0497/10/27	05:20	N	0595/01/02	03:17	N
0508/03/03	09:51	N	0595/01/31	14:02	N
0508/04/01	18:51	N	0595/06/27	11:49	N

ANNO MS GG	ORA	T	ANNO MS GG	ORA	T
0595/07/27	00:14	N	0685/02/24	21:43	N
0598/04/27	00:27	N	0685/03/26	07:20	N
0598/05/26	08:45	N	0685/08/19	23:48	N
0598/10/20	04:14	N	0685/09/18	12:40	N
0598/11/18	18:37	N	0688/12/12	23:15	N
0602/02/12	06:37	N	0689/01/11	12:53	N
0602/03/13	18:07	N	0689/06/08	19:21	N
0602/08/08	17:52	N	0689/07/08	07:59	N
0602/09/07	08:33	N	0696/01/25	03:52	N
0609/03/26	07:00	N	0696/02/23	21:54	N
0609/04/24	22:51	N	0696/07/20	05:54	N
0609/09/19	08:52	N	0696/08/18	13:20	N
0609/10/18	18:27	N	0706/12/24	07:57	N
0613/01/12	11:59	N	0707/01/22	21:14	N
0613/02/10	22:33	N	0707/06/20	01:56	N
0613/07/07	18:47	N	0707/07/19	14:55	N
0613/08/06	07:12	N	0714/02/04	11:37	N
0620/02/23	14:50	N	0714/03/06	05:19	N
0620/03/24	01:45	N	0714/07/31	13:32	N
0620/08/19	00:50	N	0714/08/29	21:19	N
0620/09/17	16:05	N	0717/11/23	12:21	N
0631/01/23	20:37	N	0717/12/22	23:34	N
0631/02/22	06:58	N	0718/05/19	02:50	N
0631/07/19	01:51	N	0718/06/17	15:07	N
0631/08/17	14:19	N	0725/01/03	16:39	N
0638/03/05	22:55	N	0725/02/02	05:30	N
0638/04/04	09:16	N	0725/06/30	08:31	N
0638/08/30	07:54	N	0725/07/29	21:53	N
0638/09/28	23:45	N	0735/12/04	21:09	N
0641/12/23	04:02	N	0736/01/03	08:26	N
0642/01/21	22:43	N	0736/05/29	09:44	N
0642/06/18	07:17	N	0736/06/27	21:46	N
0642/07/17	14:00	N	0743/01/15	01:16	N
0649/02/03	05:07	N	0743/02/13	13:38	N
0649/03/04	15:14	N	0743/07/11	15:07	N
0649/07/29	09:01	N	0743/08/10	04:57	N
0649/08/27	21:35	N	0753/12/15	05:57	N
0656/03/16	06:53	N	0754/01/13	17:14	N
0656/04/14	16:42	N	0754/06/09	16:38	N
0656/09/09	15:07	N	0754/07/09	04:30	N
0656/10/09	07:33	N	0761/01/25	09:50	N
0660/01/03	12:03	N	0761/02/23	21:42	N
0660/02/02	06:35	N	0761/07/21	21:45	N
0660/06/28	14:47	N	0761/08/20	12:04	N
0660/07/27	21:41	N	0771/12/26	14:44	N
0667/02/14	13:30	N	0772/01/25	01:58	N
0667/03/15	23:21	N	0772/06/19	23:34	N
0667/08/09	16:20	N	0772/07/19	11:20	N
0667/09/08	05:02	N	0808/01/17	08:06	N
0678/01/13	20:01	N	0808/02/15	19:02	N
0678/02/12	14:20	N	0808/07/11	13:38	N
0678/07/09	22:18	N	0808/08/10	01:21	N
0678/08/08	05:26	N	0971/04/13	14:16	N

ANNO MS GG	ORA	T	ANNO MS GG	ORA	T
0971/05/13	03:34	N	1083/09/28	16:58	N
0971/10/07	01:54	N	1083/10/28	10:08	N
0971/11/05	12:05	N	1090/05/16	09:12	N
0989/04/23	21:10	N	1090/06/14	20:15	N
0989/05/23	10:25	N	1090/11/10	04:10	N
0989/10/17	10:26	N	1090/12/09	19:26	N
0989/11/15	20:49	N	1094/03/05	03:02	N
1000/03/22	21:01	N	1094/04/03	17:29	N
1000/04/21	10:21	N	1094/08/28	13:27	N
1000/09/16	12:18	N	1094/09/26	22:19	N
1000/10/16	01:09	N	1101/04/15	15:28	N
1007/05/05	03:55	N	1101/05/14	22:36	N
1007/06/03	17:12	N	1101/10/09	00:42	N
1007/10/28	19:05	N	1101/11/07	18:03	N
1007/11/27	05:38	N	1105/02/01	00:35	N
1018/04/03	04:25	N	1105/03/02	16:05	N
1018/05/02	17:12	N	1105/07/28	17:59	N
1018/09/27	20:04	N	1105/08/27	04:44	N
1018/10/27	09:29	N	1112/03/15	10:26	N
1025/05/15	10:33	N	1112/04/14	00:42	N
1025/06/13	23:55	N	1112/09/07	21:29	N
1025/11/08	03:49	N	1112/10/07	06:39	N
1025/12/07	14:29	N	1119/04/26	23:11	N
1029/03/03	07:25	N	1119/05/26	06:09	N
1029/04/01	15:45	N	1119/10/20	08:33	N
1029/08/26	18:51	N	1119/11/19	02:02	N
1029/09/25	11:15	N	1123/02/12	08:36	N
1036/04/13	11:44	N	1123/03/13	23:31	N
1036/05/13	00:00	N	1123/08/09	01:09	N
1036/10/08	03:55	N	1123/09/07	12:27	N
1036/11/06	17:53	N	1130/03/26	17:41	N
1043/05/26	17:06	N	1130/04/25	07:48	N
1043/06/25	06:37	N	1130/09/19	05:38	N
1043/11/19	12:39	N	1130/10/18	15:06	N
1043/12/18	23:22	N	1137/05/07	06:45	N
1047/03/14	15:39	N	1137/06/05	13:37	N
1047/04/12	23:37	N	1137/10/30	16:35	N
1047/09/07	02:03	N	1137/11/29	10:07	N
1047/10/06	18:43	N	1141/02/22	16:32	N
1054/04/24	18:56	N	1141/03/24	06:50	N
1054/05/24	06:45	N	1141/08/19	08:24	N
1054/10/19	11:55	N	1141/09/17	20:16	N
1054/11/18	02:22	T	1148/04/06	00:44	N
1065/03/24	23:42	N	1148/05/05	14:44	N
1065/04/23	07:21	N	1148/09/29	13:56	N
1065/09/17	09:26	N	1148/10/28	23:42	N
1065/10/17	02:22	N	1152/01/23	17:49	N
1072/05/05	02:06	N	1152/02/22	03:30	N
1072/06/03	13:30	N	1152/07/18	08:46	N
1072/10/29	19:59	N	1152/08/16	23:51	N
1072/11/28	10:53	N	1159/03/06	00:21	N
1083/04/05	07:40	N	1159/04/04	14:02	N
1083/05/04	15:02	N	1159/08/30	15:44	N

ANNO MS GG	ORA	T	ANNO MS GG	ORA	T
1159/09/29	04:12	N	1246/01/03	18:23	N
1166/04/17	07:40	N	1246/02/02	10:38	N
1166/05/16	21:34	N	1246/06/30	15:29	N
1166/10/10	22:22	N	1246/07/30	01:36	N
1166/11/09	08:23	N	1253/02/15	05:24	N
1170/02/03	02:28	N	1253/03/16	20:53	N
1170/03/04	11:49	N	1253/08/10	18:02	N
1170/07/29	15:30	N	1253/09/09	02:09	N
1170/08/28	06:46	N	1264/01/15	02:43	N
1177/03/16	08:02	N	1264/02/13	18:29	N
1177/04/14	21:07	N	1264/07/10	22:27	N
1177/09/09	23:11	N	1264/08/09	08:59	N
1177/10/09	12:16	N	1271/02/26	13:03	N
1181/01/02	21:27	N	1271/03/28	04:20	N
1181/02/01	13:28	N	1271/08/22	01:50	N
1181/06/28	11:40	N	1271/09/20	10:15	N
1181/07/27	19:06	N	1274/12/15	02:55	N
1188/02/14	11:02	N	1275/01/13	13:26	N
1188/03/14	20:02	N	1275/06/09	23:47	N
1188/08/08	22:20	N	1275/07/09	14:17	N
1188/09/07	13:49	N	1282/01/25	11:00	N
1195/03/27	15:37	N	1282/02/24	02:14	N
1195/04/26	04:07	N	1282/07/22	05:25	N
1195/09/21	06:45	N	1282/08/20	16:26	N
1195/10/20	20:26	N	1292/12/25	11:48	N
1199/01/14	05:37	N	1293/01/23	22:11	N
1199/02/12	21:34	N	1293/06/20	06:19	N
1199/07/09	19:09	N	1293/07/19	20:47	N
1199/08/08	02:40	N	1318/02/16	03:15	N
1206/02/24	19:27	N	1318/03/17	17:20	N
1206/03/26	04:06	N	1318/08/12	19:31	N
1206/08/20	05:20	N	1318/09/11	07:37	N
1206/09/18	21:03	N	1329/01/16	05:28	N
1209/12/13	01:38	N	1329/02/14	15:24	N
1210/01/11	18:39	N	1329/07/11	19:30	N
1210/06/09	01:34	N	1329/08/10	10:04	N
1210/07/08	11:02	N	1347/01/27	14:11	N
1217/01/24	13:40	N	1347/02/25	23:50	N
1217/02/23	05:29	N	1347/07/23	02:13	N
1217/07/20	02:42	N	1347/08/21	16:53	N
1217/08/18	10:22	N	1528/05/04	10:34	N
1224/03/07	03:46	N	1528/06/02	20:47	N
1224/04/05	12:03	N	1528/10/27	15:46	N
1224/08/30	12:29	N	1528/11/26	04:00	N
1224/09/29	04:26	N	1546/05/15	17:38	N
1227/12/24	10:00	N	1546/06/14	03:55	N
1228/01/23	02:41	N	1546/11/08	00:19	N
1228/06/19	08:32	N	1546/12/07	12:36	N
1228/07/18	18:17	N	1557/04/13	18:12	N
1235/02/04	21:37	N	1557/05/13	09:21	N
1235/03/06	13:17	N	1557/10/08	05:46	N
1235/07/31	10:18	N	1557/11/06	16:43	N
1235/08/29	18:11	N	1564/05/26	00:35	N

ANNO MS GG	ORA	T	ANNO MS GG	ORA	T
1564/06/24	11:01	N	1680/09/08	17:35	N
1564/11/18	08:59	N	1680/10/08	03:06	N
1564/12/17	21:14	N	1687/04/27	14:36	N
1575/04/25	01:04	N	1687/05/27	01:28	N
1575/05/24	15:49	N	1687/10/20	18:50	N
1575/10/19	14:00	N	1687/11/19	06:19	N
1575/11/18	01:23	N	1698/03/26	14:06	N
1582/06/06	07:27	N	1698/04/25	06:11	N
1582/07/05	18:06	N	1698/09/20	01:18	N
1582/12/09	17:43	N	1698/10/19	11:20	N
1583/01/08	05:53	N	1702/01/14	01:33	N
1593/05/15	07:53	N	1702/02/12	14:21	N
1593/06/13	22:18	N	1702/07/09	09:41	N
1593/11/08	22:20	N	1702/08/07	19:20	N
1593/12/08	10:06	N	1709/02/24	06:50	N
1600/06/26	14:16	N	1709/03/25	16:43	N
1600/07/26	01:11	N	1709/08/20	08:28	N
1600/12/20	02:30	N	1709/09/19	00:30	N
1601/01/18	14:30	N	1720/01/25	10:04	N
1611/05/26	14:36	N	1720/02/23	22:48	N
1611/06/25	04:43	N	1720/07/19	16:55	N
1611/11/20	06:46	N	1720/08/18	02:32	N
1611/12/19	18:53	N	1723/05/20	04:52	N
1615/03/15	08:15	N	1723/06/18	15:45	N
1615/04/13	19:37	N	1723/11/12	11:42	N
1615/09/07	10:46	N	1723/12/11	23:26	N
1615/10/06	21:29	N	1727/03/07	15:16	N
1633/03/25	16:04	N	1727/04/06	00:42	N
1633/04/24	03:16	N	1727/08/31	15:12	N
1633/09/17	18:34	N	1727/09/30	07:40	N
1633/10/17	05:28	N	1734/04/18	04:32	N
1640/05/05	19:22	N	1734/05/17	19:38	N
1640/06/04	02:44	N	1734/10/12	17:08	N
1640/10/29	17:26	N	1734/11/11	04:10	N
1640/11/28	12:11	N	1738/02/04	18:29	N
1651/04/05	23:45	N	1738/03/06	07:07	N
1651/05/05	10:48	N	1738/07/31	00:13	N
1651/09/29	02:30	N	1738/08/29	09:51	N
1651/10/28	13:37	N	1745/03/17	23:37	N
1658/05/17	03:01	N	1745/04/16	08:35	N
1658/06/15	10:07	N	1745/09/10	22:02	N
1658/11/10	01:09	N	1745/10/10	14:57	N
1658/12/09	20:10	N	1752/04/28	11:35	N
1669/04/16	07:15	N	1752/05/28	02:14	N
1669/05/15	18:11	N	1752/10/23	01:13	N
1669/10/09	10:35	N	1752/11/21	12:44	N
1669/11/07	21:54	N	1756/02/16	02:48	N
1676/05/27	10:37	N	1756/03/16	15:18	N
1676/06/25	17:32	N	1756/08/10	07:36	N
1676/11/20	08:58	N	1756/09/08	17:19	N
1676/12/20	04:11	N	1763/03/29	07:49	N
1680/03/15	06:41	N	1763/04/27	16:20	N
1680/04/13	23:18	N	1763/09/22	05:03	N

ANNO MS GG	ORA	T	ANNO MS GG	ORA	T
1763/10/21	22:22	N	1850/01/28	01:06	N
1767/01/15	01:08	N	1850/02/26	11:48	N
1767/02/13	19:59	N	1850/07/24	05:40	N
1767/07/11	16:27	N	1850/08/22	20:55	N
1767/08/10	00:03	N	1860/12/28	03:34	N
1774/02/26	10:59	N	1861/01/26	16:54	N
1774/03/27	23:19	N	1861/06/22	14:35	N
1774/08/21	15:06	N	1861/07/21	23:50	N
1774/09/20	00:57	N	1864/04/22	01:36	N
1781/04/08	15:55	N	1864/05/21	13:12	N
1781/05/08	00:01	N	1864/10/15	06:31	N
1781/10/02	12:11	N	1864/11/13	17:21	N
1781/11/01	05:56	N	1868/02/08	09:50	N
1785/01/25	09:11	N	1868/03/08	20:10	N
1785/02/24	03:42	N	1868/08/03	12:09	N
1785/07/21	23:45	N	1868/09/02	03:41	N
1785/08/20	07:38	N	1879/01/08	12:04	N
1792/03/08	19:02	N	1879/02/07	01:29	N
1792/04/07	07:12	N	1879/07/03	21:51	N
1792/08/31	22:42	N	1879/08/02	06:58	N
1792/09/30	08:43	N	1886/02/18	18:29	N
1803/02/06	17:10	N	1886/03/20	04:24	N
1803/03/08	11:17	N	1886/08/14	18:42	N
1803/08/03	07:05	N	1886/09/13	10:35	N
1803/09/01	15:19	N	1897/01/18	20:33	N
1810/03/21	02:55	N	1897/02/17	09:58	N
1810/04/19	14:54	N	1897/07/14	05:05	N
1810/09/13	06:27	N	1897/08/12	14:09	N
1810/10/12	16:39	N	1915/01/31	04:57	N
1821/02/17	01:05	N	1915/03/01	18:19	N
1821/03/18	18:45	N	1915/07/26	12:24	N
1821/08/13	14:26	N	1915/08/24	21:27	N
1821/09/11	23:05	N	1933/02/10	13:17	N
1828/03/31	10:39	N	1933/03/12	02:33	N
1828/04/29	22:28	N	1933/08/05	19:46	N
1828/09/23	14:19	N	1933/09/04	04:52	N
1828/10/23	00:45	N	1951/02/21	21:29	N
1832/01/17	16:18	N	1951/03/23	10:37	N
1832/02/16	03:21	N	1951/08/17	03:14	N
1832/07/12	23:16	N	1951/09/15	12:27	N
1832/08/11	14:15	N	2096/05/07	11:21	N
1839/02/28	08:54	N	2096/06/06	02:40	N
1839/03/30	02:03	N	2096/10/31	11:27	N
1839/08/24	21:52	N	2096/11/29	21:19	N
1839/09/23	06:57	N	2114/05/19	18:04	N
1842/12/17	19:02	N	2114/06/18	09:13	N
1843/01/16	08:14	N	2114/11/12	19:55	N
1843/06/12	07:22	N	2114/12/12	06:05	N
1843/07/11	16:50	N	2132/05/30	00:38	N
1846/04/11	18:11	N	2132/06/28	15:41	N
1846/05/11	05:54	N	2132/11/23	04:31	N
1846/10/04	22:21	N	2132/12/22	14:55	N
1846/11/03	08:59	N	2150/06/10	07:10	N

ANNO MS GG	ORA	T	ANNO MS GG	ORA	T
2150/07/09	22:08	N	2273/10/26	23:10	N
2150/12/04	13:10	N	2273/11/25	08:52	N
2151/01/02	23:46	N	2277/02/19	02:19	N
2154/03/29	16:00	N	2277/03/20	12:34	N
2154/04/28	00:59	N	2277/08/14	08:51	N
2154/09/21	19:24	N	2277/09/12	21:39	N
2154/10/21	09:21	N	2280/06/13	21:28	N
2190/04/20	07:57	N	2280/07/13	05:42	N
2190/05/19	16:29	N	2280/12/07	03:22	N
2190/10/13	10:37	N	2281/01/05	17:56	N
2190/11/12	00:54	N	2284/04/01	04:51	N
2208/05/01	15:42	N	2284/04/30	15:41	N
2208/05/31	00:03	N	2284/09/25	15:29	N
2208/10/24	18:29	N	2284/10/25	06:51	N
2208/11/23	08:55	N	2291/05/14	04:09	N
2219/04/01	00:10	N	2291/06/12	19:37	N
2219/04/30	16:43	N	2291/11/07	07:31	N
2219/09/24	22:48	N	2291/12/06	17:34	N
2219/10/24	07:22	N	2295/03/02	10:50	N
2226/05/12	23:19	N	2295/03/31	20:52	N
2226/06/11	07:33	N	2295/08/25	15:56	N
2226/11/05	02:30	N	2295/09/24	04:49	N
2226/12/04	17:02	N	2302/04/13	12:48	N
2237/04/11	07:22	N	2302/05/12	23:06	N
2237/05/10	23:37	N	2302/10/07	22:38	N
2237/10/05	06:49	N	2302/11/06	14:35	N
2237/11/03	15:45	N	2306/01/30	19:08	N
2244/05/23	06:48	N	2306/03/01	13:31	N
2244/06/21	14:59	N	2306/07/26	20:50	N
2244/11/15	10:40	N	2306/08/25	03:42	N
2244/12/15	01:16	N	2313/03/13	19:14	N
2248/03/10	12:36	N	2313/04/12	05:00	N
2248/04/09	00:33	N	2313/09/05	23:08	N
2248/09/04	01:30	N	2313/10/05	12:08	N
2248/10/03	15:43	N	2320/04/23	20:38	N
2255/04/22	14:27	N	2320/05/23	06:26	N
2255/05/22	06:24	N	2320/10/18	05:56	N
2255/10/16	14:55	N	2320/11/16	22:26	N
2255/11/15	00:15	N	2324/02/11	03:05	N
2259/02/08	17:42	N	2324/03/11	21:17	N
2259/03/10	04:10	N	2324/08/06	04:19	N
2259/08/04	01:53	N	2324/09/04	11:23	N
2259/09/02	14:38	N	2331/03/25	03:29	N
2262/06/03	14:11	N	2331/04/23	13:01	N
2262/07/02	22:22	N	2331/09/17	06:29	N
2262/11/26	18:57	N	2331/10/16	19:37	N
2262/12/26	09:34	N	2338/05/05	04:23	N
2266/03/21	20:47	N	2338/06/03	13:42	N
2266/04/20	08:10	N	2338/10/29	13:22	N
2266/09/15	08:26	N	2338/11/28	06:24	N
2266/10/14	23:13	N	2342/02/21	10:56	N
2273/05/02	21:22	N	2342/03/23	04:55	N
2273/06/01	13:04	N	2342/08/17	11:52	N

ANNO MS GG	ORA	T	ANNO MS GG	ORA	T
2342/09/15	19:11	N	2436/02/03	04:50	N
2349/04/04	11:36	N	2436/03/03	15:44	N
2349/05/03	20:54	N	2436/07/28	13:12	N
2349/09/27	13:59	N	2436/08/27	01:20	N
2349/10/27	03:17	N	2443/03/16	08:03	N
2356/05/15	12:00	N	2443/04/14	19:18	N
2356/06/13	20:55	N	2443/09/09	18:43	N
2356/11/08	20:55	N	2443/10/09	09:39	N
2356/12/08	14:26	N	2454/02/13	13:28	N
2360/03/03	18:40	N	2454/03/15	00:13	N
2360/04/02	12:21	N	2454/08/08	20:10	N
2360/08/27	19:27	N	2454/09/07	08:17	N
2360/09/26	03:05	N	2472/02/24	22:00	N
2367/04/15	19:34	N	2472/03/25	08:34	N
2367/05/15	04:39	N	2472/08/19	03:15	N
2367/10/08	21:38	N	2472/09/17	15:24	N
2367/11/07	11:05	N	2490/03/07	06:26	N
2371/01/31	22:17	N	2490/04/05	16:47	N
2371/03/02	11:32	N	2490/08/30	10:25	N
2371/07/28	15:56	N	2490/09/28	22:40	N
2371/08/27	04:56	N	2635/05/24	03:53	N
2378/03/15	02:17	N	2635/06/22	16:51	N
2378/04/13	19:40	N	2635/11/16	15:19	N
2378/09/08	03:08	N	2635/12/16	01:43	N
2378/10/07	11:07	N	2653/06/03	10:43	N
2385/04/26	03:23	N	2653/07/02	23:43	N
2385/05/25	12:17	N	2653/11/26	23:51	N
2385/10/19	05:26	N	2653/12/26	10:25	N
2385/11/17	19:03	N	2671/06/14	17:26	N
2389/02/11	06:50	N	2671/07/14	06:30	N
2389/03/12	19:38	N	2671/12/08	08:30	N
2389/08/07	22:34	N	2672/01/06	19:10	N
2389/09/06	11:59	N	2689/06/25	00:03	N
2396/03/25	09:45	N	2689/07/24	13:15	N
2396/04/24	02:47	N	2689/12/18	17:13	N
2396/09/18	10:55	N	2690/01/17	03:57	N
2396/10/17	19:16	N	2700/05/25	00:53	N
2400/01/12	11:24	N	2700/06/23	13:21	N
2400/02/10	22:28	N	2700/11/18	17:56	N
2400/07/06	23:25	N	2700/12/18	07:43	N
2400/08/05	11:44	N	2707/07/07	06:36	N
2407/02/22	15:20	N	2707/08/05	19:59	N
2407/03/24	03:39	N	2707/12/31	02:00	N
2407/08/19	05:13	N	2708/01/29	12:44	N
2407/09/17	19:06	N	2718/06/05	07:59	N
2418/01/22	20:08	N	2718/07/04	20:02	N
2418/02/21	07:08	N	2718/11/30	01:59	N
2418/07/18	06:17	N	2718/12/29	16:13	N
2418/08/16	18:29	N	2729/05/05	12:18	N
2425/03/04	23:45	N	2729/06/03	19:47	N
2425/04/03	11:33	N	2729/10/28	23:34	N
2425/08/29	11:56	N	2729/11/27	16:54	N
2425/09/28	02:19	N	2736/06/15	15:03	N

ANNO MS GG	ORA	T	ANNO MS GG	ORA	T
2736/07/15	02:44	N	2816/08/28	22:23	N
2736/12/10	10:07	N	2816/09/27	13:52	N
2737/01/09	00:44	N	2823/04/16	13:36	N
2747/05/16	20:08	N	2823/05/16	03:24	N
2747/06/15	03:23	N	2823/10/11	05:14	N
2747/11/09	07:09	N	2823/11/09	17:37	N
2747/12/09	00:41	N	2830/05/28	21:07	N
2754/06/26	22:05	N	2830/06/27	10:42	N
2754/07/26	09:28	N	2830/11/21	11:22	N
2754/12/21	18:19	N	2830/12/20	21:35	N
2755/01/20	09:15	N	2834/03/16	15:14	N
2758/04/15	16:44	N	2834/04/15	00:20	N
2758/05/15	06:42	N	2834/09/09	05:09	N
2758/10/09	02:18	N	2834/10/08	20:51	N
2758/11/07	11:31	N	2841/04/26	21:10	N
2765/05/27	03:52	N	2841/05/26	10:23	N
2765/06/25	10:54	N	2841/10/21	12:47	N
2765/11/19	14:53	N	2841/11/20	01:45	N
2765/12/19	08:36	N	2845/02/13	11:32	N
2769/03/14	14:17	N	2845/03/15	02:59	N
2769/04/13	05:49	N	2845/08/08	23:58	N
2769/09/08	07:11	N	2845/09/07	07:43	N
2769/10/07	17:54	N	2852/03/26	23:41	N
2776/04/26	00:04	N	2852/04/25	08:26	N
2776/05/25	13:53	N	2852/09/19	12:02	N
2776/10/19	10:22	N	2852/10/19	03:59	N
2776/11/17	19:51	N	2859/05/08	04:36	N
2783/06/07	11:30	N	2859/06/06	17:16	N
2783/07/06	18:24	N	2859/11/01	20:28	N
2783/11/30	22:45	N	2859/12/01	09:59	N
2783/12/30	16:33	N	2863/02/24	19:38	N
2787/03/25	22:09	N	2863/03/26	11:00	N
2787/04/24	13:07	N	2863/08/20	07:28	N
2787/09/19	14:27	N	2863/09/18	15:19	N
2787/10/19	01:42	N	2870/04/07	07:59	N
2794/05/07	07:14	N	2870/05/06	16:24	N
2794/06/05	20:56	N	2870/09/30	19:05	N
2794/10/30	18:35	N	2870/10/30	11:17	N
2794/11/29	04:20	N	2874/01/23	15:36	N
2801/06/17	19:03	N	2874/02/22	08:46	N
2801/07/17	01:51	N	2874/07/20	14:18	N
2801/12/11	06:45	N	2874/08/18	23:36	N
2802/01/10	00:36	N	2877/05/18	11:56	N
2805/04/05	05:57	N	2877/06/17	00:07	N
2805/05/04	20:19	N	2877/11/12	04:15	N
2805/09/29	21:47	N	2877/12/11	18:19	N
2805/10/29	09:36	N	2881/03/07	03:37	N
2812/05/17	14:15	N	2881/04/05	18:51	N
2812/06/16	03:52	N	2881/08/30	15:01	N
2812/11/10	02:54	N	2881/09/28	23:02	N
2812/12/09	12:54	N	2888/04/17	16:11	N
2816/03/05	06:41	N	2888/05/17	00:16	N
2816/04/03	16:08	N	2888/10/11	02:16	N

ANNO MS GG	ORA	T	ANNO MS GG	ORA	T
2888/11/09	18:43	N	2946/03/09	00:27	N
2892/02/03	23:52	N	2946/04/07	15:48	N
2892/03/04	16:41	N	2946/09/02	18:24	N
2892/07/30	21:18	N	2946/10/02	05:19	N
2892/08/29	06:55	N	2953/04/20	10:07	N
2899/03/18	11:28	N	2953/05/20	00:40	N
2899/04/17	02:33	N	2953/10/13	22:15	N
2899/09/10	22:40	N	2953/11/12	07:17	N
2899/10/10	06:54	N	2964/03/19	08:29	N
2906/04/30	00:14	N	2964/04/17	23:15	N
2906/05/29	08:00	N	2964/09/13	01:31	N
2906/10/23	09:38	N	2964/10/12	12:57	N
2906/11/22	02:19	N	2971/05/01	17:21	N
2910/02/15	08:08	N	2971/05/31	07:45	N
2910/03/17	00:30	N	2971/10/25	06:21	N
2910/08/12	04:19	N	2971/11/23	15:40	N
2910/09/10	14:19	N	2975/02/17	09:22	N
2917/03/29	19:11	N	2975/03/18	19:20	N
2917/04/28	10:05	N	2975/08/13	02:12	N
2917/09/22	06:25	N	2975/09/11	17:05	N
2917/10/21	14:54	N	2982/03/30	16:25	N
2928/02/26	16:19	N	2982/04/29	06:36	N
2928/03/27	08:12	N	2982/09/24	08:43	N
2928/08/22	11:20	N	2982/10/23	20:42	N
2928/09/20	21:46	N	2986/01/17	04:45	N
2935/04/10	02:45	N	2986/02/15	20:48	N
2935/05/09	17:28	N	2986/07/12	21:23	N
2935/10/03	14:16	N	2986/08/11	04:49	N
2935/11/01	23:01	N	2993/02/27	18:05	N
2939/01/26	15:47	N	2993/03/29	03:46	N
2939/02/25	02:10	N	2993/08/23	08:50	N
2939/07/22	13:07	N	2993/09/21	23:50	N
2939/08/21	03:54	N			

Numero di doppi duos secolo per secolo : notare la peridicità di 586 anni.

Number of double duos per periods of 100 years : there is a periodicity of 586 years.

```
   1-100      17
 101-200       7
 201-300       1
 301-400       0
 401-500      14
 501-600      15
 601-700      15
 701-800       9
 801-900       1
 901-1000      2
1001-1100     14
```

1101-1200	18
1201-1300	13
1301-1400	3
1401-1500	0
1501-1600	7
1601-1700	12
1701-1800	16
1801-1900	15
1901-2000	3
2001-2100	1
2101-2200	5
2201-2300	16
2301-2400	18
2401-2500	8
2501-2600	0
2601-2700	5
2701-2800	13
2801-2900	19
2901-3000	14

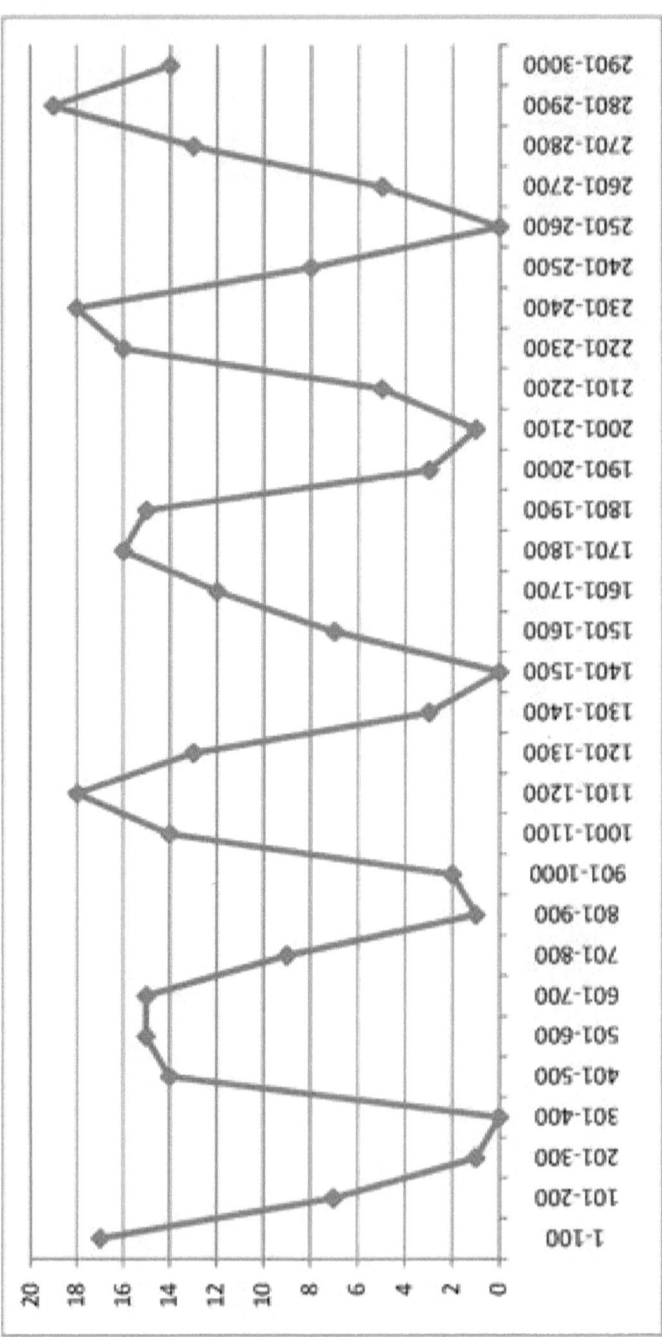

TETRADS
2000-3000

Sono dette tetrads le serie consecutive di 4 eclissi totali di Luna

Le eclissi totali di Luna avvengono generalmente in gruppi di 2 o 3, più raramente in gruppi di 4.
Ciò accade se esse sono separate da sole 6 lunazioni. Queste serie di eclissi lunari totali consecutive sono dette Tetrads.
Il fenomeno fu studiato attentamente già nel secolo scorso dal nostro connazionale G. Schiapparelli,
il quale notò che le serie si ripetono ogni 300 anni circa e durano altrettanti 300 anni.
Inoltre i tetrads iniziano sempre tra metà febbraio e metà giugno.

When four consecutive lunar eclipses are all total eclipses, the group is known as a tetrad

GG MM AAAA : data nel formato giorno/mese/anno
HH MM SS : ore, minuti e secondi
DT : differenza TDT-UT
TIPO : T=totale P=parziale N=penombrale
T1 : inizio della fase di parzialità
T2 : inizio della fase di totalità
T3 : massimo dell'eclisse
T4 : fine della fase di totalità
T5 : fine della fase di parzialità
MPEN : magnitudine della fase di penombra
MUMB : magnitudine della fase d'ombra

GG MM AAAA : date in the format dd/mm/yyyy
HH MM SS: hours, minutes and seconds
DT : difference between Dynamical Time and Universal Time
TIPO : T=total P=partiale N=penumbral
T1 : partial eclipse begins
T2 : total eclipse begins
T3 : maximum eclipse
T4 : total eclipse ends
T5 : partial eclipse ends
MPEN : magnitude of penumbral eclipse
MUMB : magnitude of umbral eclipse

AAAA/MM/GG	AAAA/MM/GG	AAAA/MM/GG	AAAA/MM/GG
0162/04/17	0162/10/11	0163/04/06	0163/09/30
0180/04/27	0180/10/21	0181/04/17	0181/10/10
0198/05/08	0198/11/01	0199/04/28	0199/10/21
0227/04/19	0227/10/12	0228/04/07	0228/10/01
0238/03/18	0238/09/11	0239/03/07	0239/09/01
0245/04/29	0245/10/22	0246/04/18	0246/10/12
0256/03/28	0256/09/21	0257/03/17	0257/09/11
0267/02/26	0267/08/22	0268/02/15	0268/08/10
0285/03/08	0285/09/01	0286/02/26	0286/08/21
0332/02/28	0332/08/22	0333/02/16	0333/08/12
0350/03/10	0350/09/02	0351/02/27	0351/08/23
0361/02/06	0361/08/03	0362/01/26	0362/07/23
0390/01/17	0390/07/13	0391/01/07	0391/07/02
0408/01/29	0408/07/24	0409/01/17	0409/07/13
0437/01/08	0437/07/03	0437/12/28	0438/06/23
0455/01/19	0455/07/15	0456/01/09	0456/07/03
0766/04/29	0766/10/22	0767/04/18	0767/10/12
0784/05/09	0784/11/02	0785/04/29	0785/10/22
0795/04/09	0795/10/03	0796/03/28	0796/09/21
0802/05/21	0802/11/13	0803/05/10	0803/11/02
0813/04/19	0813/10/13	0814/04/08	0814/10/03
0824/03/18	0824/09/12	0825/03/08	0825/09/01
0842/03/30	0842/09/23	0843/03/19	0843/09/12
0860/04/09	0860/10/03	0861/03/30	0861/09/22
0878/04/20	0878/10/15	0879/04/10	0879/10/04
0889/03/21	0889/09/13	0890/03/10	0890/09/02
0900/02/18	0900/08/13	0901/02/06	0901/08/03
0918/02/28	0918/08/24	0919/02/17	0919/08/14
0936/03/11	0936/09/04	0937/02/28	0937/08/24
0947/02/08	0947/08/04	0948/01/28	0948/07/23
0965/02/18	0965/08/15	0966/02/08	0966/08/04
0976/01/19	0976/07/14	0977/01/08	0977/07/03
0994/01/30	0994/07/25	0995/01/19	0995/07/14
1305/05/09	1305/11/02	1306/04/29	1306/10/22
1323/05/21	1323/11/13	1324/05/09	1324/11/01
1341/05/31	1341/11/23	1342/05/21	1342/11/13
1352/04/30	1352/10/23	1353/04/19	1353/10/13
1370/05/11	1370/11/04	1371/04/30	1371/10/24
1381/04/09	1381/10/04	1382/03/30	1382/09/23
1399/04/20	1399/10/15	1400/04/09	1400/10/03
1410/03/21	1410/09/13	1411/03/10	1411/09/02
1417/05/01	1417/10/25	1418/04/20	1418/10/14
1428/03/31	1428/09/23	1429/03/20	1429/09/13
1457/03/11	1457/09/03	1458/02/28	1458/08/24
1475/03/22	1475/09/15	1476/03/10	1476/09/03
1493/04/02	1493/09/25	1494/03/22	1494/09/15
1504/03/01	1504/08/25	1505/02/18	1505/08/14
1515/01/30	1515/07/25	1516/01/19	1516/07/13
1522/03/12	1522/09/05	1523/03/01	1523/08/26
1533/02/09	1533/08/04	1534/01/30	1534/07/25
1562/01/20	1562/07/16	1563/01/09	1563/07/05
1580/01/31	1580/07/26	1581/01/19	1581/07/16
1909/06/04	1909/11/27	1910/05/24	1910/11/17
1927/06/15	1927/12/08	1928/06/03	1928/11/27
1949/04/13	1949/10/07	1950/04/02	1950/09/26
1967/04/24	1967/10/18	1968/04/13	1968/10/06
1985/05/04	1985/10/28	1986/04/24	1986/10/17
2003/05/16	2003/11/09	2004/05/04	2004/10/28
2014/04/15	2014/10/08	2015/04/04	2015/09/28
2032/04/25	2032/10/18	2033/04/14	2033/10/08

AAAA/MM/GG	AAAA/MM/GG	AAAA/MM/GG	AAAA/MM/GG
2043/03/25	2043/09/19	2044/03/13	2044/09/07
2050/05/06	2050/10/30	2051/04/26	2051/10/19
2061/04/04	2061/09/29	2062/03/25	2062/09/18
2072/03/04	2072/08/28	2073/02/22	2073/08/17
2090/03/15	2090/09/08	2091/03/05	2091/08/29
2101/02/14	2101/08/09	2102/02/03	2102/07/30
2119/02/25	2119/08/20	2120/02/14	2120/08/09
2137/03/07	2137/08/30	2138/02/24	2138/08/20
2155/03/19	2155/09/11	2156/03/07	2156/08/30
2448/06/17	2448/12/10	2449/06/06	2449/11/30
2466/06/28	2466/12/22	2467/06/18	2467/12/11
2477/05/28	2477/11/21	2478/05/17	2478/11/10
2495/06/08	2495/12/02	2496/05/27	2496/11/21
2506/05/08	2506/11/02	2507/04/28	2507/10/22
2524/05/19	2524/11/12	2525/05/08	2525/11/01
2542/05/30	2542/11/23	2543/05/20	2543/11/12
2564/03/29	2564/09/21	2565/03/18	2565/09/11
2571/05/10	2571/11/03	2572/04/29	2572/10/22
2582/04/09	2582/10/03	2583/03/29	2583/09/22
2589/05/21	2589/11/13	2590/05/10	2590/11/02
2600/04/20	2600/10/14	2601/04/09	2601/10/04
2611/03/20	2611/09/14	2612/03/09	2612/09/02
2618/05/01	2618/10/25	2619/04/20	2619/10/15
2629/03/31	2629/09/24	2630/03/20	2630/09/13
2640/02/29	2640/08/23	2641/02/17	2641/08/13
2647/04/11	2647/10/05	2648/03/31	2648/09/23
2658/03/11	2658/09/03	2659/03/01	2659/08/24
2676/03/22	2676/09/14	2677/03/11	2677/09/03
2987/07/02	2987/12/26	2988/06/21	2988/12/14

ECLISSI DI LUNA NATALIZIE
LUNAR ECLIPSES ON
CHRISTMAS
2000-3000

```
GG MM AAAA : data nel formato giorno/mese/anno
HH MM SS : ore, minuti e secondi
DT : differenza TDT-UT
TIPO : T=totale P=parziale N=penombrale
T1 : inizio della fase di parzialità
T2 : inizio della fase di totalità
T3 : massimo dell'eclisse
T4 : fine della fase di totalità
T5 : fine della fase di parzialità
MPEN : magnitudine della fase di penombra
MUMB : magnitudine della fase d'ombra


GG MM AAAA : date in the format dd/mm/yyyy
HH MM SS: hours, minutes and seconds
DT : difference between Dynamical Time and Universal Time
TIPO : T=total P=partiale N=penumbral
T1 : partial eclipse begins
T2 : total eclipse begins
T3 : maximum eclipse
T4 : total eclipse ends
T5 : partial eclipse ends
MPEN : magnitude of penumbral eclipse
MUMB : magnitude of umbral eclipse
```

GG	MM	AAAA	DT	TIPO	T1		T2		T3		T4		T5		MPEN	MUMB
24	12	2159	1978	T	21	16	22	14	23	0	23	46	0	44	2.548	1.574
24	12	2178	2213	P	20	30			21	26			22	23	1.285	0.269
26	12	2186	2312	N					6	46					0.644	-0.339
26	12	2262	3252	N					9	44					0.278	-0.782
25	12	2531	6579	T	5	1	6	4	6	43	7	22	8	25	2.323	1.341
25	12	2550	6814	T	1	50	3	8	3	31	3	54	5	13	2.126	1.092
24	12	2569	7049	N					16	35					0.818	-0.272
26	12	2577	7148	N					8	46					0.948	-0.106
25	12	2596	7383	T	17	38	19	4	19	25	19	46	21	12	2.169	1.069
26	12	2653	8088	N					11	0					0.030	-0.956
25	12	2903	11180	P	13	1			14	14			15	27	1.488	0.495
25	12	2922	11415	T	7	7	8	9	9	0	9	50	10	52	2.753	1.702
24	12	2941	11650	P	18	17			19	47			21	18	1.753	0.654
25	12	2968	11984	P	21	35			22	14			22	52	1.202	0.098
26	12	2987	12219	T	4	15	5	23	6	7	6	50	7	58	2.443	1.362

ECLISSI DI LUNA
29 FEBBRAIO
BISSEXTILE LUNAR ECLIPSES
LUNAR ECLIPSES ON 29 FEBRUARY
2000-3000

```
GG MM AAAA : data nel formato giorno/mese/anno
HH MM SS : ore, minuti e secondi
DT : differenza TDT-UT
TIPO : T=totale P=parziale N=penombrale
T1 : inizio della fase di parzialità
T2 : inizio della fase di totalità
T3 : massimo dell'eclisse
T4 : fine della fase di totalità
T5 : fine della fase di parzialità
MPEN : magnitudine della fase di penombra
MUMB : magnitudine della fase d'ombra


GG MM AAAA : date in the format dd/mm/yyyy
HH MM SS: hours, minutes and seconds
DT : difference between Dynamical Time and Universal Time
TIPO : T=total P=partiale N=penumbral
T1 : partial eclipse begins
T2 : total eclipse begins
T3 : maximum eclipse
T4 : total eclipse ends
T5 : partial eclipse ends
MPEN : magnitude of penumbral eclipse
MUMB : magnitude of umbral eclipse
```

GG	MM	AAAA	DT	TIPO	T1	T2	T3	T4	T5	MPEN	MUMB
29	2	2268	3316	T	1 50	2 47	3 35	4 23	5 21	2.636	1.660
29	2	2640	7917	T	9 26	10 33	11 8	11 43	12 49	2.238	1.248

INDICE - INDEX

INTRODUZIONE	3
INTRODUCTION	5
ECLISSI DI LUNA - LUNAR ECLIPSES 2000-3000	8
ECLISSI ITALIANE - ECLIPSES VISIBLE FROM ITALY 2000-2100	49
ECLISSI TOTALI CON MAG>1.5 TOTAL ECLIPSES WITH MAG>1.5 2000-3000	62
ECLISSI TOTALI CON MAG<1.1 TOTAL ECLIPSES WITH MAG<1.1 2000-3000	68
ECLISSI TOTALI IN PENOMBRA TOTAL PENUMBRAL ECLIPSES 2000-3000	71
ECLISSI PARZIALI NON TOTALI IN PENOMBRA PARTIAL NOT TOTAL PENUMBRAL ECLIPSES 2000-3000	73
ECLISSI CON FASE DI PENOMBRA PIÙ LUNGA ECLIPSES WITH LONG DURATION PENUMBRAL PHASE 2000-3000	75
ECLISSI CON FASE DI TOTALITÀ PIÙ LUNGA ECLIPSES WITH LONG DURATION OF TOTAL PHASE 2000-3000	80
ECLISSI CON FASE DI TOTALITÀ PIÙ CORTA ECLIPSES WITH SHORT DURATION OF TOTAL PHASE 2000-3000	84
ECLISSI CON FASE DI PARZIALITÀ PIÙ CORTA ECLIPSES WITH SHORT DURATION OF PARTIAL PHASE 2000-3000	86
ECLISSI CON PIANETI VICINI ALLA LUNA ECLIPSES WITH PLANETS NEAR THE MOON 2000-2100	88
ECLISSI CON STELLE BRILLANTI VICINE ALLA LUNA ECLIPSES WITH BRIGHT STARS NEAR THE MOON 2000-2100	90
ECLISSI CON OGGETTI MESSIER BRILLANTI VICINI ALLA LUNA ECLIPSES WITH BRIGHT MESSIER'S OBJECTS NEAR THE MOON 2000-2100	92
NUMERO DI ECLISSI LUNARI IN UN ANNO NUMBER OF LUNAR ECLIPSES IN ONE YEAR 0-3000	94
TIPOLOGIA DELLE ECLISSI LUNARI IN UN ANNO TYPE OF LUNAR ECLIPSES IN ONE YEAR 0-3000	100
ECLISSI LUNARI IN UN ANNO ORDINATE PER GRUPPI LUNAR ECLIPSES IN ONE YEAR : GROUPS 0-3000	120
NUMERO DELLE ECLISSI LUNARI NUMBER OF LUNAR ECLIPSES 0-3000	125
PERIODI SENZA ECLISSI LUNARI IN OMBRA YEARS WITHOUT UMBRAL LUNAR ECLIPSES 0-3000	127
ECLISSI TOTALI CONSECUTIVE DI SOLE E LUNA CONSECUTIVE SOLAR AND LUNAR TOTAL ECLIPSES 2000-2100	131
DUO LUNARI - LUNAR DUOS 0-3000	134
DOPPI DUO LUNARI - DOUBLE LUNAR DUOS 0-3000	157
INDICE - INDEX	178